新起点电脑教程

C#程序设计基础入门与实战
(微课版)

文杰书院　编著

清華大學出版社
北　京

内 容 简 介

C#语言是微软公司推出的功能强大的编程语言，能够开发出桌面程序、Web 程序和移动应用程序。本书以通俗易懂的语言、翔实生动的操作案例、精挑细选的使用技巧，指导初学者快速掌握 C#语言的基础知识与使用方法。本书主要内容包括 C#语言基础、语法基础、运算符与表达式、流程控制语句、方法、面向对象编程、数组和集合、继承与多态、字符串与正则表达式、委托与事件、泛型、异常处理和程序调试、文件、Windows 窗体编程、ADO.NET 和数据库操作等方面的知识。全书循序渐进、结构清晰，以实战演练的方式介绍知识点，让读者一看就懂。

本书面向学习 C#开发的初、中级用户，适合无基础又想快速掌握 C#开发入门的读者，同时对有经验的 C#使用者也有很高的参考价值，还可以作为高等院校专业课教材和社会培训机构的培训教材。

图书在版编目(CIP)数据

C#程序设计基础入门与实战：微课版/文杰书院编著. —北京：清华大学出版社，2020.1(2022.11重印)
新起点电脑教程
ISBN 978-7-302-54092-2

Ⅰ. ①C… Ⅱ. ①文… Ⅲ. ①C 语言—程序设计—教材 Ⅳ. ①TP312.8

中国版本图书馆 CIP 数据核字(2019)第 239162 号

责任编辑：魏 莹 刘秀青
封面设计：杨玉兰
责任校对：李玉茹
责任印制：沈 露
出版发行：清华大学出版社
网 址：http://www.tup.com.cn, http://www.wqbook.com
地 址：北京清华大学学研大厦 A 座 邮 编：100084
社 总 机：010-83470000 邮 购：010-62786544
投稿与读者服务：010-62776969, c-service@tup.tsinghua.edu.cn
质量反馈：010-62772015, zhiliang@tup.tsinghua.edu.cn
课件下载：http://www.tup.com.cn, 010-62791865
印 装 者：大厂回族自治县彩虹印刷有限公司
经 销：全国新华书店
开 本：185mm×260mm **印 张**：22 **字 数**：532 千字
版 次：2020 年 1 月第 1 版 **印 次**：2022 年11月第 3 次印刷
定 价：69.00 元

产品编号：079819-01

前　言

随着电脑的推广与普及，电脑已走进了千家万户，成为人们日常生活、工作、娱乐和通信必不可少的工具。正因为如此，开发电脑程序成了一个很重要的市场需求。根据权威机构预测，在未来几年，国内外的高层次软件人才将处于供不应求的状态。而 C#作为一门功能强大的开发语言，深受广大编程初学者和爱好者们所喜爱。为了帮助大家快速地掌握 C#这门编程语言的开发知识，以便在日常的学习和工作中学以致用，我们编写了本书。

购买本书能学到什么

本书在编写过程中，以 C#语言的基础语法和常见应用为导向，深入贴合初学者的学习习惯，采用由浅入深、由易到难的方式讲解，读者还可以通过随书附赠的多媒体视频教学学习。全书结构清晰，内容丰富，主要包括以下 5 个方面。

1. 学习必备

本书第 1 章，介绍了初步认识 C#语言的相关知识，包括 C#语言介绍、认识 Microsoft Visual Studio、安装 Microsoft Visual Studio 和 Microsoft Visual Studio 开发环境等方面的内容。

2. 基础语法

本书第 2 章～第 5 章，循序渐进地介绍了 C#语法基础、运算符与表达式、流程控制语句和方法等内容，这些都是学习 C#语言所必须具备的基础语法知识。

3. 核心技术

本书第 6 章～第 11 章，介绍了 C#语言的核心技术，主要包括面向对象编程、数组和集合、继承与多态、字符串与正则表达式、委托与事件和泛型等相关知识及操作方法。

4. 进阶提高

本书第 12 章～第 15 章，介绍了 C#语言的高级开发技术，包括异常处理和程序调试、文件、Windows 窗体编程、ADO.NET 和数据库操作等方面的知识。

5. 综合实战

本书第 16 章通过一个在线商城系统的实现过程，介绍了使用前面所学的 C#知识开发一个大型系统软件的过程，将前面所学的知识融会贯通，讲解 C#语言在大型软件项目中的使用方法和技巧。

如何获取本书的学习资源

为帮助读者高效、快捷地学习本书的知识点，我们不但为读者准备了与本书知识点有关的配套素材文件，而且设计并制作了精品视频教学课程，还为教师准备了 PPT 课件资源。

购买本书的读者，可以通过以下途径获取相关的配套学习资源。

1. 扫描书中二维码获取在线学习视频

读者在学习本书的过程中，可以使用微信的扫一扫功能，扫描本书标题左下角的二维码，在打开的视频播放页面中可以在线观看视频课程。这些课程读者也可以下载并保存到手机或电脑中离线观看。

2. 登录网站获取更多学习资源

本书配套素材和 PPT 课件资源，读者可登录网址 http://www.tup.com.cn(清华大学出版社官方网站)下载相关学习资料，也可关注“文杰书院”微信公众号获取更多的学习资源。

本书由文杰书院编著，薛小龙、李军组稿，张韶青负责本书内容编写，参与本书编写的工作人员还有郝宏艳、王长青、杨峻、袁帅、文雪、李强、高桂华、冯臣、宋艳辉等。

我们真切希望读者在阅读本书之后，可以开阔视野，增长实践操作技能，并从中学习和总结操作的经验和规律，达到灵活运用的水平。鉴于编者水平有限，书中纰漏和考虑不周之处在所难免，热烈欢迎读者予以批评、指正，以便我们日后能为您编写更好的图书。

编　者

目 录

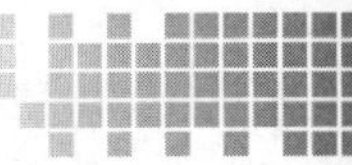

第 1 章

C#语言基础

本章要点

- C#语言介绍
- 史上最强开发工具——Microsoft Visual Studio
- 初识 Microsoft Visual Studio 开发环境

本章主要内容

C#语言是当前最热门的编程技术之一，它综合了 C、C++和 Java 等语言的优点，引领了编程行业的开创性的变革。C#功能强大，不但能够开发 Windows 窗体程序，而且也能开发 Web 程序和移动应用程序。本章将引导读者进入 C#世界，使读者逐渐掌握 C#语言的基本知识，并掌握搭建 C#开发环境的方法和 Microsoft Visual Studio 2017 可视化集成开发环境的基本知识。

1.1 C#语言介绍

C#读作 C Sharp，是从 C 和 C++进化而来的新一代的编程语言，是微软公司的一款杰出开发语言。本节将简要介绍 C#语言的基本知识，让读者充分认识 C#这门功能强大的编程语言。

↑扫码看视频

1.1.1 C#语言的特点

1. 简单易学

和 C++相比，C#的语法更加简单。在 C#中舍弃了指针等烦琐的内容，这样有助于初学者快速地掌握核心语法等内容。

2. 面向对象

C#支持所有关键的面向对象的概念，例如封装、继承和多态性。面向对象是高级编程语言的最大特点，和面向过程的语言相比更简单，也更容易来描述现实世界。

3. 类型安全

在使用过程中必须遵守 C#的一些相关变量规则，因为 C#使用了最严格的类型安全来保护自己及垃圾收集器，所以不能使用没有初始化的变量，取消了不安全的类型转换，实施边界检查。

4. 兼容

C#允许使用 NGWS 运行时环境的通用语言规定来访问不同的 API。在 CLS(语言规范)中规定了一个标准，能够使符合这种标准的语言的内部之间进行操作。为了加强 CLS 的编译，C#编译器检测所有的公共出口编译，并在通不过时列出错误。

5. 最好的开发工具

微软公司为 C#语言提供了史上最强的可视化编程工具 Visual Studio .NET，可以帮助开发者更加高效地开发出软件程序。

1.1.2 .NET Framework 框架

微软在 2000 年推出了.NET Framework 框架，微软公司将其作为重新树立自己在软件业界的信心和地位的崭新战略。通过.NET 平台，可以使用多种语言开发同一个项目，实现了这些语言的跨平台应用。微软为.NET 专门配备了一门新的语言，这便是 C#语言。

.NET Framework 是微软为开发应用程序而创建的一个平台，利用它可以开发 Windows 桌面应用程序、Web 应用程序、Web 服务以及其他类型的应用程序。.NET Framework 的设计方式确保它可以用于各种语言，包括 C#、C++、Visual Basic 和 JavaScript 等。正因如此，微软公司还推出了不同语言的.NET 版本，所有的这些语言都可以访问.NET Framework，它们彼此之间还可以通信，例如，C#开发人员可以使用 Visual Basic 程序员写的代码，反之亦然。

.NET Framework 包含一个非常大的代码库，可以在客户语言(如 C#)中通过面向对象编程技术来使用这些代码。这个代码库分为不同的模块，这样就可以根据希望得到的结果来选择使用其中的各个部分。使用.NET Framework 编写应用程序，就是使用.NET 代码库来编写代码(使用支持 Framework 的任何一种语言)。

为了能够执行 C#程序代码，必须将其转换为目标操作系统能够理解的语言，即本机代码。这种转换称之为编译代码，由编译器执行。但是，在.NET Framework 框架下，该过程包含两个阶段：CIL 和 JIT。在编译使用.NET Framework 库的代码时，不会立即创建用于操作系统的本机代码，而是把代码编译为通用中间语言(Common Intermediate Language, CIL)代码，这些代码并非能用于任何一种操作系统，也并非专门用于 C#。对于其他的.NET 语言，例如 Visual Basic.NET 也可以在第一阶段编译为这种语言。而在开发 C#应用程序时，这个编译步骤由 Visual Studio .NET 来完成。很显然，要想执行应用程序，必须要完成更多的工作，这就是 JIT(Just In Time)编译器的任务，它把 CIL 编译为专用于 OS(操作系统)和目标机器结构的本机代码。这样 OS 才能执行应用程序。这里编译器的名称 Just In Time(准时生产)反映了 CIL 代码仅在需要时才编译的事实。C#只是用于.NET 开发的一种语言，但它是最好的语言之一。C#的优点是：它是唯一彻头彻尾为.NET Framework 设计的语言，是可以到其他操作系统上的.NET 版本中使用的主要语言。

知识精讲

学习程序开发之路是充满挑战之路，枯燥的代码和烦琐的调试有时会使你感觉到无味；但这同时也是充满乐趣之路，每一个功能的调试成功会使你充满自豪和成就感。学习 C#也是如此，学习路上肯定会既充满挑战也充满乐趣。作为一名初学者，我们该怎样学好 C#呢？下面给出几点建议。

(1)　培养兴趣。

兴趣是我们学习任何知识的动力，在现实中，往往我们会对喜欢的事情充满热情，也乐于耗费精力。对于编程来说，只要你喜欢感受那调试成功的喜悦，就说明你已经对编程产生了兴趣。另外，调试成功的喜悦会让你更加喜欢编程，更能带给你成就感。

(2)　多看代码，多实践。

当有一定的语法基础以后，一定要多看别人的代码，看的目的是掌握程序的结构和流程，看完之后需要自己亲自实践。程序开发讲究精细，哪怕是一个标点的错误都不会调试成功。有人说学习编程的秘诀是“编程、编程、再编程，练习、练习、再练习”，这就充分说明了实践的重要性。

1.2 史上最强开发工具——Microsoft Visual Studio

Microsoft Visual Studio 2017 是微软推出的全新专用开发工具，它是一个集成的开发环境工具。Microsoft Visual Studio 2017 是一款功能齐全且可扩展的免费 IDE，能够创建适用于 Windows、Android 和 iOS 的应用程序。在本节将详细讲解 Microsoft Visual Studio 2017 工具的基本知识。

↑扫码看视频

1.2.1 Visual Studio 2017 的新功能

- 代码导航：Visual Studio 2017 极大地改善了代码导航功能，并对结果进行了着色，提供了自定义分组、排序、过滤和搜索功能。通过使用强大的 Go to All 功能，可以对解决方案中的任何文件、类型、成员或符号声明实现快速、完整的搜索。
- 写入和读取代码：除了导航，开发者花了很多时间在写入和读取代码上，Visual Studio 2017 侧重于促进编写正确的代码，以及维持开发人员的代码的可读性。在 Visual Studio 2015 的基础上，Visual Studio 2017 的智能感知更加强大，更加注重重构和代码修复，可自定义代码风格的配置和执行。
- 测试代码：Visual Studio 2017 包括 C#和 Visual Basic 的动态单元测试。动态单元测试(Live Unit Testing)可以在运行时分析数据，在编辑后仅测试运行受影响部分，并通过编辑器中测试的状态提供即时反馈。
- 调试代码：当所有方法都失效后，开发者依靠调试可以帮助他们确定问题的来源。Visual Studio 2017 可以大大节省时间和动作，如通过单步执行程序，可定位到异常信息。

1.2.2 Visual Studio 2017 的版本

(1) 企业版：能够提供点对点的解决方案，充分满足正规企业的要求。这是功能最为强大的版本，价格最高。

(2) 专业版：提供专业的开发者工具、服务和订阅。功能强大，价格适中，适合于专业用户和小开发团体。

(3) 社区版：提供全功能的 IDE，完全免费，适应于一般开发者和学生。

1.2.3　安装 Microsoft Visual Studio 2017

(1)　登录网址：https://www.visualstudio.com/zh-hans/，如图 1-1 所示。

(2)　单击“下载 Visual Studio”下的 Enterprise 2017 链接开始下载，如图 1-2 所示。下载后得到一个 exe 格式的安装文件 vs_enterprise__2050403917.1499848758.exe，如图 1-3 所示。

图 1-1　微软 Visual Studio 官网

图 1-2　Enterprise 2017 链接

vs_enterprise_2050403917.14998487...　2017/7/12 16:46　应用程序　1,018 KB

图 1-3　可安装文件

(3)　鼠标右击下载文件 vs_enterprise__2050403917.1499848758.exe，选择“使用管理员模式进行安装”命令，在弹出的界面中单击“继续”按钮，这表示同意了许可条款，如图 1-4 所示。

图 1-4　单击“继续”按钮

(4)　在弹出的“正在安装”界面选择要安装的模块，本书内容需要安装如下所示的模块。

- 通用 Windows 平台开发。
- .NET 桌面开发。

- ➢ ASP.NET 和 Web 开发。
- ➢ 数据存储和处理。
- ➢ 使用.NET 的移动开发。

上述各模块的具体功能在本界面中也进行了详细说明，如图 1-5 所示。在左下角可以设置安装路径，单击“安装”按钮后开始进行安装。

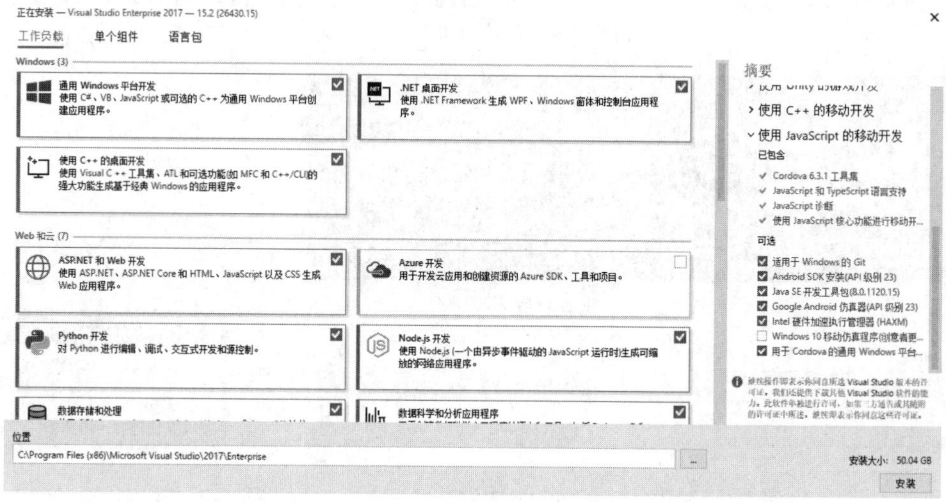

图 1-5　“正在安装”界面

(5) 单击“安装”按钮后弹出安装进度界面，这个过程比较耗费时间，读者需要耐心等待，如图 1-6 所示。

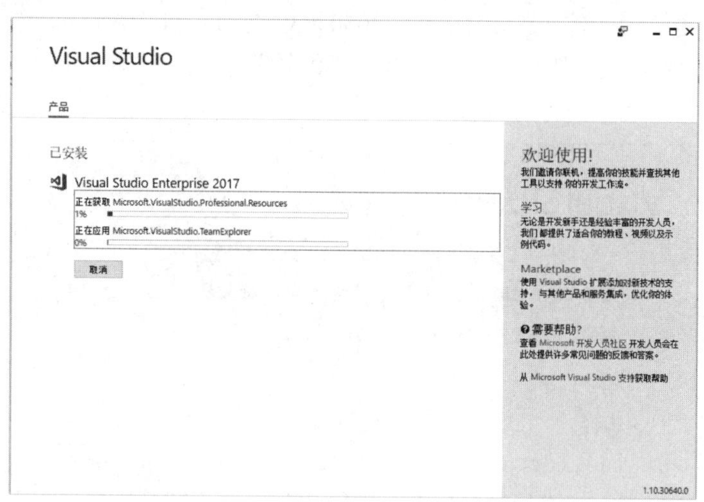

图 1-6　安装进度界面

(6) 安装成功后的界面效果如图 1-7 所示。

(7) 选择“开始”｜“所有应用”｜Visual Studio 2017 命令，就可运行我们刚安装的 Visual Studio 2017，如图 1-8 所示。

图 1-7　安装成功

图 1-8　Visual Studio 2017 图标

C#和 Java、C++的关系

C#从 Java 中继承了它的大多数特点，包括使用语法和范围等。例如最基本的“类”，在 C#中类的声明方式和在 Java 中很相似。Java 的关键字 import 在 C#中被替换成了 using，但是它们起到了同样的作用，并且一个类开始执行的起点是静态方法 Main()。

另外，C#也从 C 和 C++中继承一些特点，这主要体现在如下 3 个方面。

- 编译：程序直接编译成标准的二进制可执行形式，但 C#的源程序并不是被编译成二进制可执行形式，而是一种中间语言，类似于 Java 字节码。例如一个名为 Hello.cs 的程序文件，它将被编译成命名 Hello.exe 的可执行程序。
- 结构体：一个 C#的结构体与 C++的结构体是相似的，因为它能够包含数据声明和方法。
- 预编译：存在预编译指令，支持条件编译、警告、错误报告和编译行控制。

1.3　初识 Microsoft Visual Studio 开发环境

在成功安装 Microsoft Visual Studio 2017 后，需要对其进行专门设置，才能使其符合自己的开发需求。本节将简要介绍 Microsoft Visual Studio 2017 的设置方法，并对其开发环境进行说明，为读者步入本书后面知识的学习打下基础。

↑扫码看视频

1.3.1　设置工作

(1)　首次打开安装后的 Microsoft Visual Studio 2017，将弹出“以熟悉的环境启动”界面。因为本书讲解的是 C#开发，所以选择 Visual C#选项，如图 1-9 所示。然后单击“启动

Visual Studio”按钮开始配置。

(2) 配置完成后将来到 Microsoft Visual Studio 2017 的集成开发界面，如图 1-10 所示。

图 1-9 “以熟悉的环境启动”界面

图 1-10 Visual Studio 2017 默认集成开发界面

1.3.2 新建项目

通过 Microsoft Visual Studio 2017，可以迅速创建一个项目，包括 Windows 应用程序、控制台程序和 Web 应用程序等常用项目。方法是选择“文件”|“新建”|“项目”命令，弹出“新建项目”对话框，在此可以设置项目的类型，如图 1-11 所示。

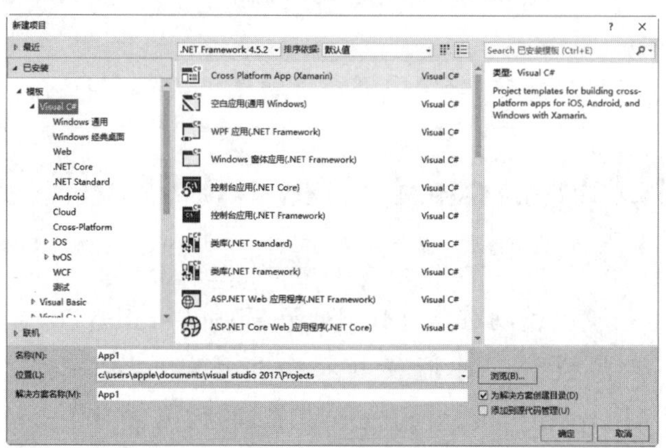

图 1-11 “新建项目”对话框

选择“文件”|“新建”|“网站”命令，弹出“新建网站”对话框，在此可以迅速创建一个不同模板类型的网站项目，如图 1-12 所示。

选择“文件”|“新建”|“文件”命令，弹出“新建文件”对话框，在此可以创建一个不同模板类型的文件，如图 1-13 所示。

如果在 Microsoft Visual Studio 2017 中创建一个项目，可以自动生成必需格式的代码。例如新建一个控制台项目后，将在项目文件内自动生成必需格式的代码，并且在右侧的“解决方案资源管理器”面板中显示自动生成的项目文件，如图 1-14 所示。

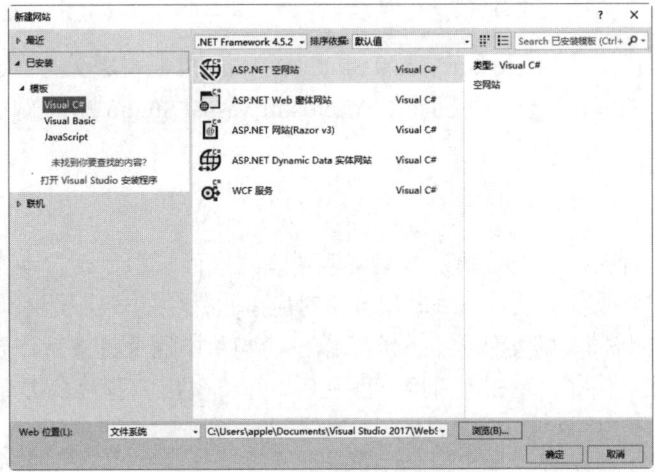

图 1-12　“新建网站”对话框

图 1-13　“新建文件”对话框

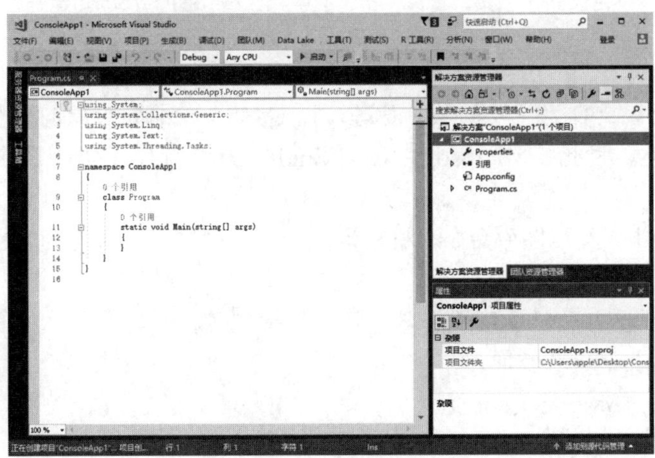

图 1-14　自动生成的代码和文件

1.3.3 解决方案和类视图

解决方案和类视图是 Microsoft Visual Studio 2017 的重要组成工具，通过它们可以更加灵活地对项目进行控制和管理。下面将对 Microsoft Visual Studio 2017 解决方案和类视图的基本知识进行简要介绍。

1. 解决方案

当创建一个项目后，会在“解决方案资源管理器”面板中显示自动生成的项目文件。解决方案中包含一个或多个项目，每个项目都对应于软件中的一个模块。在资源管理器中，Visual Studio 2017 将同类的文件放在一个目录下，当单击这个目录后，会将对应目录下的文件全部显示出来。例如，单击“引用”目录后，则将引用的程序集显示出来，如图 1-15 所示。

右击“解决方案资源管理器”面板中的每个节点，都将弹出一个上下文菜单，通过其中的菜单命令可以对节点对象进行操作。例如，右击项目名并依次选择“添加”|“新建项目”命令，可以在项目内添加一个新的项目文件，如图 1-16 所示。

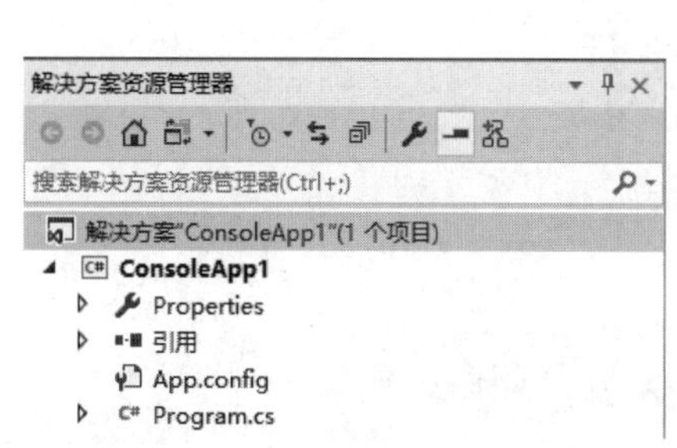

图 1-15 “引用”目录的程序集

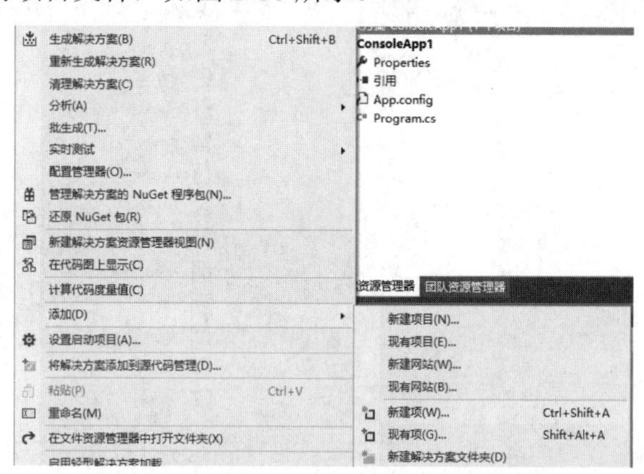

图 1-16 新建一个项目

2. 类视图

资源管理器是以文件为主角的项目管理，而 C#是一种面向对象的编程语言，其基本的对象编程单位是类。为此，Microsoft Visual Studio 2017 提供了类视图来进行项目对象的管理。

选择“视图”|“类视图”命令，将在资源管理器中显示当前项目内的所有类对象，如图 1-17 所示。

在图 1-17 中，上方显示项目的命名空间、基类和各种子类，具体说明如下。

- 符号{}：表示命名空间。
- 符号：表示基类。
- 符号：表示普通类或子类。

在如图 1-17 所示的类视图中选中一个类的类型，然后单击右键，将弹出一系列和类相关的操作命令，如图 1-18 所示。例如，选择“查看类图”命令，可以查看这个类的关系图结构，并且可以在 Microsoft Visual Studio 2017 的底部窗口查看这个类的详细信息，如图 1-19 所示。

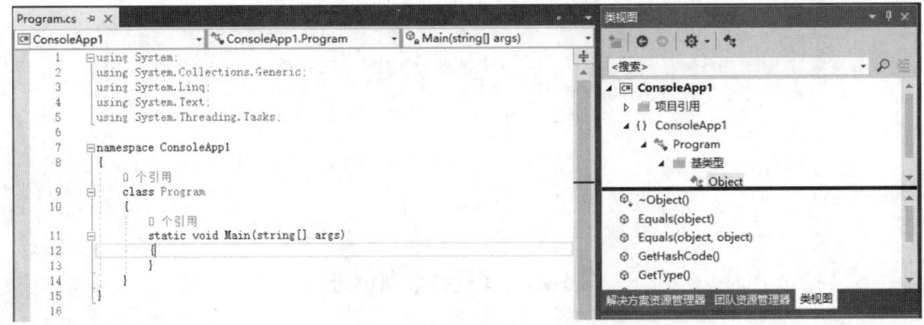

图 1-17　项目类视图

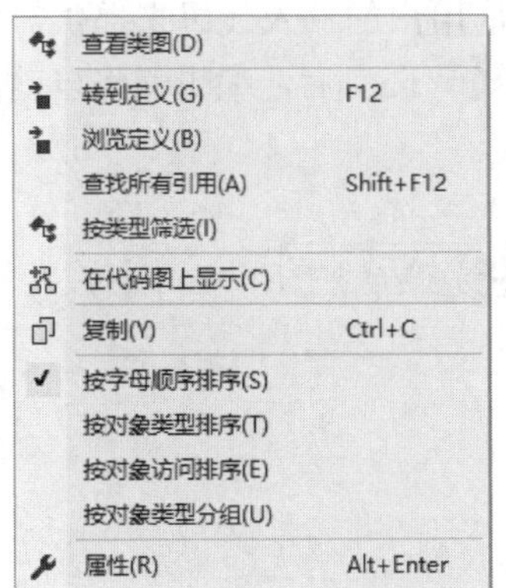

图 1-18　类操作命令

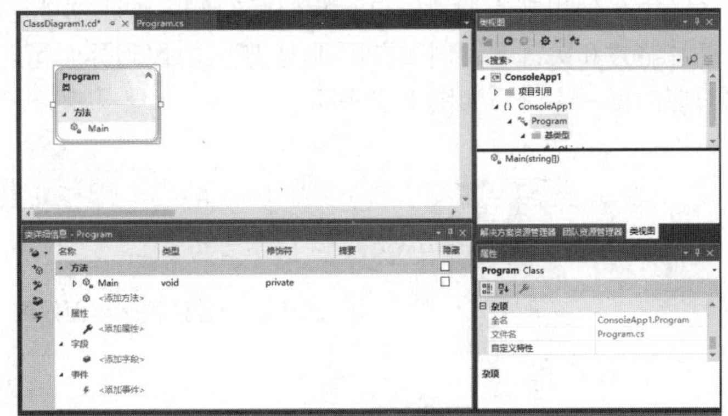

图 1-19　类关系结构和详细信息

1.3.4　文本编辑器

双击“解决方案资源管理器”面板中的文件名，就可以查看这个文件的源代码。如果在 Microsoft Visual Studio 2017 中打开多个项目文件，会在栏目内显示多个文件的文件名，如图 1-20 所示。

图 1-20　文件名栏

Microsoft Visual Studio 2017 文本编辑器主要有如下几个特点。

1. 用不同的颜色显示不同的语法代码

在 Microsoft Visual Studio 2017 文本编辑器中，使用蓝色显示 C#的关键字，用青色来显示类名。

2. 代码段落格式自动调整

Microsoft Visual Studio 2017 中的文件源代码段落会自动缩进，这样可以加深代码对用户的视觉冲击。如图 1-21 所示的就是段落缩进的代码格式。

```
name.Program                                    Main(string[] args)
using System;
using System.Collections.Generic;
using System.Text;

namespace name
{
    class Program
    {
        static void Main(string[] args)
        {
            string name;                        //string变量类型，名为name
            string myString;                        //string变量类型，名为myString
            name = "乔峰";                  //赋值name变量
            myString = "\"我\"是";                  //赋值myString变量
            Console.WriteLine("{0} {1}", myString, name);
            Console.ReadKey();
        }
    }
}
100 %
```

图 1-21　源代码段落缩进

3. 语法提示

当用户使用文本编辑器进行代码编写时，编辑器能够根据用户的输入代码来提供对应的语法格式和关键字。例如在图 1-21 所示的代码界面输入字符“na”后，编辑器将自动弹出对应的提示字符，如图 1-22 所示。

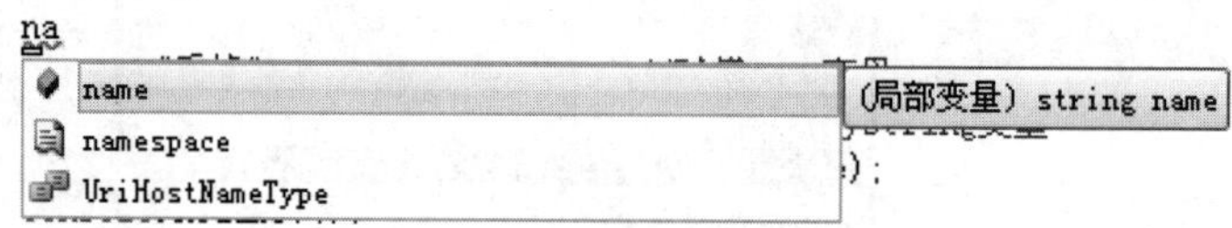

图 1-22　语法提示界面效果

4. 行数显示

在 Microsoft Visual Studio 2017 中会显示文件源代码的行数标记，这和 Dreamweaver 等工具一样，能够便于用户对程序的维护，迅速找到对应的代码所在。在初始安装 Microsoft Visual Studio 2017 时，默认的是不显示代码行号。解决方法如下。

(1) 选择“工具”|“选项”命令，弹出“选项”对话框。

(2) 在左侧列表框中依次选择“文本编辑器”|C#|“常规”选项，然后勾选右侧的“行号”复选框，如图 1-23 所示。

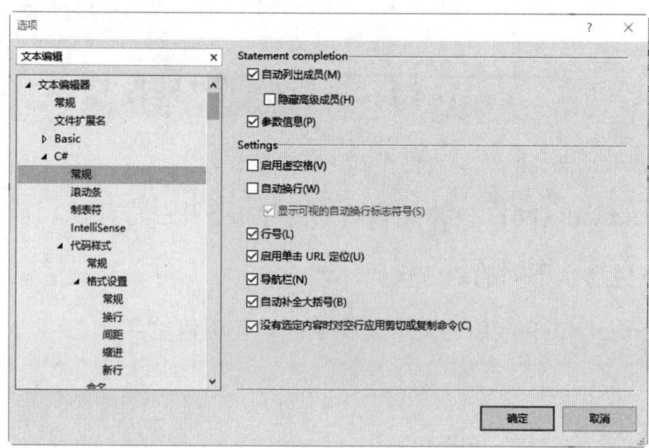

图 1-23　勾选“行号”复选框

(3) 单击“确定”按钮后返回代码界面，此时文件中每行源代码前都将显示一个行号，如图 1-24 所示。

```
Program.cs
ConsoleApp1    ConsoleApp1.Program    Main(string[] args)
using System;
using System.Collections.Generic;
using System.Linq;
using System.Text;
using System.Threading.Tasks;

namespace ConsoleApp1
{
    0 个引用
    class Program
    {
        0 个引用
        static void Main(string[] args)
        {
        }
    }
}
```

图 1-24　显示行号

1.3.5　生成与查错

选择“生成”|“生成解决方案”命令，可以生成当前解决方案的所有项目。当使用“生成”功能时，不会编译已经生成过并且生成后没有被修改的文件。如果使用“重新生成”功能，则将重新生成所有的文件。

解决方案和项目有如下两种生成模式。

- 调试模式：即 Debug 模式，生成的代码中含有调试信息，可以进行源代码级的调试。
- 发布模式：即 Release 模式，生成的代码中不含有调试信息，不能进行源代码级的调试，但是运行的速度很快。

选择“生成”|“配置管理器”命令，在弹出的“配置管理器”对话框中可以设置项目的生成模式，如图 1-25 所示。如果项目中出现错误，则不能成功生成，并在“错误列表”窗口中输出错误提示，如图 1-26 所示。

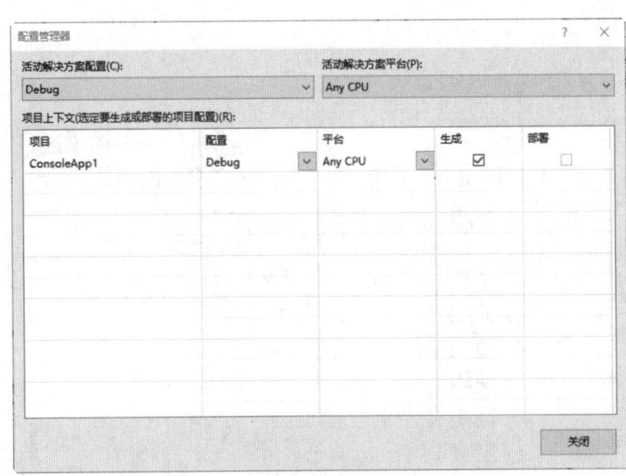

图 1-25　“配置管理器”对话框

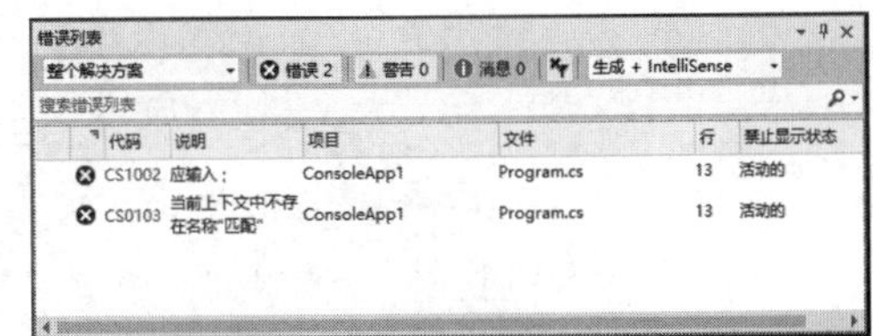

图 1-26　生成错误提示

Microsoft Visual Studio 2017 能够实现查错处理功能，在“输出”窗口将显示错误信息的具体详情，如图 1-27 所示。

如果将错误修改正确，则能正确生成，并在“输出”窗口内显示对应的生成处理结果，如图 1-28 所示。

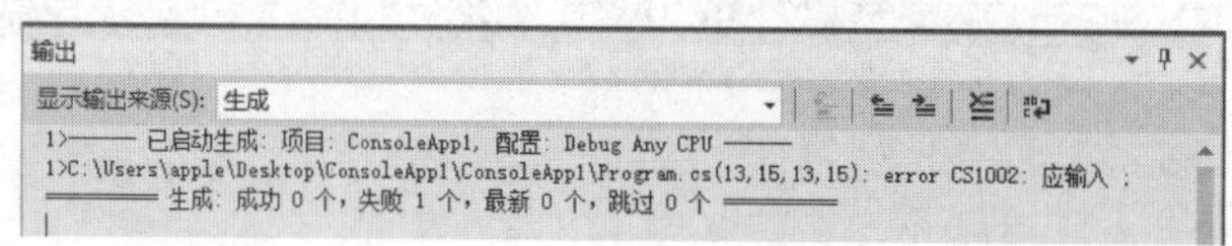

图 1-27　查错结果详情

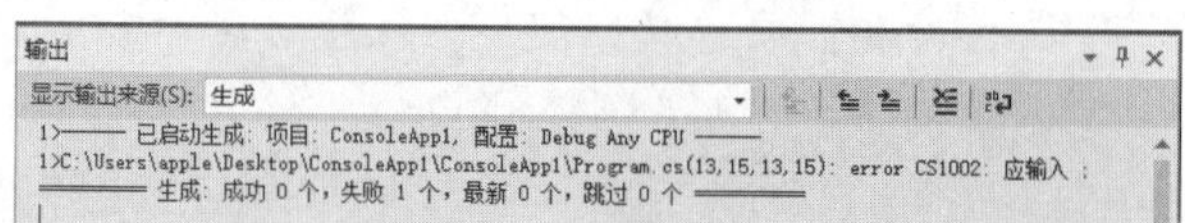

图 1-28　生成处理结果

1.4　实践案例与上机指导

通过本章的学习，读者基本可以掌握 C#语言的知识。其实 C#语言的基础知识还有很多，这需要读者通过课外渠道来加深学习。下面通过练习操作，达到巩固学习、拓展提高的目的。

↑扫码看视频

1.4.1　创建工程并编写代码

实例 1-1：创建并运行第一个 C#程序
源文件路径：daima\1\1-1

(1)　打开 Visual Studio 2017，选择“文件”|“新建”|“项目”命令，弹出“新建项目”对话框，然后选择创建一个“控制台应用(.NET Framework)”，如图 1-29 所示。

(2)　创建成功后，核心程序文件 Program.cs 将自动生成如下所示的代码：

```
using System.Collections.Generic;       //使用 using 引用命名空间
using System.Linq;                      //使用 using 引用命名空间
using System.Text;                      //使用 using 引用命名空间
using System.Threading.Tasks;           //使用 using 引用命名空间
namespace ConsoleApp1{                  //自定义命名空间 ConsoleApp1
    class Program                       //定义类 Program
    {
        static void Main(string[] args) //使用系统内置的主方法 Main()
        {
        }
    }
}
```

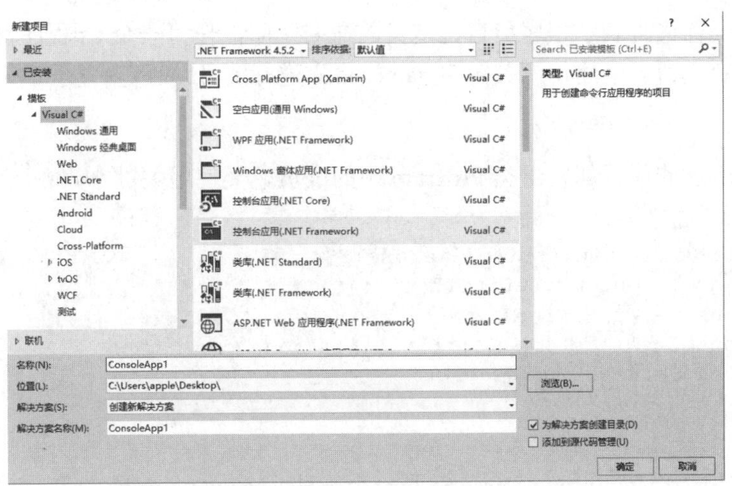

图 1-29　创建一个控制台应用

上述代码是 Visual Studio 2017 自动生成的，不会实现任何功能。接下来在方法 Main() 后面添加如下所示的 4 行代码，然后保存项目。

```
Console.Out.WriteLine("************************");       //在屏幕中输出星号
Console.WriteLine("哇塞，这是我的第一个程序。好棒哦！");      //在屏幕中输出文本
Console.WriteLine("************************");           //在屏幕中输出星号
Console.ReadLine();                                      //在屏幕中显示双引号中的所有内容
```

1.4.2　运行并调试

单击 Visual Studio 2017 工具栏中的“启动”按钮 ▶ 启动 ▾，即可运行本实例程序，执行效果如图 1-30 所示。

图 1-30　执行效果

1.4.3　分析代码

(1) 如下前面带有 using 的 4 行代码：using 是 C#语言中的指令，表示引用命名空间中的内容，这 4 个命名空间是微软官方预先编写好的，程序员直接使用即可。即使是最简单的控制台程序，也必须加入这 4 行代码。每行代码的具体含义读者此时无须理解，只要知道这是固定格式，具体含义将在本书后面的内容中进行讲解。

```
using System.Collections.Generic;
using System.Linq;
using System.Text;
using System.Threading.Tasks;
```

(2) 如下一行代码表示程序员自己定义的命名空间，任何一个 C#程序都必须具有一个命名空间。自定义命名空间使用关键字 namespace 进行定义。

```
namespace ConsoleApp1
```

(3) 如下所示的代码都属于类 Program 中的成员，类使用关键字 class 进行定义。

```
class Program{
    static void Main(string[] args){
        Console.Out.WriteLine("************************");
        Console.WriteLine("哇塞，这是我的第一个程序。好棒哦！");
        Console.WriteLine("************************");
        Console.ReadLine();
    }
}
```

在上述代码中，Main(string[] args)行是一个方法，Main()方法是 C#程序运行的起点，最重要的代码就写在 Main 方法后面的大括号中。在 Main()方法里面有 4 行代码，它们是以分号结束的，具体说明如下所示。

- 第 1 行代码：作用是调用微软预先编写好的内置方法 WriteLine()，在控制台中打印双引号之间的内容，也就是打印输出************************。
- 第 2 行代码：作用是调用微软预先编写好的内置方法 WriteLine()，在控制台中打印双引号之间的内容，也就是打印输出“哇塞，这是我的第一个程序。好棒哦！”。
- 第 3 行代码：作用是调用微软预先编写好的内置方法 WriteLine()，在控制台中打印双引号之间的内容，也就是打印输出“************************”。
- 第 4 行代码：作用是通过方法 ReadLine()等待控制台 DOS 窗口的输入。当在控制台窗口按回车键时，控制台窗口会自动关闭。如果不加这一行代码，执行效果会如何呢？控制台窗口会显示一下马上关闭，出现一闪而过的效果。我们为了查看完整的执行效果，所以不能让控制台窗口一闪而过，为此就加入了上述第 4 行代码，让程序等待在控制台窗口的输入动作。

智慧锦囊

为什么 C#语言会有命名空间、类等这种一层套一层的内容呢？这些都是 C#应用程序应该有的框架，其中 class 是 C#程序的最小单元，C#程序是由一个一个的类组成的。而命名空间的作用是用来组织和管理类的，一个命名空间可以包含多个类。在我们编写程序的时候，有很多类是微软编写好的，它们集成在 Visual Studio 2017 中，供我们直接使用，这样可以减少代码量。比如本实例程序的开头用 using 指令导入的就是微软官方提供的命名空间，目的是方便使用其中的类。

1.5 思考与练习

本章详细讲解了 C#语言的基础性的知识，循序渐进地讲解了 C#语言的历史、史上最强开发工具——Microsoft Visual Studio 和初识 Microsoft Visual Studio 开发环境等知识。在讲解过程中，通过具体实例介绍了 C#语言的基础性知识。通过本章的学习，读者应该熟悉什么是 C#语言，并掌握其使用方法和技巧。

一、选择题

(1) Visual Studio 2017 是(　　)公司推出的开发工具。

A. 微软　　B. 谷歌　　C. 苹果　　D. 华为

(2) 下面不是面向对象编程语言的是(　　)。

A. C#　　B. C　　C. C++　　D. Java

二、判断对错

(1) .NET Framework 是微软为开发应用程序而创建的一个平台，利用它可以开发 Windows 桌面应用程序、Web 应用程序、Web 服务以及其他类型的应用程序。　(　　)

(2) C#可以开发出 WPF 程序，利用 Visual Studio .NET 工具，C#能够实现和 Vista 界面一样的绚丽效果，吸引广大用户的眼球。　(　　)

三、上机练习

(1) 编写第一个 C#程序，并尝试运行这个程序。

(2) 在网上下载一个 C#程序，并尝试运行这个程序。

新起点 电脑教程

第 2 章

语法基础

本章要点

- 语句和注释
- 变量
- 常量
- 类型转换

本章主要内容

因为C#语言本身强大的语法特性决定了它能实现的功能，所以读者在学习C#的过程中，应该首先掌握C#语法的基本知识，这样才能真正了解并掌握C#这门语言。本章将引导读者从其最基本的语法知识开始进行循序渐进的学习，为读者步入本书后面知识的学习打下基础。

2.1 语句和注释

C#语言的最重要特质是其本身的语法结构，因为 C#是从 C 和 C++进化而来的，所以从外观和语法定义上看，C#和两者有着很多相似之处。在使用 C#语言编写软件程序的过程中，必须遵循它本身的独有特性，即基本的语法结构。

↑扫码看视频

2.1.1 语句

语句是指一段程序，是 C#程序的最基本构成单位。C#语句具有如下所示的 5 个基本特性。

1. 字符过滤性

和其他常用语言的编译器不同，若代码中含有空格、回车符或 Tab 字符，C#都不会考虑而是忽略不计。这样程序员在编写代码时，会有很大的自由度，不会因疏忽加入空白字符而造成程序的错误。

2. 语句结构

C#程序代码是由一系列的语句构成的，并且每个语句都必须以分号“;”结束。因为 C#中的空格和换行等字符被忽略，所以可以在同行代码中放置多个处理语句。

3. 代码块

因为 C#是一门面向对象的编程语言，所以其代码结构十分严谨和清晰。实现同一功能的 C#代码语句构成了独立的代码块，通过这些代码块可以使整个代码的结构变得更加清晰。所以说，C#代码块是整个 C#代码的核心。

4. 严格区分大小写

因为 C#语言中的大小写字符代表不同的含义，所以在编写代码时，必须注意每个字符的大小写格式，避免因大小写差异而出现名称错误等问题。

5. C#的代码块以大括号“{”开始，以大括号“}”结束

由此可见，语句就是一行或一段代码，这段代码能够实现某个功能。结构中包含多行语句，语句之间用分号分隔。在代码中使用缩进格式和非过滤处理，这使整个 C#代码变得更加清晰明了，提高了代码的可读性。

2.1.2　注释

注释是 C#程序中的必要构成元素之一，通过注释可以帮助程序员和使用人员快速了解当前语句的功能。特别是在大型应用程序中，因为整个项目内的代码块繁多，所以加入合理的注释必不可少。在 C#程序中，有如下两种添加注释的方法。

1. 两端放置

两端放置是指在程序的开头和结尾放置，具体格式是在开头插入"/*"，在结尾插入"*/"，在两者之间输入注释的内容。例如下面的代码：

```
/* 代码开始了 */
static void Main(string[] args)
```

2. 单"//"标记

单"//"标记和上面的两端放置不同，其最大特点是以"//"为注释的开始，在注释内容编写完后不必以"//" 结束，只需注释内容和 "//"在同行即可。例如下面的代码：

```
//代码开始了
static void Main(string[] args)
```

但是下面的代码是错误的：

```
//代码开始了
这也是注释，这行是错的注释
static void Main(string[] args)
```

智慧锦囊

(1)　独立语句独立代码行：虽然 C#允许在同行内放置多个语句，但为了提高代码的可读性，建议将每个语句放置在独立的代码行中，即每代码行都以分号";"结束。

(2)　代码缩进处理：对程序内的每个代码块都要遵循缩进原则，使各代码块在整个程序中以更加清晰的效果展现出来。在使用 Visual Studio 2017 进行 C#开发时，Visual Studio 2017 能够自动实现代码缩进。

2.2　变　　量

在 C#语言中，变量表示内存地址的名称。C#变量包括 3 个主要元素，分别是名称、类型和值。变量名称是变量在程序代码中的标识；变量类型决定其所代表的内存大小和类型；变量值代表内存块中的数据。

↑扫码看视频

2.2.1 C#语言的数据类型

C#语言支持 Microsoft Visual Studio 2017 框架中定义的类，C#的变量类型是用类来定义的，即所有的类型都是类。C#语言中的类型如表 2-1 所示。

表 2-1 C#语言中的类型信息

类 型		描 述
值类型	简单类型	符号整型：sbyte，short，int，long
		无符号整型：byte，ushort，uint，ulong
		Unicode 字符：char
		浮点型：float，double
		精度小数：decimal
		布尔型：bool
	枚举类型	枚举定义：enum name{}
	结构类型	结构定义：Struct name{}
引用类型	类类型	基类：object
		字符串：string
		类定义：class name
	接口类型	接口定义：interface
	数组类型	数组定义：int[]
	委托类型	委托定义：delegate name

由表 2-1 可以看出，C#变量的常用类型分为两大类：引用类型和值类型。

2.2.2 引用类型

在 C#语言中，所有被称为类的变量类型都是引用类型，主要包括类、接口、数组和委托。具体说明如下所示。

- 类类型：能够定义包含数据成员、函数成员和嵌套类型的数据结构，其中的数据成员包括常量和字段，函数成员包括方法、属性和事件等。
- 接口类型：能够定义一个协定，实现某接口的类或结构必须遵循该接口定义的协定。
- 数组类型：是一种数据结构，包含可通过计算索引访问的任意一个变量。
- 委托类型：是一种数据结构，能够引用一个或多个方法。

实例 2-1：使用引用数据类型显示信息
源文件路径：daima\2\2-1

实例文件 Program.cs 的主要实现代码如下所示。

```
class C{                              //创建一个类C
```

```
        public int Value;           //声明一个公共 int 类型的变量 Value
    }
    static void Main(string[] args) {    //调用系统内置的主方法 Main()
        int v1 = 89;                //声明一个 int 类型的变量 v1，并初始化为 89
        int v2 = v1;                //声明一个 int 类型的变量 v2,并将 v1 赋值给 v2
        v2 = 157;                   //重新将变量 v2 赋值为 157
        C r1 = new C();             //使用 new 关键字创建引用对象
        C r2 = r1;                  //使 r1 等于 r2
        r2.Value = 112;             //设置变量 r2 的 Value 值为 112
        Console.WriteLine("金州勇士队本赛季的单场最低得分和最高得分别
                        是:{0},{1}", v1, v2);  //输出变量 v1 和 v2 的值
        Console.WriteLine("金州勇士队本赛季的平均得分是:{0},{1}", r1.Value,
                        r2.Value);      //输出引用类型对象的 Value 值
        Console.ReadLine();
    }
```

执行效果如图 2-1 所示。

```
金州勇士队本赛季的单场最低得分和最高得分别是:89,157
金州勇士队本赛季的平均得分是:112,112
```

图 2-1　执行效果

2.2.3　值类型

如果在 C#程序中只有引用类型，则会很容易影响整个程序的性能，而通过值类型能够很好地解决这个问题。值类型能够存储程序中用到的数值，例如通过一个名为 mm 的变量存储数值 100，这样在程序中只需调用变量名 mm，即可调用数值 100。

在 C#程序中，值类型是从类 System.ValueType 中继承的，其中包括结构、枚举和大多数的基本类型。具体说明如下所示。

- 结构类型：能够声明常量、字段、方法和属性等。
- 枚举类型：是具有命名常量的独特类型，每个枚举类型都有一个基础的类型，是通过枚举来声明的。

实例 2-2：使用值类型显示信息
源文件路径：daima\2\2-2

实例文件 Program.cs 的具体实现代码如下所示。

```
static void Main(string[] args) {   //调用系统内置的主方法 Main()
        bool tr;                    //定义 bool 类型变量 tr
        int s;                      //定义 int 类型变量 s
        float fl = 3.14F;           //定义 float 类型变量 fl,并设置初始值是 3.14F
        double d = 3.14D;           //定义 double 类型变量 d,并设置初始值是 3.14D
        fl = (float)d;              //将变量 d 转换为 float 类型，并赋值给变量 fl
        int kuli = 30;              //声明一个 int 类型的变量 kuli
        byte hadeng = 29;           //声明一个 byte 类型的变量 hadeng
        Console.WriteLine("本赛季常规赛得分第一库里平均得分：{0}", kuli);
                                    //输出 int 类型变量 kuli
        Console.WriteLine("本赛季常规赛得分第二哈登平均得分：{0}", hadeng);
```

```
                                              //输出 byte 类型变量 hadeng
          Console.ReadLine();
    }
```

执行效果如图 2-2 所示。

```
本赛季常规赛得分第一库里平均得分：30
本赛季常规赛得分第二哈登平均得分：29
```

图 2-2　执行效果

2.2.4　基本类型

基本类型是编译器直接支持的类型。在 C#程序中，使用关键字来命名基本类型，它是构造其他类型的基础。其中值类型的基本类型通常被称为简单类型，例如下面的代码声明了一个 int 类型变量，变量名是 mm。

```
int mm=123;
```

1. 整型

在 C#语言中定义了 8 种整型，具体说明如表 2-2 所示。

表 2-2　C#整型信息

类　型	值的范围
sbyte	-128～127 的整数
byte	0～255 的整数
short	-32768～32767 的整数
ushort	0～65535 的整数
int	-2147483648～2147483647 的整数
uint	0～4294967295 的整数
long	-9223372036854775808～-2147483647 的整数
ulong	64 位无符号整数，占 8 个字节，取值范围为 0～18446744073709551615 的整数

智慧锦囊

某变量名前的字符 u 表示不能在此变量中存储负值。

2. 浮点型

在 C#语言中，浮点型包括 float 和 double 两种，具体说明如表 2-3 所示。

表 2-3　C#浮点型信息

类　型	允许值的范围
float	32 位单精度实数，占 4 个字节，取值范围为 3.4×10^{-38}～3.4×10^{38}
double	64 位实数，占 8 个字节，取值范围为 1.7×10^{-308}～1.7×10^{308}

3. 布尔型

在 C#语言中，布尔型有两个取值，分别是 true 和 false，即代表“是”和“否”的含义。

4. 字符型

在 C#语言中，字符型的取值和 Unicode 的字符集相对应，通过字符型可以表示世界上所有语言的字符。字符型文本一般用一对单引号来标识，例如‘MM’和‘NN’。

使用字符型中的转义字符可以表示一些特殊字符，常用的 C#转义字符如表 2-4 所示。

表 2-4　C#转义字符列表

转义字符	描　述
\’	转义单引号
\’’	转义双引号
\\	转义反斜杠
\0	转义空字符
\a	转义感叹号
\b	转义退格
\f	转义换页
\n	转义新的行
\r	转义回车
\t	转义水平制表符
\v	转义垂直制表符
\x	后面接 2 个两进制数字，表示一个 ASCII 字符
\u	后面接 4 个两进制数字，表示一个 ASCII 字符

5. decimal 型

在 C#语言中，decimal 是一种高精度的、128 位的数据类型，常用于金融和货币计算项目。Decimal 类型表示 28 或 29 位有效数字，取值范围是$\pm 1.0 \times 10^{-28} \sim \pm 7.9 \times 10^{28}$。

6. string 型

在 C#语言中，string 型用来表示字符串，常用于代替文本字符，是字符型对象(char)的连续集合。当创建 string 型的字符串值后，就不能再修改，除非重新赋值。

7. object 型

在 C#语言中，object 是最基础的类型，可以表示任何类型的值。

实例 2-3：使用变量输出文本
源文件路径：daima\2\2-3

实例文件 Program.cs 的主要实现代码如下所示。

```
string name;          //string 变量类型，名为 name
string myString;      //string 变量类型，名为 myString
name = "帅哥";        //变量 name，设置其值为“帅哥”
```

```
myString = "\"我\"是";
//设置变量myString的值为""我"是"，字符"\""的功能是转义双引号
Console.WriteLine("{0} {1}", myString, name);//输出两个变量的值
```

实例的最终结果是输出两个变量的拼接值，具体如图 2-3 所示。

```
"我"是 帅哥
```

图 2-3 执行效果

智慧锦囊

在上述实例中，使用了 Visual Studio 2017 工具进行编译并调试运行。除了上述编译方式外，也可以使用 SDK 命令进行编译，并且可以同时使用编译命令对多个.cs 文件进行编译。例如某个项目中有 123.cs 和 456.cs 两个文件，则可以通过“csc /out:name.exe 123.cs 456.cs”将其编译为一个可执行文件“name.cs”。上述实例只是使用了“/out”编译参数，其他编译参数的使用方式和其相似。

2.2.5 变量命名

在 C#语言中，不能随意给变量命名，必须遵循如下两个命名原则。

(1) 变量名的第一个字符必须是字母、下画线“-”或@。

(2) 第一个字符后的字符可以是字母、下画线或数字。

另外，读者还需要特别注意 C#编译器中的关键字，例如关键字 using。如果错误地使用了编译器中的关键字，则程序将会出现编译错误。例如下面的变量名都是正确的：

```
aaaaaa
@aaaaaaa
_aaaaaa
```

而下面的变量名是不正确的：

```
6666aaa
aa-bb
namespace
```

因为 C#是区分大小写的，所以在命名过程中要注意大小写。为了使编写的程序结构更加清晰明了，建议读者根据变量的作用来命名，并区分大小写字母。例如，存储名字的变量命名为 Name，存储用户名的变量命名为 UserName。

2.2.6 变量的声明和赋值

在 C#程序中，声明变量的语法格式如下所示。

```
类型 变量名;
```

例如，下面的代码声明了一个名称为 Name 的 string 类型变量。

```
string Name;
```

在 C#程序中可以同时声明多个变量，各个变量之间需要用逗号“,”隔开。例如，下面的代码同时声明了名为 aa、bb 和 cc 的三个变量。

```
string aa,bb,cc;
```

在声明多个变量的同时，可以对各个变量进行赋值，例如下面的代码：

```
string aa= "我",bb= "是",cc= "谁";
```

因为 C#是一门类型安全的语言，所以当给一个变量赋值时，值的类型必须满足如下条件之一。

- 与变量的类型相同。
- 是一个 C#将执行赋值转换的类型。
- 是一个可以显式转换为正确类型的类型。

由前面的知识了解到，C#变量在命名时必须遵循特定的规则。并且 C#变量在使用前必须进行初始化处理，例如下面的首行代码进行了初始化，而第二行代码进行了赋值。

```
int age;    //初始化操作，定义一个 int 类型变量 age
age=26;     //赋值变量 age 的值是 26
```

2.3　常　　量

在计算机编程语言领域中，通常将值固定不变的量称为常量。在 C#语言中，常量类型只能是下列类型中的一种：sbyte、byte、ushort、short、int、uint、ulong、long、char、float、double、decimal、bool、string 或枚举。

↑扫码看视频

通常将 C#语言中的常量分为两种，分别是文本常量和符号常量。具体说明如下所示。

(1) 文本常量：是输入到程序中的值，例如“12”和“Mr 王”等。

(2) 符号常量：其声明方法和变量的声明方法类似，唯一的区别是常量在声明前必须使用修饰关键字 const 开头，并且常量在定义时被初始化。常量一旦被定义后，在常量的作用域内其本身的名字和初始化值是等价的。

符号常量的命名规则和变量的命名规则相同，但是符号常量名的第一个字母最好是大写字母，并且在同一个作用域内所有的变量名和常量不能重名。例如下面的常量命名是正确的：

```
const double mm=3.14;
const string nn=LiuDeHua;
```

而下面的常量命名是错误的：

```
const double mm;                //没有初始值
string nn=LiuDeHua;             //没有关键字 const
```

实例 2-4：赋值并显示不同的常量

源文件路径：daima\2\2-4

实例文件 Program.cs 的具体实现代码如下所示。

```
int Score = 157;                //声明一个 int 整型变量，设置初始值是 157
const int WScore = 87;          //声明一个 int 整型常量，初始值是 87
Console.WriteLine("当勇士队发挥好的时候，得分 Score={0}", Score);
  //输出变量 Score 的值
Console.WriteLine("当勇士队发挥不好的时候，得分 WScore={0}", WScore);
  //输出常量 WScore 的值
Score = 1039;                   //重新将变量赋值为 1039
Console.WriteLine("当勇士队发挥逆天的时候，得分 Score={0}", Score);
  //重新输出变量 Score 的值
```

执行效果如图 2-4 所示。

```
当勇士队发挥好的时候，得分Score=157
当勇士队发挥不好的时候，得分WScore=87
当勇士队发挥逆天的时候，得分Score=1039
```

图 2-4　执行效果

2.4　类 型 转 换

在 C#语言中，最简单的数据类型是 char 类型，功能是用一个数字来表示 Unicode 字符集中的一个字符。在默认情况下，不同类型的变量使用不同的模式来表示数据。但是有时需要联合使用不同的类型实现某个功能，此时就需要用到类型转换。C#语言中的类型转换有隐式转换和显式转换两种，在本节将分别介绍这两种转换方式的基本知识。

↑扫码看视频

2.4.1　隐式转换

隐式转换是指不需要特别声明即可默认在所有情况下进行转换，这是系统的默认转换方式。在进行隐式转换时，编译器不需要进行检查就能实现安全的转换处理。C#的隐式转换一般不会失败，也不会导致信息丢失。例如在下面的代码中，将 int 类型变量 mm 隐式地转换为了 long 类型。

```
int mm=20;
long nn=mm;
```

在 C#语言中，绝大多数的简单数据类型可以实现隐式转换，但是其中的 bool 和 string 是不能进行隐式转换的。在 C#语言规范中，编译器可以隐式执行类型转换的类型如表 2-5 所示。

表 2-5 可以隐式转换的数值类型列表

类 型	可转换为
byte	short、ushort、uint、int、ulong、long、float、double、decimal
sbyte	short、int、long、float、double、decimal
short	int、long、double、decimal
ushort	uint、int、ulong、long、float、double、decimal
int	long、float、double、decimal
uint	ulong、long、float、double、decimal
long	float、double、decimal
ulong	float、double、decimal
float	double
char	ushort、uint、int、ulong、long、float、double、decimal

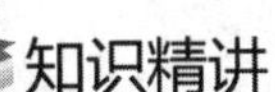

知识精讲

因为不存在 char 类型的隐式转换，所以其他整型值不会自动转换为 char 类型。另外读者不需要强记表 2-5 的内容，只需牢记各类型的取值范围即可。因为对于任何类型 A，只要其取值范围被完全包含在类型 B 的取值范围内，就可以隐式地将类型 A 转换为类型 B。

实例 2-5：使用隐式转换

源文件路径：daima\2\2-5

实例文件 Program.cs 的主要实现代码如下所示。

```
byte aa = 100;        //定义变量aa，设置类型为byte，并设置初始值为100
int bb = aa;          //定义变量bb，隐式设置aa类型为int，并设置bb的值为100
long cc = bb;         //定义变量cc，隐式设置bb的类型为long，并设置cc的值为100
double dd = cc;       //定义变量dd，隐式设置cc的类型为double，并设置dd的值为100
Console.WriteLine("mm = {0}", aa); //输出变量aa的值
Console.WriteLine("nn = {0}", bb); //输出变量bb的值
Console.WriteLine("zz = {0}", cc); //输出变量cc的值
Console.WriteLine("ff = {0}", dd); //输出变量dd的值
```

```
mm = 100
nn = 100
zz = 100
ff = 100
```

图 2-5 实例执行效果

实例的最终输出结果是 4 个变量的值相同，实现了隐式转换。执行效果如图 2-5 所示。

2.4.2 显式转换

显式转换是一种强制性的转换方式，在使用显式转换时，必须在代码中明确声明要转

换的类型。在 C#语言中，使用显式转换的语法格式如下所示。

```
类型 1 变量名=(类型 2)变量名
```

其中“类型 1”表示待转换的类型，“类型 2”表示准备转换成的类型。下面的两段代码可区分显式转换和隐式转换的区别，其中实现隐式转换的代码如下所示。

```
int mm=20;
long nn=mm;                          //隐式转换
```

实现显式转换的代码如下所示。

```
int mm=20;
long nn=(long)mm;                    //显式转换，将 int 类型强制转换成 long 类型
```

从一个数值的类型向另一个数值类型进行转换的过程被称为显式数值转换。在使用显示转换时，虽然在转换过程中会出现数据丢失，却也总是能强制将表达式从任何数值类型转换为任何其他类型。

知识精讲

虽然 C#允许变量进行显式转换，但需要注意如下所示的两点。

(1) 隐式转换是显式转换的一种特例，所以允许把隐式转换书写成显式转换格式。

(2) 显式转换不安全，因为不同类型的变量取值范围不同，所以如果强制执行显式转换，可能会造成数据丢失。

在 C#语言中，编译器可以显式执行的数值转换类型如表 2-6 所示。

表 2-6　C#可以显式转换的数值类型列表

类　型	可转换为
byte	sbyte、char
sbyte	byte、ushort、uint、ulong、char
short	sbyte、byte、ushort、uint、ulong、long、char
ushort	sbyte、byte、short、char
int	sbyte、byte、short、ushort、uint、ulong、char
uint	sbyte、byte、short、ushort、int、char
long	sbyte、byte、short、ushort、uint、int、ulong、char
ulong	sbyte、byte、short、ushort、uint、int、long、char
float	sbyte、byte、short、ushort、uint、int、ulong、long、char、float
char	sbyte、byte、short
decimal	sbyte、byte、short、ushort、uint、int、ulong、long、char、float、double
double	sbyte、byte、short、ushort、uint、int、ulong、long、char、float、decimal

实例 2-6：使用 C#显式转换
源文件路径：daima\2\2-6

实例文件的主要实现代码如下所示。

```
double mm = 10000;                        //定义变量 mm 的类型为 double，初始值为 10000
long nn = (long)mm;                       //将 mm 转换为 long 数值类型，并赋值给变量 nn
int zz = (int)nn;                         //将 nn 转换为 int 数值类型，并赋值给变量 zz
byte ff = (byte)zz;                       //将 zz 转换为 byte 数值类型，并赋值给变量 ff
Console.WriteLine("mm = {0}", mm);  //输出变量 mm 的值
Console.WriteLine("nn = {0}", nn);  //输出变量 nn 的值
Console.WriteLine("zz = {0}", zz);  //输出变量 zz 的值
Console.WriteLine("ff = {0}", ff);  //输出变量 ff 的值
```

实例执行后的效果如图 2-6 所示。

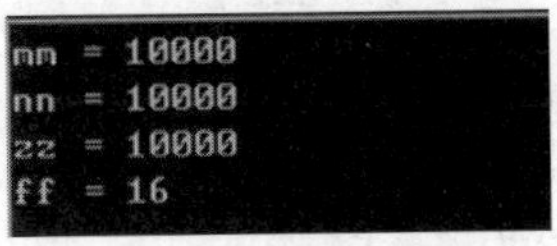

```
mm = 10000
nn = 10000
zz = 10000
ff = 16
```

图 2-6　实例执行效果

2.5　实践案例与上机指导

通过本章的学习，读者基本可以掌握 C#语言基础语法的知识。其实 C#基础语法的知识还有很多，这需要读者通过课外渠道来加深学习。下面通过练习操作，达到巩固学习、拓展提高的目的。

↑扫码看视频

2.5.1　枚举

本书前面讲解过的各种变量类型，除 string 类型外基本上都有明确的取值范围。但是在现实应用中，可能只需要变量取值范围内的一个或几个值，此时就可以使用枚举来实现。在 C#语言中，使用关键字 enum 来定义枚举，具体语法格式如下所示。

```
enum 枚举名称:类型{
      枚举值 1,
      枚举值 2,
      …
      枚举值 n
}
```

实例 2-7：使用枚举保存数据
源文件路径：daima\2\2-7

实例文件的主要实现代码如下所示。

```
enum MyDate{                        //使用 enum 创建枚举
        Sun = 0,                    //设置枚举值名称 Sun，枚举值为 0
        Mon = 1,                    //设置枚举值名称 Mon，枚举值为 1
        Tue = 2,                    //设置枚举值名称 Tue，枚举值为 2
        Wed = 3,                    //设置枚举值名称 Wed，枚举值为 3
        Thi = 4,                    //设置枚举值名称 Thi，枚举值为 4
        Fri = 5,                    //设置枚举值名称 Fri，枚举值为 5
        Sat = 6                     //设置枚举值名称 Sat，枚举值为 6
    }
    static void Main(string[] args){
        int k = (int)DateTime.Now.DayOfWeek; //获取代表星期几的返回值
        Console.WriteLine("库里先生，考验一下你的智商，今天是星期几？");
        switch (k){
            //如果 k 等于枚举变量 MyDate 中的 Sun 的枚举值，则输出“今天是星期日”
            case (int)MyDate.Sun: Console.WriteLine("今天是星期日"); break;
            //如果 k 等于枚举变量 MyDate 中的 Mon 的枚举值，则输出“今天是星期一”
            case (int)MyDate.Mon: Console.WriteLine("今天是星期一"); break;
            //如果 k 等于枚举变量 MyDate 中的 Tue 的枚举值，则输出“今天是星期二”
            case (int)MyDate.Tue: Console.WriteLine("今天是星期二"); break;
            //如果 k 等于枚举变量 MyDate 中的 Wed 的枚举值，则输出“今天是星期三”
            case (int)MyDate.Wed: Console.WriteLine("今天是星期三"); break;
            //如果 k 等于枚举变量 MyDate 中的 Thi 的枚举值，则输出“今天是星期四”
            case (int)MyDate.Thi: Console.WriteLine("今天是星期四"); break;
            //如果 k 等于枚举变量 MyDate 中的 Fri 的枚举值，则输出“今天是星期五”
            case (int)MyDate.Fri: Console.WriteLine("今天是星期五"); break;
            //如果 k 等于枚举变量 MyDate 中的 Sat 的枚举值，则输出“今天是星期六”
            case (int)MyDate.Sat: Console.WriteLine("今天是星期六"); break;
        }
        Console.ReadLine();
    }
```

执行后的效果如图 2-7 所示。

```
C:\WINDOWS\system32\cmd.exe
库里先生，考验一下你的智商，今天是星期几？
今天是星期四
```

图 2-7　实例执行效果

2.5.2　结构

结构是一种值类型数据结构，能够使一个单一变量存储各种数据类型的相关数据。在 C#语言中，使用关键字 struct 来定义结构，具体语法格式如下所示。

```
struct 名称 {
    结构变量 1;
    结构变量 2;
    …
    结构变量 n;
        }
```

实例 2-8：计算矩形的面积

源文件路径：daima\2\2-8

实例文件 Program.cs 的主要实现代码如下所示。

```
public struct Rect {                              //定义一个矩形结构
    public double width;                          //矩形的宽
```

```
        public double height;                           //矩形的高
        //构造方法 Rect，初始化矩形的宽和高
        public Rect(double x, double y) {
            width = x;    //矩形的宽
            height = y;   //矩形的高
        }
        //计算矩形面积
        public double Area() {
            return width * height;    //返回宽和高的积
        }
    }
    static void Main(string[] args){
        Rect rect1;                                     //实例化矩形结构
        rect1.width = 5;                                //为矩形宽赋值
        rect1.height = 3;                               //为矩形高赋值
        Console.WriteLine("主持人：库里先生，都知道你篮球打得好，平时学习怎么样？");
        Console.WriteLine("库里：还行吧！");
        Console.WriteLine("主持人：出个问题考考你吧！");
        Console.WriteLine("库里：宽 5 高 3 的矩形面积为：" + rect1.Area());
        Rect rect2 = new Rect(6, 4);      //使用构造函数实例化矩形结构
        Console.WriteLine("库里：宽 6 高 4 的矩形面积为：" + rect2.Area());
    }
```

执行后的效果如图 2-8 所示。

图 2-8　实例执行效果

2.6　思考与练习

本章详细讲解了 C#基础语法的知识，循序渐进地讲解了语句、注释、变量、常量、类型转换和枚举、结构等知识。在讲解过程中，通过具体实例介绍了使用 C#基础语法的方法。通过本章的学习，读者应该熟悉使用 C#基础语法的知识，掌握其使用方法和技巧。

一、选择题

(1) 在 C#语言中，内置类(　　)的功能是以静态的方法提供数学函数的计算方法。

A. Maths　　B. Math　　C. math

(2) 类型 byte 不可以显式转换为(　　)。

A. sbyte　　B. char　　C. ushort

二、判断对错

(1) 在 C#程序中，方法 Write()能够输出控制台内的指定数据，但是不能在字符的后面自动输出一个换行符。　　(　　)

(2) 方法 Read()能够从控制台的输入流中读取下一个字符，如果没有字符则返回-1。当读操作结束后，这个方法才会被返回。 (　　)

三、上机练习

(1) 转换字母的大写或小写。

(2) 实现字母与 ASCII 码的转换。

新起点 电脑教程

第 3 章

运算符与表达式

本章要点

- 运算符和表达式基础
- 基本运算符
- 运算符的优先级

本章主要内容

在前面已经学习了常量和变量的基本知识，接下来开始学习 C#表达式和运算符的知识。运算符和表达式是一种对程序进行处理的方式。通俗一点讲，通过使用运算符和表达式，可以将加、减、乘、除等运算符号跟前面所学的变量、常量融合起来。只有将变量和常量融合起来，一个程序才有意义。

3.1 运算符和表达式基础

相信读者肯定还记得小时候做的加减乘除数学题，其中的四则运算符号，如加、减、乘、除符号就是运算符，而算式“35÷5=7”就是一个表达式。

↑扫码看视频

事实上，除了加减乘除运算符，和数学有关的运算符还有>、≥、≤、<、∫、%等。这些运算符号和我们的生活息息相关，如购买游戏装备、订购演唱会门票、统计校园面积等，都离不开这些运算符。

在 C#程序中，通过使用表达式，可以把变量和字面值组合起来进行特定运算处理，以实现特定的功能。C#运算符的范围十分广泛，有的十分简单，有的十分复杂。但是它们都有一个共同点，即所有的表达式都是由运算符和被操作数构成的，具体说明如下。

(1) 运算符：功能是指定对特定被操作数进行什么运算，例如常用的+、-、*、/运算。

(2) 被操作数：功能是指定被运算操作的对象，它可以是数字、文本、常量和变量等。

例如，下面的代码就是几个常见的表达式例子。

```
int i=8;                              //整型变量 i
i=i*i+I;                              //i 赋值
string mm="ab";                       //字符串类型 mm
string nn="cd";                       //字符串类型 nn
string ff;                            //字符串类型 ff
ff=mm+nn;                             //ff 赋值
```

在 C#语言中，如果表达式的最终计算结果为需要类型的值，那么表达式就可以出现在需要值或对象的任意位置。例如上面例子中的表达式值，就可以通过如下代码输出：

```
System.WriteLine(mm);                 //输出 mm 的值
System.WriteLine(nn);                 //输出 nn 的值
System.WriteLine(ff);                 //输出 ff 的值
System.WriteLine(Math.Sqrt(i));  //输出 i 的平方根值
```

知识精讲

我们可以根据运算符的实现功能，将其分为以下三大类。

(1) 一元运算符：只处理 1 个运算数。

(2) 二元运算符：处理 2 个运算数。

(3) 三元运算符：处理 3 个运算数。

3.2 运　算　符

在 C#语言中有多种运算符，正是这多种多样的运算符为 C#提供了处理各类问题的能力。为了便于读者的理解，接下来将根据运算符的分类，讲解现实中常用运算符的用法。

↑扫码看视频

3.2.1　基本运算符

在 C#语言中，能够实现最基本操作的运算符被称为基本运算符，主要包含如下 7 大类。

1. “.”运算符

通过点运算符“.”，能够对程序内的不同成员进行访问，主要包括命名空间的访问类、类的访问方法和字段等。假设在某项目中有一个名为 mm 的类，而在类 mm 内有一个方法 nn。则当程序需要调用方法 nn 进行特定处理操作时，只需使用“mm.nn”语句即可。

2. “()”运算符

通过括号“()”运算符，能够定义方法和委托，并实现对方法和委托的调用。括号内可以包含需要的参数，也可以为空。例如在下面的代码中，使用括号分别实现了定义和调用功能。

```
int i=int32.Convert("123");               //定义 int 类型变量
System.Console.WriteLine("i={0}",i);    //调用变量
```

3. “[]”运算符

“[]”运算符能够存储项目预访问的元素，通常用于 C#的数组处理。“[]”内可以为空，也可以有 1 个或多个参数。例如，下面的代码通过“[]”实现了数组定义和元素赋值。

```
int [] mm=new int(3);   //定义 int 类型数组 mm
mm[0]=2;                //设置数组中的第 1 个元素值
mm[1]=3;                //设置数组中的第 2 个元素值
mm[2]=4;                //设置数组中的第 3 个元素值
```

4. “++”和“--”运算符

“++”和“--”运算符能够分别实现数据的递增处理和递减处理。“++”和“--”运算符支持后缀表示法和前缀表示法，例如，m++和m--的运算结果是先赋值，后递增和递减处理；而++m 和--m 的运算结果是先递增和递减，后赋值处理。

实例 3-1：使用自增和自减运算符
源文件路径：daima\3\3-1

实例文件 Program.cs 的主要实现代码如下所示。

```
int x = 0;                                          //定义 int 类型变量 x,初始值为 0
Console.WriteLine("x 的初始值为: " + x);             //输出 x 的初始值
Console.WriteLine("(++x)x 的值为: " + (++x));        //先递增后赋值，所以输出 1
Console.WriteLine("++x 之后，x 的值为: " + x);        //重新赋值后的值为 1
x = 0;                                              //重新赋值变量 x 的值为 0
Console.WriteLine("(x++)x 的值为: " + (x++));        //因为先赋值，所以输出 0
Console.WriteLine("x++之后，x 的值为: " + x);         //因为后加 1，所以输出 1
```

执行后的效果如图 3-1 所示。

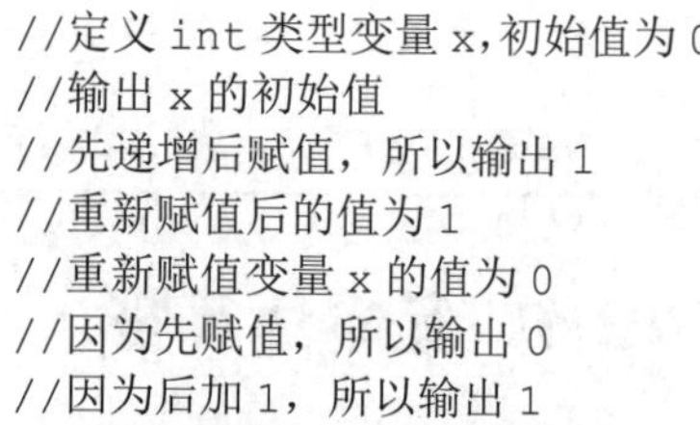

图 3-1　实例执行效果

5. new 运算符

运算符“new”可以创建项目中引用类型的新实例，即创建类、数组和委托的新实例。例如，下面的代码分别创建了一个新实例对象 mm 和新整型数组 nn。

```
object mm=new object();
int [] nn=new int[32];
```

实例 3-2：依次输出数组内的值
源文件路径：daima\3\3-2

实例文件 Program.cs 的主要实现代码如下所示。

```
string[] goddess = new string[5];   //创建具有 5 个元素的 string 类型数组
goddess[0] = "古力娜扎";             //为数组第一项赋值
goddess[1] = "高圆圆";               //为数组第二项赋值
goddess[2] = "郑爽";                 //为数组第三项赋值
goddess[3] = "卡戴珊姐妹";           //为数组第四项赋值
goddess[4] = "唐嫣";                 //为数组第五项赋值
Console.WriteLine(goddess[0]);      //输出数组第一项
Console.WriteLine(goddess[1]);      //输出数组第二项
Console.WriteLine(goddess[2]);      //输出数组第三项
Console.WriteLine(goddess[3]);      //输出数组第四项
Console.WriteLine(goddess[4]);      //输出数组第五项
```

古力娜扎
高圆圆
郑爽
卡戴珊姐妹
唐嫣

图 3-2　实例执行效果

执行后的效果如图 3-2 所示。

6. sizeof 运算符

运算符 sizeof 可以返回指定类型变量所占用的字节数。因为涉及了数量问题，所以 sizeof

只能计算值类型所占用的字节数量，并且返回结果的类型是 int。在基本类型中，sizeof 运算符的处理结果如表 3-1 所示。

表 3-1　sizeof 运算结果

表 达 式	结　果
sizeof(byte)	1
sizeof (sbyte)	1
sizeof(short)	2
sizeof (ushort)	2
sizeof(int)	4
sizeof (uint)	4
sizeof(long)	8
sizeof (ulong)	8
Sizeof(char)	2
sizeof (float)	2
Sizeof(double)	4
Sizeof(bool)	1
Sizeof(decimal)	16

智慧锦囊

sizeof 运算符只能对类型名进行操作，而不能对具体的变量或常量进行操作。

7. typeof 运算符

运算符 typeof 可以获取某类型的 System.Type 对象，它的处理对象只能是类型名或 void 关键字。如果被操作对象是一个类型名，则返回这个类型的系统类型名；如果被操作对象是 void 关键字，则返回 System.Void。

智慧锦囊

typeof 运算符只能对类型名进行操作，而不能对具体的变量或常量进行操作。

实例 3-3：使用 typeof 运算符
源文件路径：daima\3\3-3

实例文件 Program.cs 的主要实现代码如下所示。

```
Type mytype = typeof(string);   //获取引用类型的信息
Console.WriteLine("小鸟的答案：mytype 的类型是{0}", mytype);   //输出结果
Console.ReadLine();
```

执行后的效果如图 3-3 所示。

```
小鸟的答案：mytype的类型是System.String
```

图 3-3　实例执行效果

3.2.2　数学运算符

C#中的数学运算符用于实现+、-、*、/和%等算数运算，在其中包括一元运算符和二元运算符。数学运算符适用于整型、字符型、浮点型和 decimal 型。由数学运算符连接生成的表达式被称为数学表达式，其处理结果的类型是参与运算类型中精度最高的类型。在 C#语言中，常用数学运算符的具体信息如表 3-2 所示。

表 3-2　C#数学运算符

运 算 符	类　别	处理表达式	运算结果
+	二元	mm=nn+zz	mm 的值是 nn 和 zz 的和
-	二元	mm=nn-zz	mm 的值是 nn 和 zz 的差
*	二元	mm=nn*zz	mm 的值是 nn 和 zz 的积
/	二元	mm=nn/zz	mm 的值是 nn 除以 zz 的商值
%	二元	mm=nn%zz	mm 的值是 nn 除以 zz 的余数
+	一元	mm=+nn	mm 的值等于 nn 的值
-	一元	mm=-nn	mm 的值等于 nn 乘-1 的值

实例 3-4：对指定数字实现加、减、乘、除运算
源文件路径：daima\3\3-4

实例文件的主要实现代码如下所示。

```
    double firstNumber, secondNumber;//定义double类型变量firstNumber和secondNumber
    string userName;                 //定义 string 变量 userName
    Console.WriteLine("输入标识:");  //提示用户输入标识
    userName = Console.ReadLine();  //获取用户输入的字符
    Console.WriteLine("你好{0}!", userName);                    //输出用户输入的标识
    Console.WriteLine("输入一个数字:");                          //提示用户输入数字
    firstNumber = Convert.ToDouble(Console.ReadLine());     //获取用户输入的数字
    Console.WriteLine("输入另外一个数字:");                      //提示用户输入另外一个数字
    secondNumber = Convert.ToDouble(Console.ReadLine());//获取用户输入的第二个数字
    //下面有 5 行代码，功能是将用户输入的两个数字分别进行加、减、乘、除和求余计算
    Console.WriteLine("{0} 和 {1} 的 和 是 {2}.", firstNumber,secondNumber,
firstNumber + secondNumber);
    Console.WriteLine("{0} 和 {1} 差 是 {2}.",secondNumber, firstNumber,
firstNumber - secondNumber);
    Console.WriteLine("{0} 和 {1} 的 积 是 {2}.", firstNumber,secondNumber,
firstNumber * secondNumber);
    Console.WriteLine("{0} 除 以 {1} 的 结 果 是 {2}.",firstNumber, secondNumber,
firstNumber / secondNumber);
    Console.WriteLine("{0} 除 以 {1} 的 余 数 是 {2}.",firstNumber, secondNumber,
firstNumber % secondNumber);
```

执行后将首先显示指定的提示文本，当输入一个名标识字和两个数值后，将显示输入数值的各计算的结果。执行效果如图 3-4 所示。

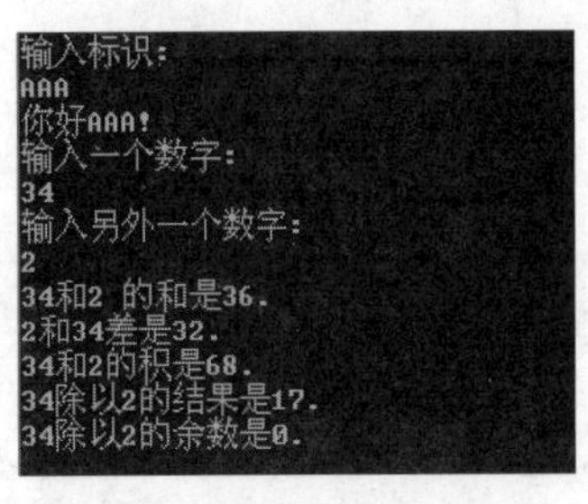

图 3-4　实例执行结果

3.2.3　赋值运算符

通过使用赋值运算符，可以为项目中的变量、属性、事件或索引器元素赋一个值。除了经常使用的“=”外，C#语言还有其他赋值运算符，具体说明如表 3-3 所示。

表 3-3　C#赋值运算符

运 算 符	类　别	处理表达式	运算结果
=	二元	mm=nn	mm 被赋予 nn 的值
+=	二元	mm+=nn	mm 被赋予 mm 和 nn 的和
-=	二元	mm-=nn	mm 被赋予 mm 和 nn 的差
*=	二元	mm*=nn	mm 被赋予 mm 和 nn 的积
/=	二元	mm/=nn	mm 被赋予 mm 除以 nn 的结果值
%=	二元	mm%=nn	mm 被赋予 mm 除以 nn 后的余数值

例如下面两段代码的含义是相同的。

```
mm=mm+nn;
mm+=nn;
```

实例 3-5：使用赋值运算符
源文件路径：daima\3\3-5

实例文件 Program.cs 的主要实现代码如下所示。

```
int i = 927;                                //声明一个int类型的变量i并初始化为927
i += 112;                                   //使用加赋值运算符
Console.WriteLine("最后i的值为：{0}！对不？", i);//输出最后变量i的值
Console.WriteLine("回答正确！");                  //输出最后变量i的值
```

执行后的效果如图 3-5 所示。

最后i的值为：1039！对不？
回答正确!

图 3-5　实例执行效果

3.2.4　比较运算符

比较运算符可以对项目内的数据进行比较，并返回一个比较结果。在 C#中有多个比较运算符，具体说明如表 3-4 所示。

表 3-4　C#比较运算符

运 算 符	说　明
mm= =nn	如果 mm 等于 nn 则返回 true，反之则返回 false
mm!=nn	如果 mm 不等于 nn 则返回 true，反之则返回 false
mm<nn	如果 mm 小于 nn 则返回 true，反之则返回 false
mm> nn	如果 mm 大于 nn 则返回 true，反之则返回 false
mm<= nn	如果 mm 小于等于 nn 则返回 true，反之则返回 false
mm >= nn	如果 mm 大于等于 nn 则返回 true，反之则返回 false

实例 3-6：比较两个数值

源文件路径：daima\3\3-6

实例文件 Program.cs 的主要实现代码如下所示。

```
decimal L1 = 1981.00m;              //声明 decimal 类型变量 L1
decimal L2 = 1982.00m;              //声明 decimal 类型变量 L2
bool result;                        //声明 bool 类型变量 result
result = L1 > L2;                   //使 result 等于 L1 和 L2 进行比较运算后的返回值
Console.WriteLine("话说小鸟的身价是 L1，情敌的身价是 L2。");
Console.WriteLine("小鸟的身价比情敌大吗？{0}!!! ", result);//输出比较结果
```

执行后的效果如图 3-6 所示。

```
话说小鸟的身价是L1，情敌的身价是L2。
小鸟的身价比情敌大吗？False！！！
```

图 3-6　实例执行效果

3.2.5　逻辑运算符

在实例 3-6 中，使用了类型 bool 来对数据进行了比较处理。bool 的功能是，通过返回值 true 和 false 来记录操作的结果。上述比较操作就是一种逻辑运算符，例如表 3-4 中一些操作会返回对应的操作结果。在 C#中除了上述逻辑处理外，还有多种其他方式，具体如表 3-5 所示。

表 3-5　C#逻辑运算符

<table>
<tr><th>运 算 符</th><th>类　别</th><th>处理表达式</th><th>运算结果</th></tr>
<tr><td>!</td><td>一元</td><td>mm=!nn</td><td>如果 nn 值是 true，则 mm 值就是 false，即两者相反</td></tr>
<tr><td>&</td><td>二元</td><td>mm=nn&zz</td><td>如果 nn 和 zz 都是 true，则 mm 就是 true，否则 mm 为 false</td></tr>
<tr><td>|</td><td>二元</td><td>mm= nn | zz</td><td>如果 nn 或 zz 的值是 true，则 mm 就是 true，反之 mm 是 false</td></tr>
<tr><td>～</td><td>二元</td><td>mm= nn～zz</td><td>如果 nn 和 zz 中只有一个值是 true，则 mm 就是 true，反之 mm 是 false</td></tr>
</table>

续表

运 算 符	类　别	处理表达式	运算结果
&&	二元	mm= nn&&zz	如果 nn 和 zz 的值都是 true，则 mm 就是 true，反之 mm 是 false
||	二元	mm= nn || zz	如果 nn 或 zz 的值中有任意一个非零，则 mm 就是 true，反之 mm 是 false

智慧锦囊

在现实应用中，如果使用上述运算符进行复杂逻辑判断处理，应该充分注意具体的情况，避免因赋值失误而出现程序的运行错误。

实例 3-7：使用逻辑运算符判断 2017 年是否为闰年

源文件路径：daima\3\3-7

实例文件的主要实现代码如下所示。

```
Console.Write("输入年份按 Enter 结束: ");  //通过 Console()提示用户输入一个年份
string str = Console.ReadLine();          //通过 ReadLine()获取用户输入的年数
int year = Int32.Parse(str);          //定义 int 类型变量 year，设置转换为 32 位整型
//通过变量 year 进行闰年判断处理，如果是则返回 true，反之则返回 false
bool isLeapYear = ((year % 400) == 0) || (((year % 4) == 0) && ((year % 100) != 0));
Console.WriteLine("{0}是闰年?{1}", year, isLeapYear);   //将判断结果输出
```

执行程序后将首先显示指定的文本，例如输入年数“2017”后的执行效果图 3-7 所示。

```
输入年份按Enter结束：2017
2017是闰年？False
```

图 3-7　实例执行结果

3.2.6　移位运算符

在 C#语言中，移位运算符是指“<<”运算符和“>>”运算符，能够对指定字符进行向右或向左的移位处理，具体语法格式如下所示。

```
<<数值                        //向左移动指定数值位
>>数值                        //向右移动指定数值位
```

在 C#程序中，使用移位运算符的具体规则如下。

(1)　被移位操作的字符类型只能是 int、uint、long 和 ulong 中的一种，或者是显式转换为上述类型的字符。

(2)　“<<”将指定字符向左移动指定位数，被空处的低位位置用 0 来代替。

(3)　“>>”将指定字符向右移动指定位数，被空处的高位位置用 0 来代替。

移位运算符可以与简单的赋值运算符结合使用，组合成“<<=”和“>>＝”，具体说明如下。

➢ mm<<=nn：等价于 mm=mm<<nn，即将 mm<<nn 的值转换为 mm 的类型。
➢ mm>>=nn：等价于 mm=mm>>nn，即将 mm>>nn 的值转换为 mm 的类型。

实例 3-8：使用移位运算符
源文件路径：daima\3\3-8

实例文件 Program.cs 的主要实现代码如下所示。

```
uint intmax = 4294967295;         //声明 uint 类型变量 intmax
uint bytemask;                    //声明 uint 类型变量 bytemask
bytemask = intmax << 8;           //使 intmax 左移 8 次
Console.WriteLine(bytemask);      //输出结果
```

4294967040

图 3-8　实例执行效果

执行后的效果如图 3-8 所示。

3.3　运算符优先级

运算符的优先级决定了表达式中运算执行的先后顺序，优先级高的运算符最先被执行。在本节的内容中，将详细讲解 C#各种运算符的优先级的知识。

↑扫码看视频

运算符的优先级，即处理的先后顺序。在日常生活中，无论是排队买票还是超市结账，我们都遵循先来后到的顺序。在 C#语言的运算符中，也要遵循某种运算顺序。运算符的优先级决定了表达式中运算符的执行顺序，例如先乘除后加减就是一种优先级。其中，在一个表达式中的操作顺序，默认是从左到右进行计算的。如果在一个表达式内有多个运算符，则必须按照它们的优先级顺序进行计算，即首先计算优先级别高的，然后计算优先级别低的。

在 C#语言中，运算符的优先级顺序如表 3-6 所示。

表 3-6　C#运算符优先级顺序

类　别	运算符	左右顺序	优先级次序
基本运算符	mm.nn、f(x)、mm++、mm−−、new、typeof、checked、unchecked	从左到右	优先级顺序由高到低
一元运算符	+、−、！等	从右到左	
乘除	*、/和%	从左到右	
加减	+、−	从左到右	
移位	<<、>>	从左到右	
关系和类型检查	<、>、<=、>=、is、as	从左到右	

续表

类 别	运算符	左右顺序	优先级次序
相等	==、!=	从左到右	优先级顺序由高到低
逻辑 and	&	从左到右	
逻辑 or	|	从左到右	
条件 and	&&	从左到右	
条件 or	||	从左到右	
空合并	??	从右到左	
条件	?:	从右到左	
赋值	=、*=、/=、%=、+=、-=、<<=、>>=、&=、~=、|=	从右到左	

知识精讲

当在某表达式中同时出现多个同优先级运算符时，则按照从左到右顺序进行计算处理。并且有如下所示的三个通用原则。

(1) 赋值运算符外的二元运算符都是从左到右进行计算的。

(2) 赋值运算符、条件运算符和空合并运算符是从右向左进行计算的。

(3) 有括号的要首先计算括号里面的，括号的优先级顺序是“()” > “[]” > “{}”。

3.4　实践案例与上机指导

通过本章的学习，读者基本可以掌握 C#语言常用运算符的知识。其实 C#运算符的知识还有很多，需要读者通过课外渠道来加深学习。下面通过练习操作，达到巩固学习、拓展提高的目的。

↑扫码看视频

3.4.1　尝试使用三元运算符

在 C#程序中，三元运算符用“?:”来表示，又被称为条件运算符，具体语法格式如下所示。

```
mm?nn:zz
```

使用三元运算符的规则如下。

(1) 计算条件 mm 的结果。

(2) 如果条件 mm 为 true，则计算 nn，计算出的结果就是运算结果。

(3) 如果条件 mm 为 false，则计算 zz，计算出的结果就是运算结果。

(4) 遵循向右扩充原则，即如果表达式为“mm?nn:zz?ff:dd”，则按照顺序“mm?nn:(zz?ff:dd)”计算处理。

实例 3-9：使用三元运算符判断某年是否是闰年

源文件路径：daima\3\3-9

实例文件的主要实现代码如下所示。

```
Console.Write("输入年份按 Enter 结束："); //通过 Console()提示用户输入一个年份
//定义变量 mm，赋值为 ReadLine()获取的用户输入的年数
string mm = Console.ReadLine();
int year = Int32.Parse(mm);        //定义 int 类型变量 year，设置转换为 32 位整型
//通过变量 ff 进行闰年判断处理
bool ff = ((year % 400) == 0) || (((year % 4) == 0) && ((year % 100) != 0));
string yesNo = ff ? "是" : "不是";  //定义 string 类型变量 yesNo，进行三元运算处理
Console.WriteLine("{0}年{1}闰年。", year, yesNo);  //将处理后的结果输出
```

执行后将首先显示指定的文本，当输入年数 2010 后的执行效果如图 3-9 所示。

```
输入年份按Enter结束：2010
2010年不是闰年。
```

图 3-9 实例执行结果

智慧锦囊

在使用三元运算符“?:”时必须注意如下两点：

(1) “?:”运算符的第一个操作数必须是可隐式转换为布尔类型的表达式。

(2) “?:”运算符的第二个和第三个操作数决定了条件表达式的类型。具体说明如下。

- 如果 nn 和 zz 的类型相同，则这个类型是条件表达式的类型。
- 如果存在从 nn 向 zz 的隐式转换，但不存在从 zz 到 nn 的隐式转换，则 zz 类型为条件表达式的类型。

3.4.2 运算符的优先级演练

实例 3-10：数学运算的优先级

源文件路径：daima\3\3-10

实例文件 Program.cs 的具体实现代码如下所示。

```
class Program
{
    static void Main(string[] args)
    {
```

```
        int a = 20;
        int b = 10;
        int c = 15;
        int d = 5;
        int e;
        e = (a + b) * c / d;     // ( 30 * 15 ) / 5
        Console.WriteLine("Value of (a + b) * c / d is : {0}", e);

        e = ((a + b) * c) / d;   // (30 * 15 ) / 5
        Console.WriteLine("Value of ((a + b) * c) / d is  : {0}", e);

        e = (a + b) * (c / d);   // (30) * (15/5)
        Console.WriteLine("Value of (a + b) * (c / d) is  : {0}", e);

        e = a + (b * c) / d;    //  20 + (150/5)
        Console.WriteLine("Value of a + (b * c) / d is  : {0}", e);
        Console.ReadLine();
    }
}
```

3.5　思考与练习

本章首先介绍了什么是运算符，然后详细阐述了 C#语言中各种常用运算符的知识，并且通过具体实例介绍了各种运算符的使用方法。通过本章的学习，读者应该熟悉使用 C#运算符，掌握其使用方法和技巧。

一、选择题

(1) 假设变量 A 的值为 10，变量 B 的值为 20，则(A == B)的结果是(　　)。

A. 不为真　　B. 为真　　C. 1　　D. 0

(2) 假设变量 A 为布尔值 true，变量 B 为布尔值 false，则下面结果为假的是(　　)。

A. (A && B)　　B. (A || B)　　C. !(A && B)

二、判断对错

(1) + 运算符既可作为一元运算符也可作为二元运算符。　　(　　)

(2) 除法运算符(/)用第二个操作数除第一个操作数。所有数值类型都具有预定义的除法运算符。　　(　　)

(3) 模数运算符(%)计算第二个操作数除第一个操作数后的余数。　　(　　)

三、上机练习

(1) 使用移位运算符获取汉字编码。

(2) 使用算术运算符制作计算器。

第 4 章

流程控制语句

本章要点

- 语句和语句块
- 选择语句
- 循环语句
- 跳转语句

本章主要内容

在 C#程序中，语句是应用程序完成一个指定操作的基本单位。通过语句内的变量、函数、参数和类等元素，可以实现项目中指定的功能。在默认的情况下，C#语句是从上到下顺序执行的。但有时为了实现某些特定的功能，需要设置语句按照某特定的顺序进行。为实现上述特定应用，在 C#中引入了“流程控制语句”这一概念。本章将详细讲解 C#流程控制语句的基本知识。

4.1 语句和语句块

在 C#语言中，每一个语句都有一个起始点和结束点，并且每个语句并不是独立的。语句是 C#程序完成某特定操作的基本单位，能够和其他语句有着某种对应的关系。本节将详细讲解 C#语句和语句块的知识。

↑扫码看视频

C#语言常用的语句有如下几种。

- 空语句：只用一个分号“;”结尾。
- 声明语句：用来声明变量和常量。
- 表达式语句：由实现特定功能的表达式构成。
- 流程控制语句：设置应用程序内语句块的执行顺序。

例如下面的代码都是语句。

```
int mm=5;
int nn=10;
mm=mm+nn;
Console.WriteLine("你好，我的朋友！")
```

在默认情况下，上述 C#语句是按照程序代码顺序执行的。但是，通过流程控制语句，可以指定语句执行的先后顺序。根据流程语句的特点，C#流程语句可以划分为如下 3 种。

(1) 选择语句。

(2) 循环语句。

(3) 跳转语句。

语句块是由 1 个或多个语句构成的，一般用大括号来分隔限定 C#语句块。在语句块内可以没有任何元素，这被称为空块。在一个语句块内声明的局部变量或常量的作用域是块的本身。

知识精讲

C#语句块的执行规则如下。

- 如果是空语句块，则控制转到块的结束点。
- 如果不是空语句块，则控制转到语句的执行列表。

4.2 选择语句

选择语句能够从程序表达式内的多个语句中选择一个指定的语句来执行。在 C#语言中，选择语句有 if 语句和 switch 语句两种。本节将详细讲解这两种选择语句的知识。

↑扫码看视频

4.2.1 使用 if 语句

在 C#语言中，if 语句即 if...else 语句，能够根据 if 后面的布尔表达式的结果值来选择要执行的语句。使用 if 语句的基本语法格式如下。

```
if (布尔表达式){
处理语句;
…
}
else{
处理语句;
…
}
```

其中，“处理语句”可以是空语句，即只有一个分号；如果有处理语句或有多个处理语句，则必须使用大括号；else 子句是可选的，可以没有。

在 C#语言中，if 语句的执行流程如下。

(1) 首先计算 if 后的“布尔表达式”。

(2) 如果表达式的结果是 true，则执行第一个嵌套的处理语句。执行此语句完毕后，将返回 if 语句的结束点。

(3) 如果表达式的结果是 false，并且存在 else 嵌套子句，则执行 else 部分的处理语句。执行此语句完毕后，将返回 if 语句的结束点。

(4) 如果表达式的结果是 false，但是不存在 else 嵌套子句，则不执行处理语句，并将返回 if 语句的结束点。

通过上述 if 语句的执行流程可以看出，不能同时执行 if 后的处理语句和 else 后的处理语句，只能执行两者之一。看下面的代码，首先定义了两个 int 类型的变量 aa 和 bb，然后通过 if 语句进行判断处理。

```
int aa,bb,
aa=2;
bb=3;
if (aa<bb){
```

```
  aa=3;
  bb=4;
}
else{
  aa=1;
  bb=2;
}
```

上述代码的具体处理流程如下所示。

- 设置布尔判断语句，通过“aa<bb”比较语句返回布尔结果。
- 如果 aa 小于 bb，则执行 if 后的处理语句，即赋值变量 aa=3，变量 bb=4。
- 如果 aa 不小于 bb，则执行 else 后的处理语句，即赋值变量 aa=1，变量 bb=2。

智慧锦囊

在编写 C#流程控制语句时，可以在同行内同时使用多个大括号。但是为了日后的代码维护，提高代码的可读性，建议读者以缩进的方式书写大括号和代码，这样有助于避免编写代码过程中的错误。

在 C#程序中，如果程序的逻辑判断关系比较复杂，此时可以使用 if 语句的嵌套用法，即在判断之中又有判断，具体形式如下：

```
if(条件 1){
   执行 1...
}else if(条件 2){
   执行 2...
}else if(条件 3){
   执行 3...
}esle{
   执行 4...
}
```

下面是上述格式的执行顺序：

(1) 满足“条件 1”时，执行“执行 1”，后边的就不会再执行。
(2) 满足“条件 2”时，执行“执行 2”，其他的就不会再执行。
(3) 满足“条件 3”时，执行“执行 3”，其他的就不会再执行。
(4) 如果没有满足的条件时，执行“执行 4”。

实例 4-1：使用 if 嵌套语句
源文件路径：daima\4\4-1

实例文件 Program.cs 的主要实现代码如下所示。

```
const int i = 18;      //声明一个 int 类型的常量 i，值为 18
const int j = 30;      //声明一个 int 类型的常量 j，值为 30
const int k = 50;      //声明一个 int 类型的常量 k，值为 50
int YouAge = 0;        //声明一个 int 类型的变量 YouAge，值为 0
Console.WriteLine("先生，查票了，请拿出身份证和票！");//输出提示信息
```

```
Console.WriteLine("请问你的年龄：");          //输出提示信息
YouAge = int.Parse(Console.ReadLine());  //获取用户输入的数据
if (YouAge <= i)      //调用 if 语句判断输入的数据是否小于等于 18
{
    //如果小于等于 18 则输出提示信息
    Console.WriteLine("您还未成年啊，一个人出来旅游不安全啊！");
}
else                     //否则
{
    if (i < YouAge && YouAge <= j) //判断是否大于 18 岁且小于等于 30 岁
    {
        //如果输入的年龄大于 18 岁并且小于等于 30 岁则输出提示信息
        Console.WriteLine("年轻真好，一个人的旅行会发生很多故事！");
    }
    else                 //否则
    {
        if (j < YouAge && YouAge <= k)
            //判断输入的年龄是否大于 30 岁且小于等于 50 岁
        {
            //如果输入的年龄大于 30 岁而小于等于 50 岁则输出提示信息
            Console.WriteLine("你处于人生的黄金阶段，旅途愉快！");
        }
        else             //否则
        {
            //输出提示信息
            Console.WriteLine("最美不过夕阳红，旅行路上注意身体！");
        }
    }
}
```

运行程序后会提示输入年龄，例如输入 21 后的效果如图 4-1 所示。

```
先生，查票了，请拿出身份证和票！
请问你的年龄：
21
年轻真好，一个人的旅行会发生很多故事！
```

图 4-1　实例执行效果

4.2.2　使用 switch 语句

在 C#语言中，switch 语句是多选项选择语句，能够根据表达式的值从多个分支选项中选择一个执行语句。使用 switch 语句的语法格式如下。

```
switch (表达式) {
case 常量表达式 1:
处理语句;
case 常量表达式 2:
处理语句;
case 常量表达式 3:
处理语句;
…
default:
```

```
    处理语句;
}
```

其中，switch 后的“表达式”必须是 sbyte、byte、short、ushort、uint、int、ulong、long、char、string 和枚举类型中的一种，或者是可以隐式转换为上述类型的类型。case 后的表达式必须是常量表达式，即只能是一个常量值。

实例 4-2：判断输入月份对应的季节

源文件路径：daima\4\4-2

本实例的功能是根据用户输入的月份数，通过 switch 语句来判断对应的季节。实例文件的主要实现代码如下所示。

```
Console.Write("现在是几月呀？？？");      //通过 Write()方法输出提示文本
string mm = Console.ReadLine();          //定义变量 mm，用于获取用户输入的月份数
int month = Int32.Parse(mm);             //将 mm 类型转换为 32 位整数
string jijie;                            //定义 string 类型变量 jijie
switch (month){                          //通过 switch 语句进行季节判断处理
            case 12:                     //如果用户输入的是 12
            case 1:                      //如果用户输入的是 1
            case 2:                      //如果用户输入的是 2
               jijie = "冬";              //则将 jijie 赋值为：冬
               break;                    //使用 break 结束循环
            case 3:                      //如果用户输入的是 3
            case 4:                      //如果用户输入的是 4
            case 5:                      //如果用户输入的是 5
               jijie = "春";              //则将 jijie 赋值为：春
               break;                    //使用 break 结束循环
            case 6:                      //如果用户输入的是 6
            case 7:                      //如果用户输入的是 7
            case 8:                      //如果用户输入的是 8
               jijie = "夏";              //则将 jijie 赋值为：夏
               break;                    //使用 break 结束循环
            case 9:                      //如果用户输入的是 9
            case 10:                     //如果用户输入的是 10
            case 11:                     //如果用户输入的是 11
               jijie = "秋";              //则将 jijie 赋值为：秋
               break;                    //使用 break 结束循环
            default:                     //如果用户输入的是其他数字
               jijie = "不存在的月份";   //则将 jijie 赋值为：不存在的月份
               break;                       //使用 break 结束循环
}
Console.WriteLine("现在是{0}月，{1}天。", month, jijie);
//通过 WriteLine()输出月数和对应的季节
```

执行程序后将首先显示指定的文本，当输入数值并按回车键后，将显示结果，执行效果如图 4-2 所示。

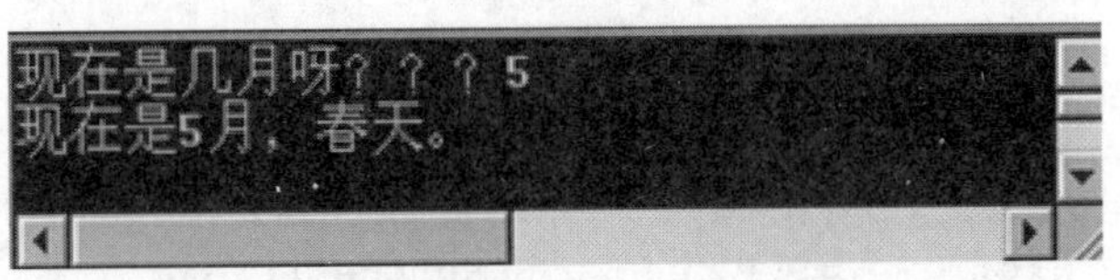

图 4-2　实例执行结果

知识精讲

在使用 switch 语句时应该注意如下两点。

(1) C#必须使用 break 类的跳过语句进行处理，否则多个 case 处理语句将会出现贯穿处理状况，从而造成程序不能正确运行。

(2) 当同时把多个 case 语句叠加在一起时，就会顺序执行多个 case 处理语句。

4.3 循环语句

在 C#程序中使用循环语句后，开发者不需要编写大量的代码就可以重复执行某个指定的操作。在 C#语言中，有 3 种常用的循环语句，即 while 语句、do...while 语句和 for 语句。在本节的内容中，将详细讲解这 3 种循环语句的基本用法。

↑扫码看视频

4.3.1 使用 while 语句

在 C#程序中，使用 while 语句的基本格式如下所示。

```
while (布尔表达式)
处理语句;
```

其中，关键字 while 后的表达式必须是布尔表达式。上述 while 语句的执行规则如下。

(1) 首先计算 while 后的布尔表达式。

(2) 如果表达式的结果是 true，则执行后面的处理语句，执行完毕后将返回 while 语句的开头。

(3) 如果表达式的结果是 false，则返回 while 语句的结束点，循环结束。

实例 4-3：多少年得到指定的目标存款
源文件路径：daima\4\4-3

本实例的功能是根据用户输入的存款数量和利率，通过 while 语句计算出经过多少年得到指定的目标存款。实例文件的主要实现代码如下所示。

```
double cunkuan, lilu, lixicunkuan; //同时定义3个double类型的变量
Console.WriteLine("当前资金?");        //提示用户输入一个数值表示资金
cunkuan = Convert.ToDouble(Console.ReadLine());
//变量赋值为用户输入的值，并转换为double类型
Console.WriteLine("当前利率?");        //提示用户输入一个数值表示利率
lilu = 1 + Convert.ToDouble(Console.ReadLine()) / 1000.0;//计算利率
Console.WriteLine("期望多少钱?");      //提示用户输入一个数值表示期望值
lixicunkuan = Convert.ToDouble(Console.ReadLine());//转换为double类型
int totalYears = 0;                   //int类型变量totalYears表示总年数
while (cunkuan < lixicunkuan){        //通过while语句计算存款多少年得到预期金额
     cunkuan *= lilu;                 //每年的利息加上本金
     ++totalYears;                    //逐年递增
}
Console.WriteLine("存款{0}年后将得到{2}。",totalYears, totalYears == 1 ? "" :
                     "s", cunkuan);
```

执行程序后将首先显示指定的文本，当输入 3 个数值并按回车键后，会显示对应的处理结果。执行效果如图 4-3 所示。

图 4-3　实例执行结果

4.3.2　使用 do...while 语句

在 C#程序中，如果 while 语句中表达式的值是 false，则不会执行后面的处理语句。但是有时为了满足项目的特定需求，需要执行指定的特殊处理语句。do…while 语句就是为解决上述问题而推出的，其功能是无论布尔表达式值为多少，都至少执行一次处理语句。使用 do…while 语句的语法格式如下。

```
do
   处理语句;
while (布尔表达式)
```

上述 do…while 语句的执行流程如下。

(1)　先转到 do 后面的处理语句。

(2)　当执行到处理语句的结束点时，计算布尔表达式。

(3)　如果表达式的结果是 true，则将返回到 do 语句的开始执行。否则，将来到 do 语句的结束点。

实例 4-4：课程选择系统

源文件路径：daima\4\4-4

实例文件的主要实现代码如下所示。

```
string style, order; //分别定义 string 类型变量 style 和 order
do{
    Console.WriteLine("\n\n 选择你喜欢的专业"); //输出提示文本
    Console.WriteLine("----------------------------------------\n");
    Console.WriteLine("2. 计算机");    //输出显示引号中的文本
    Console.WriteLine("1. 金融");      //输出显示引号中的文本
    Console.WriteLine("0. 退出");      //输出显示引号中的文本
    Console.Write("\n 请输入你喜欢专业的编号，按 Enter 结束!!! ");
    style = Console.ReadLine();       //读取用户按下的按键
    if (style == "1") //如果用户按下按键 1，表示选择了"金融"专业
    {
        do{             //使用 do 循环显示金融专业下的课程
            Console.WriteLine("\n\n 金融");
            Console.WriteLine("------------------------------\n");
            Console.WriteLine("1. 语文");//金融专业下的课程 1
            Console.WriteLine("2. 邓论");//金融专业下的课程 2
            Console.WriteLine("3. 马哲");//金融专业下的课程 3
            Console.WriteLine("0. 退出");//退出提示
            Console.Write("\n 请输入你喜欢课程的编号，按 Enter 结束!!! ");
            order = Console.ReadLine();//读取用户按下的按键
            string dish;
            switch (order)
            {
                case "0":  //如果用户按下按键 0 则退出
                    break;
                case "1":  //如果用户按下按键 1，则打印用户的选择结果：语文
                    dish = "语文";
                    Console.WriteLine("\n\n 你的选择是：金融->{0}", dish);
                    break;
                case "2":  //如果用户按下按键 2，则打印用户的选择结果：邓论
                    dish = "邓论";
                    Console.WriteLine("\n\n 你的选择是：金融->{0}", dish);
                    break;
                case "3":  //如果用户按下按键 3，则打印用户的选择结果：马哲
                    dish = "马哲";
                    Console.WriteLine("\n\n 你的选择是：金融->{0}", dish);
                    break;
                default:
                    continue;
            }
        } while (order != "0");
    }
    else if (style == "2")   //如果用户按下按键 2，表示选择了"计算机"专业
    {
        do{                   //使用 do 循环显示金融专业下的课程
            Console.WriteLine("\n\n 计算机");
            Console.WriteLine("------------------------------\n");
            Console.WriteLine("1. C 语言"); //计算机专业下的课程 1
            Console.WriteLine("2. Java"); //计算机专业下的课程 2
            Console.WriteLine("3. ASP");  //计算机专业下的课程 3
            Console.WriteLine("0. 退出");  //退出
```

```
                Console.Write("\n 请输入你喜欢学科的编号，按 Enter 结束!!! ");
                order = Console.ReadLine();    //读取用户按下的按键
                string dish;
                switch (order){
                    case "0":  //如果用户按下按键 0 则退出
                        break;
                    case "1":  //如果用户按下按键 1，则打印用户的选择结果：C 语言
                        dish = "C 语言";
                        Console.WriteLine("\n\n 你的选择是：计算机->{0}", dish);
                        break;
                    case "2":  //如果用户按下按键 2，则打印用户的选择结果：Java
                        dish = "Java";
                        Console.WriteLine("\n\n 你的选择是：计算机->{0}", dish);
                        break;
                    case "3":  //如果用户按下按键 3，则打印用户的选择结果：ASP
                        dish = "ASP";
                        Console.WriteLine("\n\n 你的选择是：计算机->{0}", dish);
                        break;
                    default:
                        continue;
                }
            } while (order != "0");
        }
    } while (style != "0");
    Console.WriteLine("\n\n 多谢你使用本系统，再见！");
```

执行程序后将首先显示选择专业的文本提示，如图 4-4 所示；当选择某专业并按回车键后，将显示此专业下的课程，如图 4-5 所示；当选择课程并按回车键后，会显示对应的选择结果，执行效果如图 4-6 所示。从图 4-6 所示的执行效果可以看出，无论用户是否选择数据，都将执行 do 后的操作语句，即显示默认的课程选择界面。

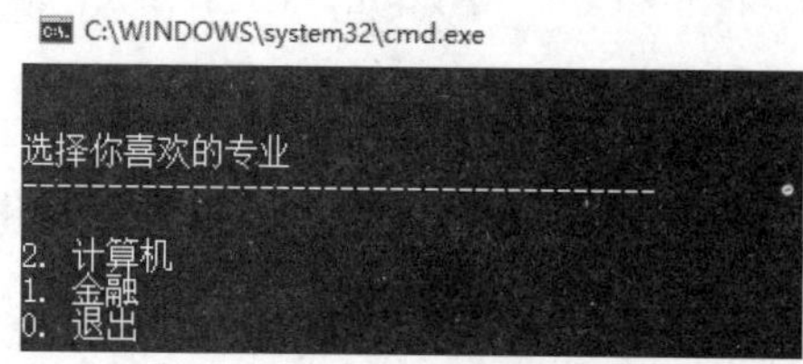

图 4-4　选择专业

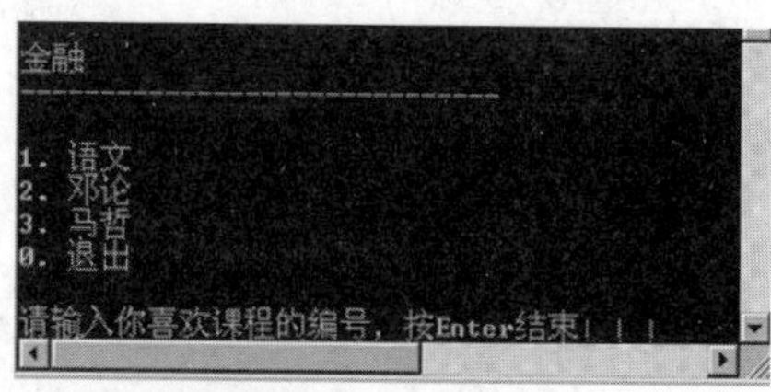

图 4-5　选择课程

图 4-6　输出最终结果

4.3.3　使用 for 语句

在 C#语言中，for 语句能够在项目中循环执行指定次数的某个语句。使用 for 语句的基本语法格式如下：

```
for(初始化表达式;条件表达式;迭代表达式){
    处理语句
}
```

在上述格式中，会计算“初始化表达式”的值，如果值为 true 则重复执行指定的“处理语句”，如果为 false 则终止循环。其中，for 后的初始化语句可以有多个，但必须用分号“;”隔开。上述 for 语句的执行流程如下所示。

(1) 如果有初始化的表达式，则按照初始语句的编写顺序顺序执行它们。

(2) 如果有条件表达式则计算。

(3) 如果没有条件表达式，则执行处理语句。

(4) 如果条件表达式结果是 true，则执行处理语句。

(5) 如果条件表达式结果是 false，则执行 for 语句的结束点。

(6) 在执行完 for 循环主体后，控制流会跳回上面的迭代表达式语句。

(7) 重复执行上面的流程。

实例 4-5：排列指定数组内的数据从小到大顺序

源文件路径：daima\4\4-5

实例文件 Program.cs 的主要实现代码如下所示。

```
//定义 int 类型的数组 items，在数组内存储了 13 个任意值的数字
int[] items = { 3, 5, -7, 8, 2, 1, -200, 1200, 24, 2, 7, 14,50 };
for (int i = 1; i < items.Length; ++i){
//利用 for 语句进行相邻数据比较，然后将小的数字前置
   for (int j = items.Length - 1; j >= i; --j){
      //不符合排序要求则交换相邻的两个数
      if (items[j - 1] > items[j]){
         int temp = items[j - 1];
         items[j - 1] = items[j];
         items[j] = temp;
      }
   }
}
for (int i = 0; i < items.Length; ++i)
//将比较处理后的数据从小到大顺序排列
      Console.Write("{0} \n", items[i]);
```

执行程序后将数组内的数据按照从小到大的顺序显示出来，如图 4-7 所示。

图 4-7　实例执行结果

在 C#程序中，在 for 语句中不但可以使用 break 语句，将执行转到 for 语句的结束点位置，而且也可以使用 continue 语句将执行转到迭代表达式，然后从条件表达式

开始执行 for 语句的另一次循环。

实例 4-6：在 for 语句内使用 break 语句
源文件路径：daima\4\4-6

实例文件的主要实现代码如下所示。

```
for (; ; ){ //无条件的循环语句，直到执行指定的退出为止
        Console.Write("请输入一个整数并按 Enter 结束!!! ");//提示用户输入整数
        string mm = Console.ReadLine();   //读取用户输入的整数
        int nn = Int32.Parse(mm);         //将输入的值转换为 32 位整数
        if (nn < 0)                       //如果 nn 小于 0 则终止循环
               break;
        int ji = 1;                       //定义 int 类型变量 ji
        for (int i = 1; i <= nn; ++i){    //通过 for 语句计算输入数据的 1*2*…*nn
               ji *= i;
        }
Console.WriteLine("{0}结果等于{1}。", nn, ji);   //输出计算结果
```

上述代码的功能是根据用户输入数 mm，自动计算“1*2*…*n”的值，通过 break 语句实现了应用的跳转。执行后将用户输入值的指定格式的计算结果显示出来，执行效果如图 4-8 所示。

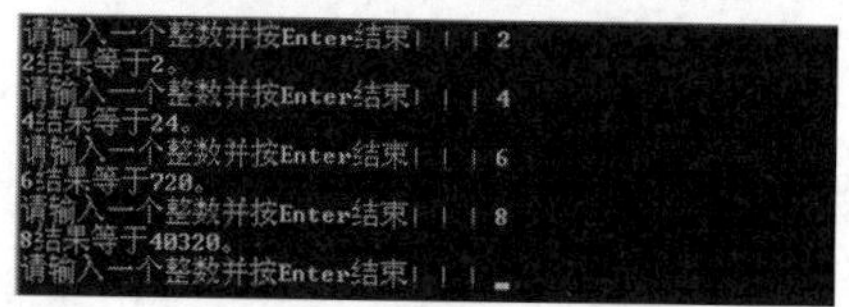

图 4-8　实例执行结果

4.4　跳 转 语 句

在 C#语言中，通过跳转语句可以将执行转移到指定的位置，经常被用于项目内的无条件转移控制。本节将详细讲解使用 C#跳转语句的知识。

↑扫码看视频

4.4.1　使用 break 语句

在本书前面的实例中，已经多次使用了 break 语句。在 C#语言中，只能在 switch、while、do 或 for 语句中使用 break 语句，其功能是退出当前所在的处理语句。但是，break 语句只能退出直接包含它的语句，而不能退出包含它的多个嵌套语句。

实例 4-7：显示 10 次小于 20 的整数

源文件路径：daima\4\4-7

实例文件 Program.cs 的主要实现代码如下所示。

```
for (int mm = 0; mm < 10; mm++){          //定义变量 mm，利用 for 语句循环显示次数
    Console.WriteLine("{0}次: ", mm);     //通过 WriteLine()输出循环次数
      for (int nn = 0; nn < 100; nn++){
      //定义变量 nn，利用 for 语句循环显示小于 20 的整数
        if ( nn==20 )                     //如果 nn 的值等于 20，则使用 break 退出循环
            break;
        Console.Write(nn+"");             //循环显示 10 次小于 20 的整数
}
```

执行程序后将循环显示 10 次小于 20 的整数，执行效果如图 4-9 所示。

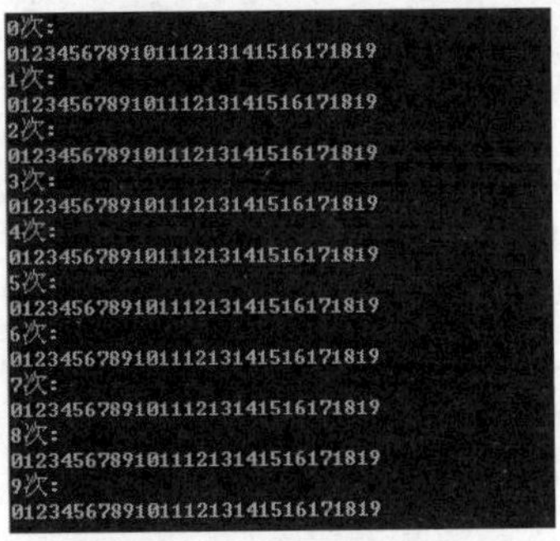

```
0次:
012345678910111213141516171819
1次:
012345678910111213141516171819
2次:
012345678910111213141516171819
3次:
012345678910111213141516171819
4次:
012345678910111213141516171819
5次:
012345678910111213141516171819
6次:
012345678910111213141516171819
7次:
012345678910111213141516171819
8次:
012345678910111213141516171819
9次:
012345678910111213141516171819
```

图 4-9 实例执行结果

由图 4-9 所示执行效果可以看出，break 语句只是终止了内层 for 语句，即实现了 nn 等于 20 就退出的效果，而没有对外层 for 语句造成影响。

智慧锦囊

在实际应用中，一定要注意 break 语句的终止范围——终止最近的封闭循环或它所在的 switch 语句。i 的初始值是 1，for 循环的运行条件是 i<=100，所以说 i 应该从 1 开始一直循环到 100，但 break 语句在计数达到 4 后即终止循环。

```
class BreakTest {
    static void Main() {
        for (int i = 1; i <= 100; i++){
            if (i == 5){
                break;
            }
            Console.WriteLine(i);
        }
    }
}
```

4.4.2 使用 continue 语句

在 C#程序中，只能在 while、do 或 for 语句中使用 continue 语句，continue 语句能够忽略循环语句块中位于它后面的代码，从而直接开始另外新的循环。但是，continue 语句只能使直接包含它的语句开始新的循环，而不能作用于包含它的多个嵌套语句。

实例 4-8：显示 0 到 20 之间的不能被 3 整除的数

源文件路径：daima\4\4-8

实例文件 Program.cs 的主要实现代码如下所示。

```
public static void Main(){
    for (int mm = 0; mm < 3; mm++){
        //定义变量 mm，利用 for 语句循环显示次数
        Console.WriteLine("{0}次: ", mm);
        for (int nn = 0; nn < 20; nn++){
            //定义变量 nn，利用 for 语句得出小于 20 的奇数
            if (nn % 3==0)
                continue;
            Console.Write(nn+"\n");
        }
        Console.WriteLine();
        Console.ReadKey();
    }
  }
}
```

执行上述实例代码，按两次回车键后会在屏幕中循环显示 3 次小于 20 的不能被 3 整除的数，如图 4-10 所示。

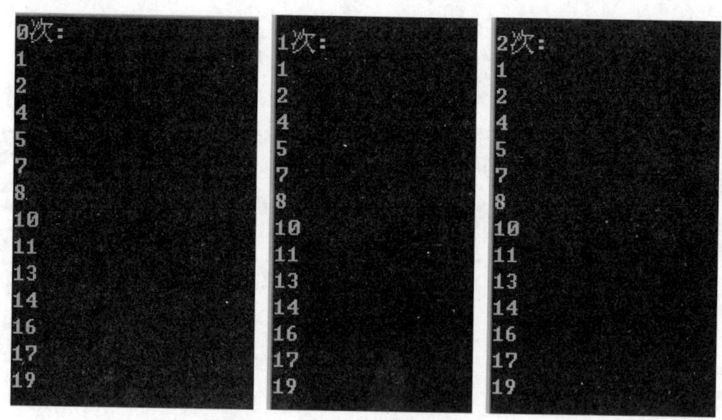

图 4-10　实例执行结果

通过图 4-10 所示的执行效果可以看出，continue 语句仅仅对内层 for 语句起作用，而对外层 for 语句没有造成任何影响。

4.5　实践案例与上机指导

通过本章的学习，读者基本可以掌握 C#流程控制语句的知识。其实 C#流程控制语句的知识还有很多，这需要读者通过课外渠道来加深学习。下面通过练习操作，达到巩固学习、拓展提高的目的。

↑扫码看视频

在 C#程序中，return 语句能够控制返回到使用 return 语句的函数成员的调用者。在 return 语句后面，可以紧跟一个可选的表达式，不带任何表达式的 return 语句只能用在没有返回值的函数中。不带表达式的 return 语句，只能被用于返回类型为如下类别的对象当中。

- 返回类型是 void 的方法。
- 属性和索引器中的 set 访问器。
- 事件中的 add 和 remove 访问器。
- 实例构造函数。
- 静态构造函数。
- 析构函数。

带表达式的 return 语句只能被用在有返回值的类型中，即返回类型为如下类别的对象中。

- 返回类型不是 void 的方法。
- 属性和索引器中的 get 访问器或用户自定义的运算符。

另外，return 语句的表达式类型必须能够被隐式地转换为包含它的函数成员的返回类型。

实例 4-9：显示数组内的最大值

源文件路径：daima\4\4-9

实例文件 Program.cs 的主要实现代码如下所示。

```
static int MaxValue(int[] intArray){
//定义 int 类型的函数 MaxValue()，用以比较数组内的数值
            int mm = intArray[0];      //把数组第一个元素的值赋值给变量 mm
            for (int i = 1; i < intArray.Length; i++){//循环遍历数组中每个元素
               if (intArray[i] > mm) //循环判断数组中的每个元素值是否大于 mm
                  mm = intArray[i];  //把数组里的值赋值给 mm，即 mm 总是最大的值
            }
            return mm;     //通过 return 将得到的最大值 mm 返回给函数 MaxValue()
        }
static void Main(string[] args){
    int[] myArray = {1, 8, 3, 6, 2, 5, 6, 3, 0, 2, 14, 21, 66};
//定义数组 myArray 并赋值
    int mm = MaxValue(myArray);
//调用前面的方法 MaxValue()，将 MaxValue 的返回值赋给声明的 mm
```

```
        Console.WriteLine("最大值是：{0}!!!", mm);   //输出数组内的最大元素值
        Console.ReadKey();
    }
```

执行程序后将输出数组内的最大元素值，执行效果如图 4-11 所示。

图 4-11 实例执行结果

4.6 思考与练习

本章详细讲解了使用 C#流程语句的知识，包括语句和语句块、选择语句、循环语句和跳转语句等内容。在讲解过程中，通过具体实例介绍了使用 C#流程语句的方法。通过本章的学习，读者应该熟悉使用 C#流程语句的知识，掌握其使用方法和技巧。

一、选择题

(1) 在 C#程序中，通过使用(　　)语句，能够将执行流程转移到使用标签标记的处理语句中。

A. goto　　B. break　　C. return　　D. for

(2) 在 C#语言中，(　　)语句能够在项目中循环执行指定次数的某个语句块。

A. for　　B. if　　C. if…else

二、判断对错

(1) 在 C#程序中，不可以在使用 for 语句时使用 break 语句，将执行转到 for 语句的结束点位置。　(　　)

(2) 在 C#语言中，只能在 switch、while、do 或 for 语句中使用 break 语句，其功能是退出当前所在的处理语句。　(　　)

三、上机练习

(1) 使用 if 条件语句。

(2) 使用 if...else 语句。

第 5 章

方 法

本章要点

- 定义和使用方法
- 变量作用域
- 静态方法与实例方法
- 方法的参数

本章主要内容

在 C#语言中，方法通常是由对象或类组成的、用于执行特定功能的代码段。方法是编程语言的核心，通过对方法的定义和调用能够实现我们所需要的功能。方法是函数的最基本成员，其他的函数构成成员都是以方法为基础实现的。所以从本质上讲，函数和方法是几乎等效的。本章将详细讲解 C#语言中方法的基本知识。

5.1 定义和使用方法

方法和传统编程语言中的函数差不多，目的是实现某一个具体的功能。例如方法 WriteLine()的功能是在控制台中打印输出文本，方法 ReadLine()的功能是读取控制台中的内容。

↑扫码看视频

5.1.1 定义方法

在 C#语言中，定义方法的语法格式如下所示。

```
特性
修饰符 返回类型  方法名{
    方法语句
}
```

- 特性和修饰符：是可选的，修饰符用来控制方法的可访问性的范围。返回类型即方法处理结果的返回类型，方法名是定义的方法名称。方法语句是方法的核心，通过定义执行语句，设置这个方法所能够执行的功能。
- 方法的返回类型：能够设置该方法计算和返回值的类型。方法的返回类型可以是任何基本类型或自定义类型。如果方法中没有返回类型，则必须使用 void 作为返回类型。如果不是 void 返回类型，那么在该方法语句中必须包含一个 return 语句，并且 return 语句的返回类型必须是该类型或可以隐式地转换为该类型。如果使用 void 作为返回类型，则需要在方法语句中使用 return，也可以使用不带表达式的 return 语句，用来返回调用方。
- 方法名：因为方法名是一种标识符，所以它的命名应该符合标识符的命名规则。在具体使用时，最好能够在方法名中体现出该方法的具体作用。

在 C#语言中，调用已定义方法的语法格式如下所示。

```
方法名(参数)
```

实例 5-1：用方法输出文本信息

源文件路径：daima\5\5-1

实例文件 Program.cs 的主要实现代码如下所示。

```
static void Write(){            //使用 static 修饰符定义一个静态方法 Write()
Console.WriteLine("这就是方法，我可以告诉你学习的秘籍!! ");
//通过 WriteLine()方法输出文本
```

```
    }
    static void Main(string[] args){
            Write();//调用前面定义的Write()方法输出一段文本
            Console.ReadKey();
        }
```

执行程序后将输出显示方法定义的文本，如图 5-1 所示。

C:\WINDOWS\system32\cmd.exe

这就是方法，我可以告诉你学习的秘籍！！

图 5-1　实例执行效果

知识精讲

函数和方法没有本质区别，但是在面向对象的编程语言中，通常自己写的实现特定功能的代码块叫作方法，比如你写了一个类，定义了几个方法，很少说定义了几个函数。由系统间接或直接生成的不完整代码块叫作函数，如“事件处理函数”，却很少说“事件处理方法”。

5.1.2　方法参数

当在 C#方法内使用参数时，必须指定如下所示的内容。

- 定义方法时设置的接受参数以及对应的类型。
- 在方法调用中设置的接受参数。

其中参数在方法代码中通常作为一个变量。例如在下面的代码中，通过参数 a 和 b 作为变量进行了操作处理。

```
static double mm(double a, double b) {
                return a * b;
}
```

实例 5-2：实现借钱和借给别人钱的操作

源文件路径：daima\5\5-2

实例文件 Program.cs 的主要代码如下所示。

```
class bb{
    private decimal yuanlai;        //定义私有变量 yuanlai
    private string name;            //定义私有变量 name
    public bb(string name) {
    //定义方法 bb()，设置最初拥有钱数为 0，并调用方法 Print()输出指定的文本字符
        this.yuanlai = 0;
        this.name = name;
        Print("我的钱数", 0);
    }
    public bool Deposit(decimal jine){
    //定义借钱处理方法 Deposit()，并调用方法 Print()输出指定的文本
```

```
            if (jine <= 0)
                return false;
            yuanlai += jine;
            Print("借了别人", jine);
            return true;
        }
        public bool Withdraw(decimal jine) {
        //定义借出钱处理方法 Withdraw()，并调用方法 Print()输出指定的文本
            if (jine > yuanlai || jine <= 0)
                return false;
            yuanlai -= jine;
            Print("借给别人", jine);
            return true;
        }
        private void Print(string operation, decimal jine) {
            Console.WriteLine("名字: {0}", name);
            Console.WriteLine("{0}: {1}", operation, jine);
            Console.WriteLine("现在金额: {0}", yuanlai);
            Console.WriteLine("--------------------------");
            Console.ReadKey();
        }
        public static void Main(){
        //定义 Main()，设置用户的名字为"我是善良的人"，最初钱数是 0
            bb acc = new bb("我是善良的人");
            bool succeed = acc.Deposit(10000);  //定义变量 succeed
            if (!succeed)                       //判断处理钱数是否合法
                Console.WriteLine("aaaaa! ");
            succeed = acc.Withdraw(5000);
            if (!succeed)
                Console.WriteLine("bbb! ");
        }
    }
```

实例程序执行后，将首先显示最初的钱数，即为0；当按回车键后，将执行借钱处理方法，并显示处理后的钱数；再次按回车键后，将执行借出钱处理方法，并显示处理后的钱数。最终执行效果如图 5-2 所示。

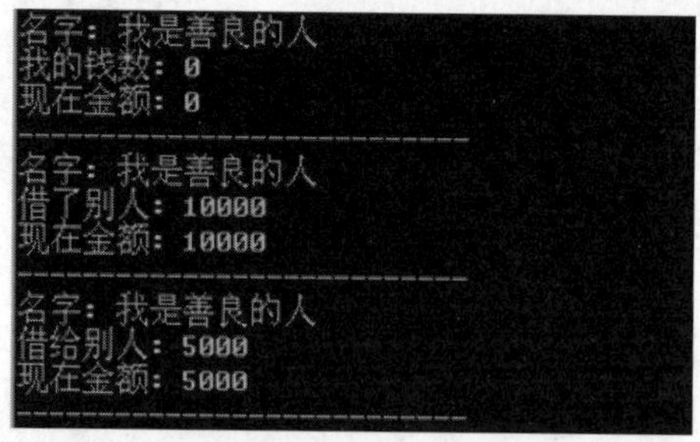

图 5-2　实例执行效果

知识精讲

在上述实例中，如果将借出钱数修改为 11000，则会输出“bbb”提示。另外，也可以尝试通过一个简单的方法实现借钱和借给别人钱的事务处理。读者可以亲自实践一下。

5.2　变量的作用域

变量作用域是指这个变量在什么范围内起作用。在 C#语言中，只能从代码的本地作用域内访问变量。在方法内的变量都有其对应的作用域，当访问这个变量时，需要通过这个作用域来实现。

↑扫码看视频

一般来说，在 C#程序方法中的变量只能在这个方法中使用。

实例 5-3：演示变量的作用域

源文件路径：daima\5\5-3

实例文件的主要实现代码如下所示。

```
static void Write()    {    //使用 static 修饰符定义一个静态方法 Write()
    string mm="大家好，我是方法!!! ";//方法 Write()中的变量
    Console.WriteLine("mm={0}",mm);//输出变量的值
}
static void Main(string[] args){
    Write();        //调用 Write()方法，将变量值输出
    Console.ReadKey();
}
```

执行程序后，将输出显示方法内变量定义的文本，执行效果如图 5-3 所示。如果将上述代码中的变量 mm 在方法 Main()内定义，程序执行后将会出现运行错误。

```
mm=大家好，我是方法！！！
```

图 5-3　实例执行效果

5.3 静态方法与实例方法

在 C#语言中，使用 static 修饰的方法被称为静态方法，而没有用 static 修饰的方法被称为实例方法。在本节的内容中，将详细讲解 C#静态方法与实例方法的知识和具体用法。

↑扫码看视频

在 C#语言中，静态方法的成员比较特殊，不属于一个类的某个具体实例或对象，而是属于类的本身。在静态方法中不能使用 this 关键字，并且只能访问类中的静态成员，而不能使用实例成员。在项目文件中访问静态方法时只能使用类名，而不需要创建额外的对象。

实例方法可以使用类中的所有成员，在调用实例方法时必须使用类的实例或对象来引用，并且在实例方法内可以使用 this 关键字。

实例 5-4：使用静态方法与实例方法
源文件路径：daima\5\5-4

实例文件 Program.cs 的主要代码如下所示。

```
class Account{
    private decimal kucun;
    private string name;
    public Account(string name){ //定义方法 Account()
        this.kucun = 0;            //设置商店最初库存为 0
        this.name = name;          //参数 name 赋值
        Print("店名", 0);           //调用方法 Print()输出指定的文本
    }
    public bool Deposit(decimal shuliang) { //定义进货处理方法 Deposit()
        if (shuliang <= 0)         //如果进货数量 shuliang 小于 0 则返回 false
            return false;
        kucun += shuliang;         //库存数量等于原库存加进货量
        Print("进货", shuliang);    //调用方法 Print()输出指定的文本
        return true;               //返回 true
    }
    public bool Withdraw(decimal shuliang){ //定义出货处理方法 Withdraw()
        if (shuliang > kucun || shuliang <= 0)
          //如果出货量小于 0 或出货量大于库存则返回 false
            return false;
        kucun -= shuliang;         //库存数量等于原库存量减去出货量
        Print("出货", shuliang);    //调用方法 Print()输出指定的文本
        return true;
    }
    private void Print(string operation, decimal shuliang){
     //定义打印方法 Print()
```

```
            Console.WriteLine("店名: {0}", name);      //打印显示店名
            Console.WriteLine("{0}: {1}", operation, shuliang);
            Console.WriteLine("库存: {0}", kucun);
            Console.WriteLine("---------------------------");
            Console.ReadKey();
        }
        public static void xinxi(){       //定义方法 xinxi()打印显示文本信息
            Console.WriteLine(" 网上 XXX 店, 电话: 12345678");
            Console.WriteLine("---------------------------");
            Console.WriteLine("    顾客至上    服务第一    ");
            Console.WriteLine("---------------------------");
        }
        public static void Main() {
            Account.xinxi();                  //调用方法 xinxi()显示信息
            Account acc = new Account("我的商店");
              //设置店名，参数 name 的值是“我的商店”
            bool succeed = acc.Deposit(100);
              //调用进货方法 Deposit()，设置进货数量为 100
            if (!succeed)                                  //进货失败则输出文本提示
                Console.WriteLine("进货失败! ");
            succeed = acc.Withdraw(50);
              //调用出货方法 Deposit()，设置出货数量为 50
            if (!succeed)
                Console.WriteLine("出货失败! ");         //出货失败则输出文本提示
                Console.ReadKey();
        }
    }
}
```

执行程序后，将首先显示最初的商品数，即为 0；当按回车键后，将执行进货处理方法，并显示处理后的商品数；再次按回车键后，将执行出货处理方法，并显示处理后的商品数。最终执行效果如图 5-4 所示。

知识精讲

在上述实例中，通过定义变量 succeed 判断处理货量是否合法。例如将出货数修改为 110，则会输出“出货失败”提示，如图 5-5 所示。另外，因为实例中的方法 xinxi() 是静态方法，所以在使用时直接使用类名来调用。而方法 Deposit 和方法 Withdraw 则是实例方法，在调用时必须创建实例对象。

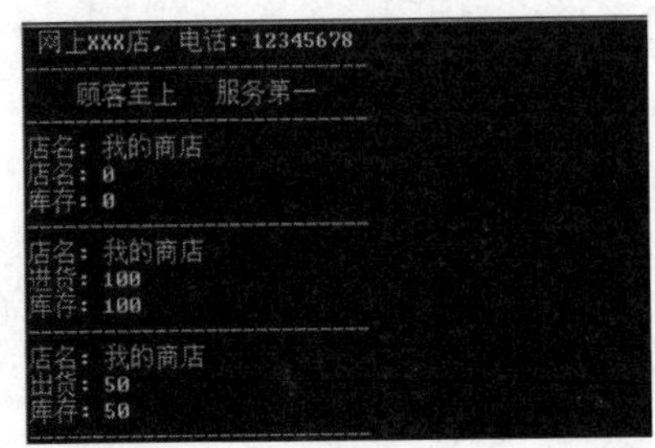

图 5-4　实例执行效果

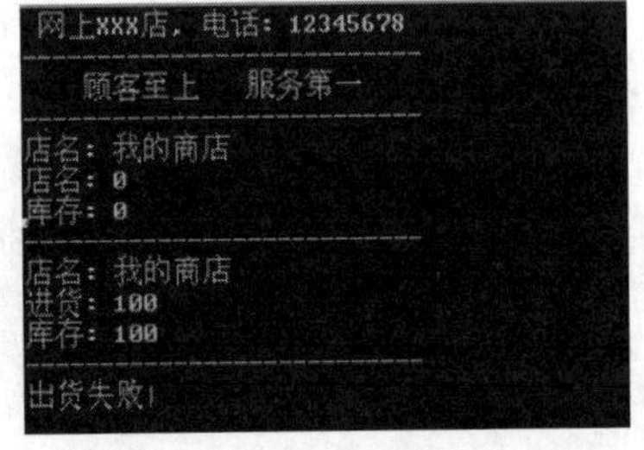

图 5-5　实例执行效果

5.4 C#方法的参数

C#中的方法既可以有参数，也可以没有参数，当有多个参数时需要使用逗号“,”隔开。在C#程序中，可以根据具体需要使用不同类型的参数。

↑扫码看视频

5.4.1 使用值参数

所谓值参数，是指在声明时不使用任何修饰字符的参数。在C#语言中，一个值参数相当于一个局部变量。并且在程序声明和调用使用时，值参数只能将值带进方法，而不能将值带出方法。

实例 5-5：使用值参数
源文件路径：daima\5\5-5

实例文件的主要实现代码如下所示。

```
static void mm(int x, int y){
 //定义方法 mm()，并设置它两个 int 类型的参数 x 和 y
   Console.WriteLine("进入 mm 方法时：x = {0}, y = {1}", x, y);
 //输出两个参数的值
   int temp = x;      //将 x 和 y 的值进行赋值处理，并交换它们的值
   x = y;
   y = temp;
   Console.WriteLine("退出 mm 方法时：x = {0}, y = {1}", x, y);
}
static void Main(){
   int i = 1, j = 2; //分别定义 int 类型的变量 i 和 j
   Console.WriteLine("执行 mm 方法前：i = {0}, j = {1}", i, j);
   mm(i, j);         //将变量 i 和 j 作为方法 mm()的参数进行处理
   Console.WriteLine("执行 mm 方法后：i = {0}, j = {1}", i, j);
 //通过 WriteLine()输出对应的处理结果
   Console.ReadKey();
}
```

执行程序后将调用方法进行处理并输出对应的结果，执行效果如图 5-6 所示。由图 5-6 的执行结果可以看出，在方法 mm 内成功交换了参数 x 和 y 的值，但是这不会影响在方法 Main()内调用方法 mm()时所使用的实际参数 i 和 j 的值。

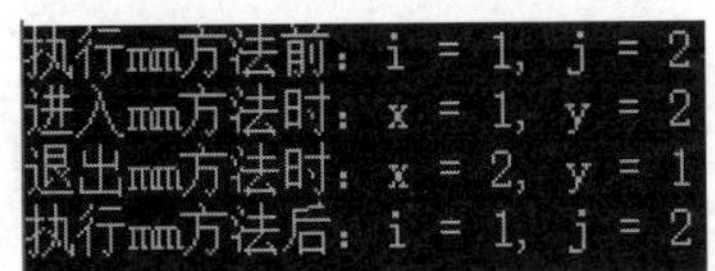
执行mm方法前：i = 1, j = 2
进入mm方法时：x = 1, y = 2
退出mm方法时：x = 2, y = 1
执行mm方法后：i = 1, j = 2

图 5-6　实例执行效果

5.4.2　使用引用参数

在 C#语言中，使用 ref 修饰符声明的参数是引用参数，一个引用参数不能创建新的存储位置。引用参数表示存储位置在调用方法中，是作为实际参数给出变量所表示的存储位置。在声明和调用程序时，通过引用参数可以将值带进方法内，也可以将值带出方法而在方法外使用。

实例 5-6：交换方法内的参数值

源文件路径：daima\5\5-6

实例文件 Program.cs 的主要代码如下所示。

```
static void mm(ref int x, ref int y){
                               //定义方法 mm()，并设置两个 int 类型的引用参数 x 和 y
        Console.WriteLine("进入方法 mm 时：x = {0}, y = {1}", x, y);
        int temp = x;        //将 x 和 y 的值进行赋值处理，并交换它们的值
        x = y;
        y = temp;
        Console.WriteLine("退出方法 mm 时：x = {0}, y = {1}", x, y);
    }
    static void Main()  {
        int i = 1, j = 2;      //分别定义 int 类型的变量 i 和 j，并赋初始值
        Console.WriteLine("执行方法 mm 前：i = {0}, j = {1}", i, j);
        mm(ref i, ref j);      //将变量 i 和 j 作为方法 mm()的引用参数进行处理
        Console.WriteLine("执行方法 mm 后：i = {0}, j = {1}", i, j);
        Console.ReadKey();
}
```

执行程序后，将调用方法进行处理并输出对应的结果，效果如图 5-7 所示。由执行结果可以看出，在方法 mm()内成功地交换了参数 x 和 y 的值。同时，在方法 Main()内调用方法 mm()时，也实现了实际参数 i 和 j 值的交换。

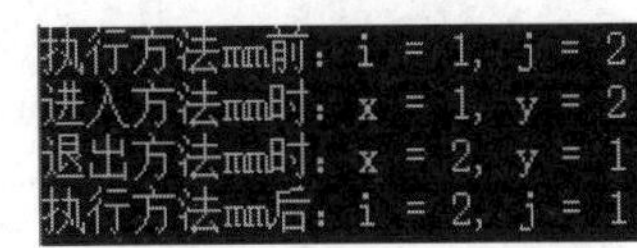
执行方法mm前：i = 1, j = 2
进入方法mm时：x = 1, y = 2
退出方法mm时：x = 2, y = 1
执行方法mm后：i = 2, j = 1

图 5-7　实例执行效果

5.4.3　使用参数数组

在 C#语言中，使用 params 修饰符声明的参数是参数数组，不能把修饰符 params、ref 或 out 组合使用。在调用方法时，可以通过如下两种方式为参数数组指定对应的参数。

(1) 赋给参数数组的实参是一个表达式，其类型可以隐式转换为参数数组的类型。这样，参数数组将和值参数完全一致。

(2) 可以为参数数组设置指定个数的实参，可以是 0 个。其中的每个实参都是一个表

达式，其类型可以隐式地转换为参数数组元素的类型。在上述情况下，调用时会创建参数数组类型的实例，其包含的元素个数等于给定的参数的数量。再用给定的参数数值初始化此数组实例的每个元素，然后将创建的新数组实例用作实参。

在调用方法时，可以使用可变数量的实参，参数数组与同类型的值参数完全等效。如果在方法内改变形参的值，对应的实参值不会造成影响。如果形参列表包含一个参数数组，则该参数数组必须位于该列表的最后，而且必须是一维数组类型。例如 string[]类型和string[][]类型可以作为参数数组，而 string[,]类型则不能。

实例 5-7：输出指定数组内的存储数据
源文件路径：daima\5\5-7

实例文件 Program.cs 的主要代码如下所示。

```
static void mm(params int[] args){ //定义方法mm()，通过Write()输出指定文本
        Console.Write("调用方法mm:数组内包含{0}个元素,分别是:", args.Length);
        for (int i = 0; i < args.Length; ++i)
          //通过for语句逐一读取数组内的存储数据
            Console.Write(" {0} |", i);
        Console.WriteLine();
    }
    static void Main(){
        int[] arr = { 1, 2, 3 }; //定义数组arr，并赋值存储的数据
        mm(arr); //调用方法mm()，使数组作为方法的参数
        mm(10, 20, 30, 40);         //调用方法mm()，参数有4个数值
        mm();                       //调用方法mm()，参数为空
        Console.ReadKey();
}
```

上述实例代码执行后，将调用方法并输出对应的处理结果，执行效果如图 5-8 所示。

图 5-8　实例执行效果

智慧锦囊

在方法中使用参数数组时，读者需要注意如下所示的两点。

(1) 如果方法的参数列表中除了参数数组外还需要包含其他参数，参数数组必须为列表中的最后一项。

(2) 如果在方法的参数中采用数组，但不用 params 修饰，则其代表该参数必须是一个数组，而不是可选数量的同类参数。

5.4.4　使用数组参数

在 C#程序中，数组可以作为值、引用或输出参数传递给方法。并且在使用过程中，可以根据具体要求而灵活使用。当在方法中使用数组参数时，必须遵循如下所示的 3 个原则。

1. 作为值参数

当把数组作为值参数传入时，在传入数组前必须创建数组对象，并且传入前的数组元素值可以传入方法。具体说明如下所示。

(1) 如果方法内没有改变数组对象的值，而是仅仅改变了数组元素的值，则在方法内修改的数组元素值可以从方法内带出。

(2) 如果方法内改变了数组对象的值，则在方法内修改的数组元素值不会从方法内带出。

2. 作为引用参数

当把数组作为引用参数传入时，在传入数组前必须创建数组对象。传入前的数组元素值可以传入方法，而在方法内修改的数组元素值也可以从方法内带出。

3. 作为输出参数

当把数组作为输出参数传入时，在传入数组前既可以创建数组对象，也可以不创建数组对象。如果在传入数组前创建了数组对象，则传入方法后会忽略该数组对象的值。所以只有在方法内创建数组对象时，才可以从方法内带出数组元素值。

实例 5-8：交换处理数组内的数据
源文件路径：daima\5\5-8

实例文件 Program.cs 的主要代码如下所示。

```
//定义方法 mm()，实现变量数据 a 和 b 的交换处理。可以交换成功
public static void mm(int[] a, int[] b) {
    int c = a[0];
    a[0] = b[0];
    b[0] = c;
    Console.WriteLine("在函数 mm 内 a, b 的值");
    Console.WriteLine("a = " + a[0]);
    Console.WriteLine("b = " + b[0]);
}
//定义方法 mm2()，实现变量数据 a 和 b 的交换处理，可以交换成功
public static void mm2(int[] a, int[] b){
    int[] c = new int[1];
    c = a;
    a = b;
    b = c;
    Console.WriteLine("在函数 mm2 内 a, b 的值");
    Console.WriteLine("a = " + a[0]);
    Console.WriteLine("b = " + b[0]);
}
//定义方法 mm3()，实现变量数据 a 和 b 的交换处理。可以交换成功
public static void mm3(ref int[] a, ref int[] b){
    int[] c = new int[1];
    c = a;
    a = b;
    b = c;
    Console.WriteLine("在函数 mm3 内 a, b 的值");
    Console.WriteLine("a = " + a[0]);
```

```
        Console.WriteLine("b = " + b[0]);
    }
    static void Main(string[] args) {
        int[] a = { 3 };                      //a 初始赋值
        int[] b = { 50 };                     //b 初始赋值
        Console.WriteLine("交换前 a, b 的值");
        Console.WriteLine("a = " + a[0]);     //显示交换前 a 的值
        Console.WriteLine("b = " + b[0]);     //显示交换前 b 的值
        mm(a, b);             //调用方法 mm()，将对变量 a 和 b 交换后的结果输出
        Console.WriteLine("交换后 a, b 的值");
        Console.WriteLine("a = " + a[0]);     //显示交换后 a 的值
        Console.WriteLine("b = " + b[0]);     //显示交换后 b 的值
        mm2(a, b);            //调用方法 mm2()，将对变量 a 和 b 交换后的结果输出
        Console.WriteLine("交换后 a, b 的值");
        Console.WriteLine("a = " + a[0]);     //显示交换后 a 的值
        Console.WriteLine("b = " + b[0]);     //显示交换后 b 的值
        mm3(ref a, ref b);    //调用方法 mm3()，将对变量 a 和 b 交换后的结果输出
        Console.WriteLine("交换后 a, b 的值");
        Console.WriteLine("a = " + a[0]);     //显示交换后 a 的值
        Console.WriteLine("b = " + b[0]);     //显示交换后 b 的值
        Console.ReadKey();
    }
```

执行程序后，将调用方法并输出对应的处理结果，效果如图 5-9 所示。

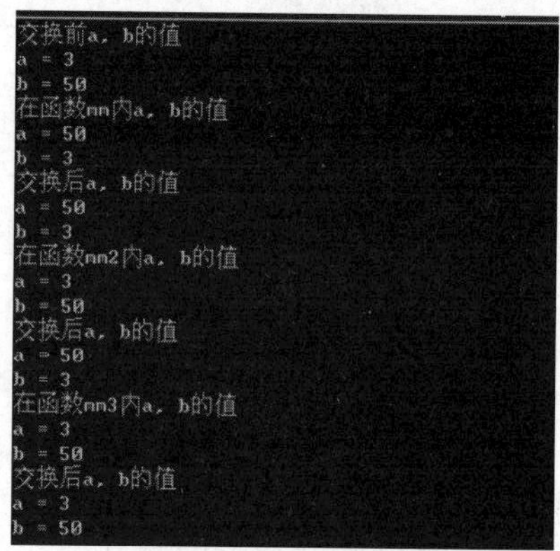

图 5-9　实例执行效果

智慧锦囊

在 C#程序中，如果形参列表包含一个参数数组，则该参数数组必须位于该列表的最后而且它必须是一维数组类型。例如，类型 string[]和 string[][]可用作参数数组的类型，但是类型 string[,]则不能。不可能将 params 修饰符与 ref 和 out 修饰符组合起来使用。

5.5 实践案例与上机指导

通过本章的学习，读者基本可以掌握C#语言方法的知识。其实 C#语言方法的知识还有很多，这需要读者通过课外渠道来加深学习。下面通过练习操作，达到巩固学习、拓展提高的目的。

↑扫码看视频

在C#语言中，重载是一种为方便代码编写而推出的一种处理机制。在使用重载时必须遵循签名唯一性的原则，否则应用程序将不能被正确地编译。

实例 5-9：实现数字矩阵排列效果
源文件路径：daima\5\5-9

本实例的功能是通过方法实现数字矩阵排列效果，并通过重载输出矩阵内第五行的数字。实例文件的主要实现代码如下所示。

```
    private double[,] elements;
    private int row = 1;//定义变量 Row 和 Col，用于分别返回矩阵的行数字和列数字
    private int col = 1;
    public int Row{
        get{
            return row;
        }
    }
    public int Col{
        get{
            return col;
        }
    }
//定义数组 this，并返回行和列的数据
    public double[] this[int r] {                          //定义索引器
        get  {                                             //get 访问器
            if (r >= row || r < 0){                        //如果越界
                throw new IndexOutOfRangeException();//触发一个异常
            }
            double[] vector = new double[col];
            for (int i = 0; i < col; ++i)
                vector[i] = elements[r, i];
            return vector;                                 //取值
        }
        set  {                                             //set 访问器
            if (r >= row || r < 0){                        //如果越界
                throw new IndexOutOfRangeException();//触发一个异常
            }
```

```
            for (int i = 0; i < col; ++i)              //赋值
                elements[r, i] = value[i];
        }
    }
//重载定义数组this，并返回行和列的数据
    public double this[int r, int c] {                 //重载索引器
        get  {                                         //get 访问器
            if (r >= row || r < 0 ||
                c >= col || c < 0) {                   //如果越界
                throw new IndexOutOfRangeException(); //触发一个异常
            }
            return elements[r, c];                     //取值
        }
        set  {                                         //set 访问器
            if (r >= row || r < 0 ||
                c >= col || c < 0) {                   //如果越界
                throw new IndexOutOfRangeException(); //触发一个异常
            }
            elements[r, c] = value;                    //赋值
        }
    }
    public Chuli(){
        row = 1;
        col = 1;
        elements = new double[row, col];
    }
    public Chuli(int row, int col){
        this.row = row;
        this.col = col;
        elements = new double[row, col];
    }
    public static void Main(){
        const int ROW = 8;                        //设置行数和列数的值都为 8
        const int COL = 8;
        Chuli m = new Chuli(ROW, COL);            //创建对象
        for (int i = 0; i < m.Row; ++i) {         //赋值
            for (int j = 0; j < m.Col; ++j){
                m[i, j] = i * j;
            }
        }
        for (int i = 0; i < m.Row; ++i) {         //打印
            for (int j = 0; j < m.Col; ++j){
                Console.Write("{0,4} ", m[i, j]);
            }
            Console.WriteLine(); //通过 WriteLine()将数组内数据按照矩阵样式排列
             Console.ReadKey();
        }
        double[] vector = m[4];
        for (int j = 0; j < vector.Length; ++j){
            Console.Write("{0,4} ", vector[j]);
              //通过重载方法将矩阵内第 5 行的数据输出
        }
        Console.ReadKey();
    }
```

执行后将实现将数字矩阵排列效果，连续按回车键后会显示 8 行矩阵数据，如图 5-10 所示。

C:\WINDOWS\system32\cmd.exe

```
0    0    0    0    0    0    0    0
0    1    2    3    4    5    6    7
0    2    4    6    8    10   12   14
0    3    6    9    12   15   18   21
0    4    8    12   16   20   24   28
0    5    10   15   20   25   30   35
0    6    12   18   24   30   36   42
0    7    14   21   28   35   42   49
0    4    8    12   16   20   24   28
```

图 5-10　实例执行效果

5.6　思考与练习

本章详细讲解了 C#方法的知识，包括定义和使用方法、变量作用域、静态方法与实例方法、方法的参数等。在讲解过程中，通过具体实例介绍了使用 C#方法的方法。通过本章的学习，读者应悉使用 C#方法的知识，掌握其使用方法和技巧。

一、选择题

(1) 在 C#语言中，定义方法的修饰符是(　　)。

A. void　　B. class　　C. def　　D. vod

(2) 在 C#语言中，引用参数使用(　　)修饰声明。

A. out　　B. ref　　C. params

二、判断对错

(1) 所谓值参数，是指在声明时不使用任何修饰字符的参数。在 C#语言中，一个值参数相当于一个局部变量。并且在程序声明和调用使用时，值参数只能将值带进方法，而不能将值带出方法。(　　)

(2) 在 C#语言中，使用 params 修饰符声明的参数是参数数组，可以把修饰符 params、ref 或 out 组合使用。(　　)

三、上机练习

(1) 定义并使用方法。

(2) 跨类使用方法。

新起点 电脑教程

第 6 章

面向对象编程

本章要点

- 面向对象基础
- 类
- 访问修饰符
- 对象
- 构造方法

本章主要内容

因为 C#是一门面向对象的编程语言，所以了解面向对象编程的知识变得十分重要。在使用 C#编写程序时，首先应该使用面向对象的思想来分析问题，抽象出项目的共同特点。面向对象编程技术是软件开发的核心，本章将详细介绍面向对象编程技术的基本知识。

6.1 面向对象基础

在C#程序中，万物皆为对象。面向对象是C#语言的核心，在编写C#程序时必须遵循面向对象的编程思想来编写代码。本节将简要介绍面向对象技术的基本知识。

↑扫码看视频

6.1.1 什么是面向对象

在目前的软件开发领域有两种主流的开发方法，分别是结构化开发方法和面向对象开发方法。例如C、Basic、Pascal等早期的编程语言都是结构化编程语言；随着软件开发技术的逐渐发展，人们发现面向对象可以提供更好的可重用性、可扩展性和可维护性，于是催生了大量的面向对象的编程语言，如C++、Java、C#和Ruby等。

面向对象程序设计即OOP，是Object-Oriented Programming的缩写。面向对象编程技术起源于20世纪60年代的Simula语言，其自身理论已经十分完善。

在面向对象编程语言中，对象的产生通常基于两种基本方式，分别是以原型对象为基础产生新的对象和以类为基础产生新的对象，具体说明如下所示。

1. 基于原型

原型的概念已经在认知心理学中被用来解释概念学习的递增特性，原型模型本身就是企图通过提供一个有代表性的对象来产生各种新的对象，并由此继续产生更符合实际应用的对象。而“原型-委托”也是OOP中的对象抽象，是代码共享机制中的一种。

2. 基于类

一个类提供了一个或多个对象的通用性描叙。从形式化的观点看，类与类型有关，因此一个类相当于是从该类中产生的实例的集合。在面向对象理论体系中，在类模型基础上还诞生出了一种拥有元类的新对象模型，即类本身也是一种其他类的对象。

6.1.2 C#语言的面向对象编程

面向对象编程的方法学是C#编程的指导思想，当使用C#语言进行编程时，应该首先利用对象建模技术(OMT)来分析目标问题，抽象出相关对象的共性，对它们进行分类，并分析各类之间的关系；然后再用类来描述同一类对象，归纳出类之间的关系。Coad(世界上最杰出的软件设计师之一)和Yourdon(国际公认的专家证人和电脑顾问)在对象建模技术、面向对象编程和知识库系统的基础之上设计了一整套面向对象的方法，具体来说分为面向对象分析(OOA)和面向对象设计(OOD)。对象建模技术、面向对象分析和面向对象设计共同构成了系统设计的过程，如图 6-1 所示。

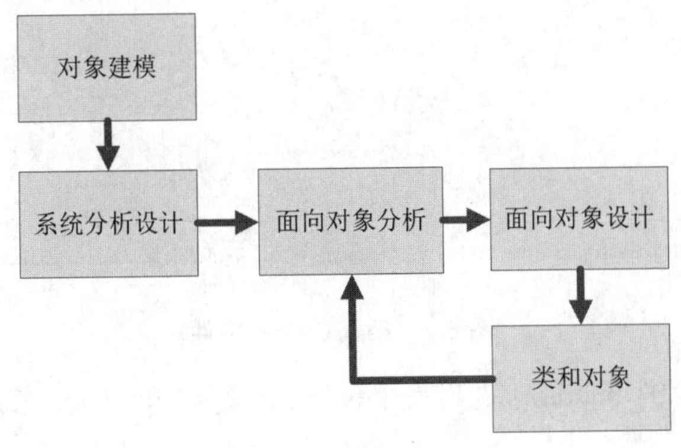

图 6-1　系统设计处理流程

在 C#语言中，和面向对象编程相关的几个概念如下所示。

- 类：具有相同属性和功能的对象的集合。
- 构造方法：对类进行初始化。如果不编码，则系统将默认生成空的构造方法。
- 方法重载：提供了创建同名的多个方法的能力，但是这些方法需要有不同的参数类型。它可以在不改变原方法的基础上增加新功能。
- 属性：适合于以字段的方式使用方法调用的场合，这里的字段是存储类要满足其设计所需要的数据。
- 密封：每个对象都包含它能进行操作的所有信息。密封可以减少耦合，使类的内部可以修改，可以使类具有清晰的对外接口。
- 继承：如果子类继承父类，第一子类拥有父类非 private 的属性和功能，而且子类具有自己的属性和功能，即子类可以扩展父类没有的属性和功能，还可以以自己的方式实现父类的功能(方法重写)。

在本书后面的内容中，将详细讲解上述几个概念的基本知识和用法。

6.1.3　实战演练——OOP 技术的应用

创建一个具体的 Windows 应用程序，单击按钮后输出指定的文本提示信息。

实例 6-1：演示说明 OOP 在其中的应用过程
源文件路径：daima\6\6-1

(1)　打开 Visual Studio 2017，选择“新建”|“项目”命令，打开“新建项目”对话框。

(2)　在“模板”选项中选择“Windows 窗体应用程序”选项，并设置名称为 oop。

(3)　在打开的 Visual Studio 2017 设计界面中，选择工具栏内的 Button 控件，将其放于 Form1 的中央位置，具体如图 6-2 所示。

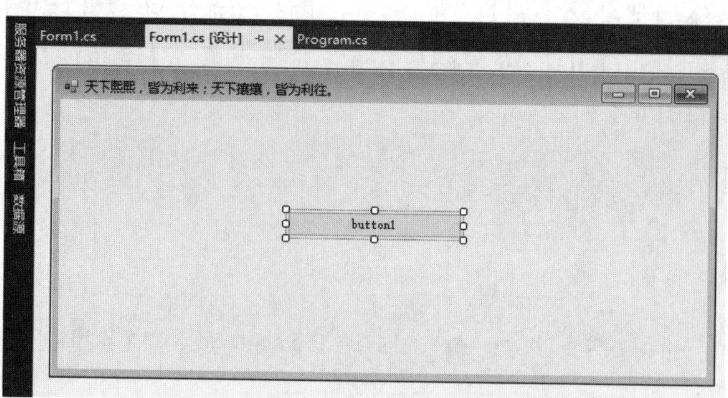

图 6-2　插入 Button 控件

(4)　双击插入的控件 button1，为其鼠标单击事件添加处理代码。修改后的代码如下所示。

```
namespace opp {
  public partial class Form1 : Form {
    public Form1(){
      InitializeComponent();              //初始化窗体控件方法
    }
    private void button1_Click(object sender, EventArgs e)
    {
      ((Button)sender).Text = "单击了"; //按钮显示文本
      Button newButton = new Button(); //定义按钮对象 newButton
      newButton.Text = "New Button!"; //新按钮显示的文本
      newButton.Click += new EventHandler(newButton_Click);
      Controls.Add(newButton);            //添加一个按钮
    }
    private void newButton_Click(object sender, System.EventArgs e){
      ((Button)sender).Text = "单击了"; //按钮显示文本
    }
  }
}
```

(5)　整个实例设计完毕，执行程序后将首先在窗体内显示一个按钮，如图 6-3 所示。

单击 button1 按钮后将调用处理程序，在 Form1 内创建一个新的按钮，并将 button1 按钮上的文本显示为“单击了”，具体如图 6-4 所示。

单击新按钮 new 后，将会调用处理程序，将新按钮上的文本修改为“单击了”，如图 6-5 所示。

图 6-3　窗体按钮

图 6-4　处理过程

图 6-5　处理过程

知识精讲

从上述实例的实现过程可以看出，整个设计过程都是基于对象的。即把按钮控件作为一个对象来处理，涉及的独立处理程序分别作用于这个对象，从而使整个对象独立运行，真正实现了对象处理。

6.2　类

类是面向对象编程语言中最基本也是最重要的一种结构类型，它是许多具有共同特征的个体的集合。类是 C#语言中的核心内容之一，表示了一种数据结构，能够密封数据成员、函数成员和其他的类。可以将 C#语言中的一切类型看作是类，并且所有的语句都位于类中。另外，C#语言还支持自定义类，用户可以根据需要在程序内定义自己需要的类。

↑扫码看视频

6.2.1　定义类

在 C#程序中，类使用关键字 class 来定义。只有经过定义声明后，才能在应用程序中使用类。可以使用诸如 int 和 double 之类的基本类型来对类进行修饰。定义 C#类的语法格式如下所示。

```
修饰符 class 类名{
    类成员
}
```

在定义类时，可以使用修饰符来设置类的作用范围。使用关键字 internal 修饰的类是内部类，即只能在当前项目中访问使用。例如下面的类 class1 就是一个内部类。

```
internal class class1 {
    类成员
}
```

如果要想使定义的类能够在多个项目中使用，需要使用关键字 public 来设置为公共类。例如下面的类 class1 就是一个公共类。

```
public class class1 {
    类成员
}
```

另外，还可以使用抽象和密封关键字对类进行修饰。例如在下面的代码中，使用抽象关键字 abstract 声明了一个抽象类 class1。

```
public abstract class class1 {
    类成员
}
```

而下面的代码使用密封关键字 sealed 声明了一个抽象类 class1。

```
public sealed class class1 {
    类成员
}
```

抽象类和密封类也可以被定义为内部类或公共类。例如在下面的代码中分别定义了内部抽象类 class1 和内部密封类 class2。

```
internal abstract class class1 {
    类成员
}
internal sealed class class2 {
    类成员
}
```

如果一个类 a 是在另一个类 b 中定义声明的，则通常将类 b 作为类 a 的基类，而类 a 是类 b 的派生类，在定义类的同时可以指明它所属的基类。例如在下面的代码中，类 nn 就是类 mm 的基类。

```
public class mm:nn{
    类成员
}
```

智慧锦囊

在 C#程序中，每个类只能指明一个基类，并且不允许派生类的可访问性高于基类的可访问性。即内部类可以继承于一个公共类，但公共类不能继承于一个内部类。例如下面的代码是非法的：

```
internal class class1{
类成员
}
public class class2: class1{
类成员
}
```

6.2.2　类的成员

在 C#程序中，当定义一个类后，在类体内的所有元素都是这个类的成员。C#中的类成员有两种，分别是数据成员和函数成员。

1. 数据成员

在 C#程序中，数据成员包括字段和常量两种。

1)　字段

字段是在类中定义的成员变量，能够存储描述这个类的特征值。在类内的字段可以预先初始化声明，声明的字段将作用于整个类体。例如在下面的代码中，分别定义了两个不同类型的字段 mm 和 nn。

```
class lei{
string mm= " aaa "; // string 类型的 mm
int nn=20;           //int 类型的 nn
}
```

2)　常量

常量是在类内定义的常量成员，在本书前面介绍的常量声明方法也适用于类内的常量成员。例如在下面的代码中定义了常量 mm。

```
class lei{
   const int mm=20;//int 类型的常量 mm
}
```

2. 函数成员

C#类的函数成员主要包括 6 种，分别是方法、属性、索引、事件、运算符、构造方法和析构方法。

1)　方法

方法是用来实现某特定功能的计算和操作，在面向对象语言中被称为方法，在汇编语言中被称为函数。在 C#语言的类中，可以定义和调用需要的方法。

2)　属性

属性是字段的扩展，并且属性和字段都是命名的成员，都有对应的类型，访问两者的语法格式也相同。两者唯一的区别是属性不能表示存储位置，并且属性有访问器。

3)　索引

索引和属性基本类似，但是索引能够使类的实例按照和数组相同的语法格式进行检索。

4)　事件

事件常用于定义可以由类生成的通知或信息，通过事件可以使相关的代码激活执行。

5)　运算符

运算符能够对当前的类实例进行运算处理，可以对预定义的运算符进行重载处理。

6)　构造方法和析构方法

名称和类名相同的方法叫作构造方法，当类被实例化后，首先被执行的就是构造方法。另外，析构方法也是一种特殊的函数，其名称是在类名前加字符“～”。如果当前类无效，则会执行定义的析构方法。

知识精讲

在上述函数成员中，除了方法在前面的章节内进行了详细介绍外，其他的成员只是简单介绍，甚至有的根本没有介绍。读者只要了解上述函数成员即可，至于其他成员的具体信息，将在本书后面的章节中进行详细介绍。

6.2.3 定义并使用类的成员

实例 6-2：定义并使用类的成员
源文件路径：daima\6\6-2

在下面的实例中定义了类 Program，然后在里面定义了构造方法(构造方法在本章后面的内容中进行讲解)Program()来计算变量 x 和 y 的和。实例文件 Program.cs 的具体实现代码如下所示。

```
class Program{
    public int x = 27;                     //定义 int 型变量，作为加数
    public int y = 26;                     //定义 int 型变量，作为被加数
    public int z = 0;                      //定义 int 型变量，记录加法运算的和
    public Program(){
        z = x + y;                         //在构造方法中为和赋值
    }
    static void Main(string[] args){
        Program program = new Program();
     //使用构造方法实例化 Program 对象
        Console.WriteLine("霍家长子分得：" +
program.z + "亿人民币");
     //使用实例化的 Program 对象输出加法运算的和
    }
}
```

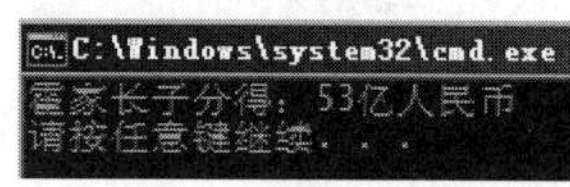

图 6-6　执行效果

执行后的效果如图 6-6 所示。

6.3 访问修饰符

在 C#程序中，访问修饰符决定了被修饰成员的访问权利在什么范围内有效。访问修饰符能够使类或类成员在不同的范围内有用，例如可以设置一个变量在方法内起作用，或者在一个类中起作用。在本节的内容中，将详细讲解 C#访问修饰符的知识。

↑扫码看视频

6.3.1　5 种访问修饰符

在 C#程序中定义了 5 种访问修饰符，分别是 public、protected internal、protected、internal 或 private。在上述修饰符中，除了 protected internal 外，其他的访问修饰符组合方式会导致编译时错误。访问修饰符设置在成员的类型或者返回值类型之前。C#访问修饰符的具体说明如表 6-1 所示。

表 6-1　C#访问修饰符的具体说明

访问修饰符	说　明
public	设置访问不受限制，可以在类内和任何类外的代码中访问
protected	设置可访问域限定于类内或从该类派生的类内
internal	设置可访问域限定于类所在的程序内
protected internal	即表示 protected 或者 internal，设置可访问域限定于类所在的程序或那些由它所属的类派生的类内
private	设置可访问域限定于它所属的类内

6.3.2　类成员访问修饰符

前面介绍的 5 种访问修饰符都可用于修饰类内的成员。在没有定义任何访问修饰符时，类成员的默认访问修饰符是 private。下面是一段演示代码。

```
class aa{
  public const int RETIREMENT_AGE =50;     //public 修饰符
  public string name;                      //public 修饰符
  protected bool isMarried;                //protected 修饰符
  private int age;                         //private 修饰符
  string zzzzz;
  public void Speak(){                     //public 修饰符
    Console.WriteLine("你好!");
  }
  private void WriteDiary() {              //private 修饰符
    Console.WriteLine("你好呀! ");
  }
}
class bb : aa{
…
}
class cc{
…
}
```

在上述代码中共同存在三个类：aa、bb 和 cc，其中类 bb 是类 aa 的派生类。根据前面介绍的修饰符的知识，结合上述代码中设置的修饰符，可以得出类 aa 中成员可访问性的具体说明如下。

- RETIREMENT_AGE：访问不受限制。

- name：访问不受限制。
- isMarried：只有在类 aa 或者其派生类中可访问。
- age：只能在 aa 类内可访问。
- zzzzz：使用了默认访问修饰符 private，只在 aa 类内可访问。
- Speak()：访问不受任何限制。
- WriteDiary()：只能在 aa 类内可以访问。

由此可见，在上述代码中，如果在类 bb 内调用类 aa 的成员，则应该按照修饰符定义的可访问性来确定是否合法。同样道理，类 bb 内 aa 的成员的可访问性信息如下。

- RETIREMENT_AGE：可以访问。
- name：可以访问。
- isMarried：可以访问。
- age：不可以访问。
- zzzzz：不可以访问。
- Speak：可以访问。
- WriteDiary：不可以访问。

智慧锦囊

在上述代码的类 bb 内，成员的可访问性遵循了对应修饰符的范围。即 public、protected 和 internal 修饰成员都可访问，而 private 修饰成员不可访问。

同样道理，在上述代码中，如果在类 cc 内调用类 aa 的成员，则对应的成员可访问性信息如下。

- RETIREMENT_AGE：可以访问。
- name：可以访问。
- isMarried：不可以访问。
- age：不可以访问。
- zzzzz：不可以访问。
- Speak：可以访问。
- WriteDiary：不可以访问。

智慧锦囊

因为程序内的类 cc 不是类 aa 的派生类，所以在类 cc 内，public 和 internal 的修饰符成员都可以访问，而 protected 和 private 的修饰符成员不可以访问。

6.3.3 类的访问修饰符

在 C#程序中，将不在类中声明的类就叫作顶级类。在应用程序中，顶级类只能使用 public 和 internal 两种访问修饰符。这两种修饰符的具体说明如下。

(1) 修饰符 public：被修饰顶级类的可访问范围是它所在的程序和任何引用该程序的程序，即访问不受限制。

(2) 修饰符 internal：被修饰的顶级类的可访问范围是在定义它的程序内。

如果在声明顶级类时没有指定访问修饰符，则默认的访问修饰符是 internal，表示此类只能被定义它的程序所使用。

实例 6-3：使用访问修饰符

源文件路径：daima\6\6-3

实例文件 Program.cs 的具体实现代码如下所示。

```
class Mod{
    void defaultMethod(){                //没有访问修饰符的方法，默认为private
        Console.WriteLine("权利一般：这是一个默认方法(方法默认为private)");
    }
    public void publicMethod() {        //public 修饰符
        Console.WriteLine("权利最大：这是一个 public 方法");
    }
    private void privateMethod(){       //private 修饰符
        Console.WriteLine("权利一般：这是一个 private 方法");
    }
    internal void internalMethod(){  //internal 修饰符
        Console.WriteLine("权利小：这是一个 internal 方法");
    }
    protected void protectedMethod(){//protected 修饰符
        Console.WriteLine("权利极小：这是一个 protected 方法");
    }
    protected internal void protectInternalMethod() //protected 修饰符
    {
        Console.WriteLine("这是一个 protected internal 方法");
    }
    static void Main() {
        Console.WriteLine("谁的继承权利最大？");
        Mod mod = new Mod();               //新建 Mod 对象 mod
        mod.defaultMethod();               //调用方法 defaultMethod()
        mod.publicMethod();                //调用方法 publicMethod()
        mod.privateMethod();               //调用方法 privateMethod()
        mod.internalMethod();              //调用方法 internalMethod()
        mod.protectedMethod();             //调用方法 protectedMethod()
        mod.protectInternalMethod(); //调用方法 protectInternalMethod()
    }
}
```

执行后的效果如图 6-7 所示。

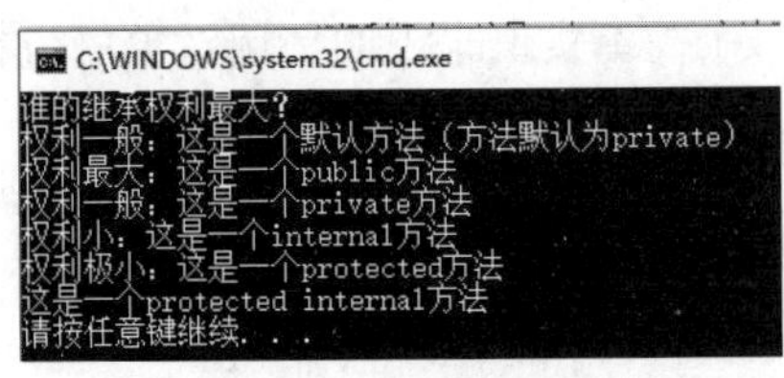

图 6-7　执行效果

6.4 对　　象

C#语言通过类的定义实现了模块化处理和面向对象编程，难道仅仅使用类的初始状态就能实现项目功能吗？当然不是，还需要将类进行对象化处理后才能实现具体的功能。本节将详细讲解 C#对象的知识。

↑扫码看视频

6.4.1 创建对象

C#语言中的类是抽象的，将类实例化后才能实现特定的功能，即创建类的对象后才能使用。类是一系列属性和功能的描述，而对象则根据类的描述而设计出具体处理程序。在 C#程序中，为类创建对象的语法格式如下所示。

```
类名 对象名= new 类名 (参数);
```

其中，“参数”是可选的。例如，下面的代码为 mm 类创建了一个对象 nn：

```
mm nn = new mm();
```

知识精讲

在 C#编程语言中，创建类的对象、创建类的实例和实例化类等说法是相同的，都是以类为模板生成一个对象的操作。

在使用关键字 new 创建一个类的对象时，将在托管堆中为对象分配一块内存，每一个对象都有不同的内存。代表对象的变量存储的是存放对象的内存地址。因此，两个不同的对象，即使它们的所有成员的值或代码都相同，它们也是不相等的。

6.4.2 使用对象

在 C#程序中，对象使用点运算符“.”来引用类的成员，并且引用的范围受到成员的访问修饰符的控制。下面通过一个简单实例来说明使用对象的流程。

实例 6-4：根据用户姓名输出对应 QQ 名
源文件路径：daima\6\6-

实例文件 Program.cs 的主要代码如下所示。

```
class QQming {                              //定义类 QQming
```

```
        public string name;
        public void Bark()  {              //定义方法 Bark()输出用户的 QQ 名
            Console.WriteLine("大爱无敌!");
        }
    }
    class DQQming{                         //定义类 DQQming
        public static void Main(){
            QQming mm = new QQming();      //创建类 QQming 的对象 mm
            mm.name = "AA";                //给对象 mm 的 name 赋值为 AA
            QQming nn = new QQming();      //创建类 QQming 的对象 nn
            nn.name = "BB";                //给对象 nn 的 name 赋值为 BB
            Console.WriteLine("对象 mm 的名字为"{0}", QQ 名是:", mm.name);
              //输出对象 mm 的名字和 QQ 名
            mm.Bark();                     //调用前面的方法 Bark()
            Console.WriteLine("对象 nn 的名字为"{0}", QQ 名是:", nn.name);
              //输出对象 nn 的名字和 QQ 名
            nn.Bark();                     //调用前面的方法 Bark()
            if (mm == nn)  {               //如果 mm 和 nn 相等
                Console.WriteLine("-> mm 与 nn 是同一个。");      //输出提示文本
                Console.ReadKey();
            }
            else  {                        //如果 mm 和 nn 不相等
                Console.WriteLine("-> mm 与 nn 不是同一个。");    //输出提示文本
                Console.ReadKey();
            }
        }
    }
```

执行程序后将显示对应的用户名和 QQ 名，并显示是否为同一个用户对象的判断结果，如图 6-8 所示。由此可见，虽然两个用户的名字相同，都是“大爱无敌”，但是他们并不是同一个人。

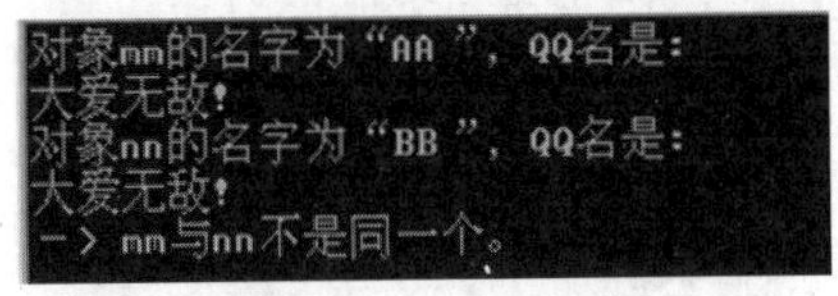

图 6-8 实例执行效果

在 C#程序中，如果将一个对象赋值给另一个对象，那么这两个对象就是相同的，代表它们的变量都将保存同一块内存的地址。如果改变其中一个对象内成员的状态，也会影响另一个对象内的成员的状态。下面的实例很好地说明了这个问题。

实例 6-5：显示用户名修改后的处理结果

源文件路径：daima\6\6-5

实例文件的具体实现代码如下所示。

```
class mm {                        //定义类 mm
  public string name;             //定义变量 name
  public void Bark(){             //定义方法 Bark()，用于输出用户的 QQ 名
    Console.WriteLine("寂寞天使!");
```

```
    }
  }
  class nn{                              //定义类 nn
    public static void Main(){
      mm aa = new mm();                  //创建类 mm 的对象 aa
      aa.name = "张三";                  //给对象 aa 的 name 赋值为"张三"
      mm dd = new mm();                  //创建类 mm 的对象 dd
      dd = aa;                           //设置 aa 和 dd 相等
      if (aa == dd) {                    //如果 aa 和 dd 相等
        Console.WriteLine("aa 与 bb 是同一个人。");          //输出提示文本
      }
      else {                             //如果 aa 和 dd 不相等
        Console.WriteLine("aa 与 bb 不是同一个人。");        //输出提示文本
      }
      Console.WriteLine("aa 的名字为"{0}", QQ 名为:", aa.name);
       //输出对象 aa 的名字和 QQ 名
      aa.Bark();                         //对象 aa 调用前面定义的方法 Bark()
      Console.WriteLine("dd 的名字为"{0}", QQ 名为:", dd.name);
       //输出对象 dd 的名字和 QQ 名
      dd.Bark();                         //对象 dd 调用前面定义的方法 Bark()
      dd.name = "李四";                  //重新赋值 dd 的 name 值是“李四”
      Console.WriteLine("改变 dd 的名字为"{0}"", dd.name);    //输出 dd 新的名字
      Console.WriteLine("aa 的名字也会改变为"{0}"", aa.name);
       //输出 aa 新的名字
      Console.ReadKey();
    }
  }
```

执行程序后将显示对应的用户名和 QQ 名，并显示用户名修改后的处理结果。执行效果如图 6-9 所示。从执行效果可以看出，如果修改了对象 dd 的值，对应的对象 aa 的值也会修改。这是因为 aa 和 dd 是同一个用户。

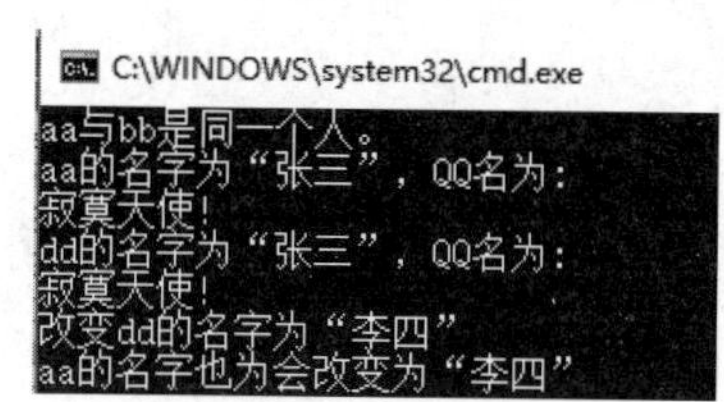

图 6-9　实例执行效果

6.5 构造方法

↑扫码看视频

构造方法是和类名完全相同的方法，功能是初始化程序中类的实例，是 C#类的特殊方法之一。有时构造方法不执行任何代码，仅仅是作为必需的一个存在。在初始化类的对象时必须执行一个构造方法，没有的话就执行默认构造方法，而不管构造方法本身是否执行了什么动作。构造方法能够对类的一些必要参数进行初始化处理。

6.5.1 构造方法概述

在 C#程序中，每个类都有构造方法，即使没有为类声明构造方法，编译器也会自动为类提供一个默认的构造方法。构造方法的名称与所属类的名称相同，其基本特点如下所示。

- 构造方法不声明返回类型，也没有返回值。
- 默认的构造方法是 public 类型，如果是 private 类型的构造方法，则说明此类不能被实例化，通常用于只含有静态成员的类。
- 在构造方法中不要做对类的实例进行初始化以外的事情，也不能被显式地调用。

实例 6-6：使用构造方法输出指定的文本

源文件路径：daima\6\6-6

本实例的功能是在类中声明一个构造方法，并调用函数输出指定的文本。实例文件 Program.cs 的主要代码如下所示。

```
public string name;
public mm(){       //在类 mm 中声明一个构造方法 mm()
    name = "AA";       //给变量 name 赋初始值“AA”
    Console.WriteLine("构造方法 mm()：类 mm 已被初始化。");
}
public void Bark(){                  //定义方法 Bark()
    Console.WriteLine("BB!");    //输出文本信息
}
public static void Main(){
    mm nn = new mm();               //新建类 mm 的对象 nn
    Console.WriteLine("对象 nn 的名字"{0}", \n 网名:", nn.name);
     //输出对象 nn 的名字和网名
    nn.Bark();                      //调用 Bark()方法输出文本信息
    Console.ReadKey();
}
```

执行程序后将显示构造方法的执行过程，并显示对应用户名和网名，如图 6-10 所示。

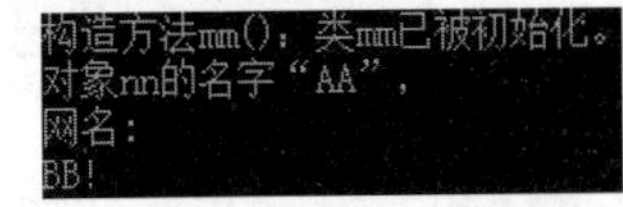

图 6-10 实例执行效果

知识精讲

从图 6-10 的执行效果可以看出，在访问一个类时将首先执行构造方法中的语句。构造方法的功能是创建对象，使对象的状态合法化。在从构造方法返回之前，对象都是不确定的，不能用于执行任何操作。只有在构造方法执行完成之后，存放对象的内存块中才存放这一个类的实例。很显然，在创建对象时执行了构造方法。

当在程序中创建一个类的实例时，在执行构造方法之前，系统会给所有的未初始化字段设置一个默认值，然后以文本顺序执行各个实例字段的初始化。各种类型字段的默认值信息如表 6-2 所示。

表 6-2 各类型字段的默认值

类 型	默 认 值
数值型	0
char	'\0'
bool	false
枚举	0
引用类型	null

智慧锦囊

在 C#类中可以同时存在多个具有不同参数的构造方法，不带参数的构造方法将以固定的方式来初始化类的实例。如果构造方法存在参数，这样的构造方法就能传递不同的数据，来实现对类的实例进行不同初始化的处理。

6.5.2 使用私有构造方法

在 C#程序中，使用关键字 private 声明的构造方法被称为私有构造方法。私有构造方法既不能从类外被访问，也不能用来在类的外面创建对象。私有构造方法一般仅仅应用于只包含静态成员的类。这样的类不需要实例化，就能通过类名来引用所有的静态成员。在具体应用中，因为通过对象后反而不能引用它的静态成员，因此需要有意使它不能被实例化。只需给这样的类添加一个空的私有实例构造方法，即可达到这一目的。例如在下面的代码中，通过 private 声明了一个私有构造方法 aa，阻止被实例化处理。

```
class aa {
  private aa() {}
  public const double a = 3.1;
  public static double Sin(double a) {...}
  public static double Cos(double a) {...}
}
```

6.5.3 使用静态构造方法

在 C#程序中，使用关键字 static 声明的构造方法被称为静态构造方法。静态构造方法能够实现初始化类所需的操作，而不是初始化实例或对象。C#类的静态构造方法在给定程序中至多只能执行一次，在程序中第一次执行某事件时，将触发静态构造方法的执行。具体的对应事件如下。

(1) 创建类的实例。

(2) 引用类的任何静态成员。

当初始化一个类时，在执行静态构造方法之前，首先将该类中的所有静态字段初始化为它们的默认值，具体如表 6-2 所示，然后以文本顺序执行各个静态字段初始化。如果类中包含 Main()方法，那么该类的静态构造方法将在调用 Main()方法之前执行。如果类包含任何在声明时初始化的静态字段，则在执行该类的静态构造方法时，先按照文本顺序执行初始化。

实例 6-7：用静态构造方法输出指定的文本
源文件路径：daima\6\6-7

实例文件 Program.cs 的主要代码如下所示。

```
static void Main(){
      A.F();                       //调用类 A 中的方法 F()
      B.F();                       //调用类 B 中的方法 F()
  }
  class A {                        //定义类 A
     static A(){                   //定义静态方法 A()
       Console.WriteLine("执行 A 的静态构造方法来初始化 A");
     }
     public static void F(){       //定义方法 F()
       Console.WriteLine("调用 A.F()");        //输出提示文本
     }
  }
  class B{                         //定义类 B
     static B(){                   //定义静态方法 B()
       Console.WriteLine("执行 B 的静态构造方法来初始化 B");
     }
     public static void F(){       //定义方法 F()
       Console.WriteLine("调用 B.F()");            //输出提示文本
       Console.ReadKey();
     }
```

执行程序后将输出默认的值，执行效果如图 6-11 所示。从执行结果可以看出，因为 A 的静态构造方法的执行是通过调用 A.F()触发的，而 B 的静态构造方法的执行是通过调用 B.F()触发的，所以首先执行 A，然后再执行 B。

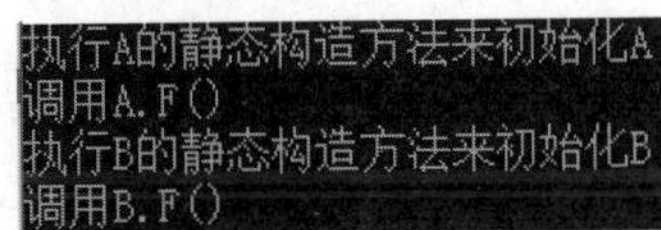

图 6-11　实例执行效果

6.6　实践案例与上机指导

通过本章的学习，读者基本可以掌握 C#语言面向对象编程的知识。其实 C#面向对象编程的知识还有很多，这需要读者通过课外渠道来加深学习。下面通过练习操作，达到巩固学习、拓展提高的目的。

↑扫码看视频

6.6.1 使用析构方法

在 C#程序中，析构方法不能被显式调用，而是被自动调用的。当程序内某个类的实例被认为不再有效、任何代码都不再使用它时，该实例就符合被销毁的条件。这样，它所对应的实例的析构方法就随时可能被调用，但是调用时机由公共语言运行时的垃圾回收机制确定，而不是由用户程序确定。

实例 6-8：使用析构方法输出指定的文本

源文件路径：daima\6\6-8

实例文件 Program.cs 的主要代码如下所示。

```
class mm {                    //定义类 mm
    public mm() {             //定义构造方法 mm()
        Console.WriteLine("mm 的构造方法");
    }
    ~mm(){                    //定义析构方法~mm
        Console.WriteLine("mm 的析构方法");
    }
}
class B{                      //定义类 B
    public B(){               //定义构造方法 B()
        Console.WriteLine("B 的构造方法");
    }
    ~B()  {                   //定义析构方法~B
        Console.WriteLine("B 的析构方法");
    }
    public void nn(){         //定义方法 nn()
        Console.WriteLine("进入 B.nn()");
        mm bb = new mm();//新建类 mm 的对象 bb
        Console.WriteLine("退出 B.nn()");
    }
    static void Main(){
        Console.WriteLine("进入 Main()");
        B cc = new B();    //新建类 B 的对象 cc
        cc.nn();           //调用方法 nn()
        Console.WriteLine("按 Enter 键退出程序...");
        Console.Read();
        Console.WriteLine("退出 Main()");
    }
}
```

执行程序后将首先输出显示默认的值，如图 6-12 所示。当屏幕中输出“按 Enter 键退出程序...”时，B.nn()已经执行完毕，类 A 的对象 bb 已经无效。但是没有看见 bb 的析构方法被执行，即没有打印出“执行 A 的析构方法”。只有在退出程序之后，bb 的析构方法才被执行，即先打印“退出 Main()”，后打印“执行 A 的析构方法”。这说明，类 A 的对象 bb 在退出 B.nn()后就无效了，它的析构方法随时可能被调用，但并不能确定它的调用时机。

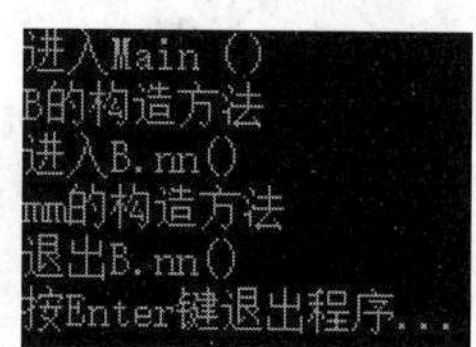

图 6-12　实例执行效果

6.6.2　使用 this 关键字

在 C#构造方法中，使用 this 关键字的语法格式如下。

```
访问修饰符 类名(形参数) : this(实际参数)
{
    处理语句
}
```

在上述格式中，this 的功能是：指定该类本身所声明的、形式参数表与实际参数表最匹配的另一个实例构造方法，这个构造方法会在执行正在声明的构造方法之前执行，即优先执行。

实例 6-9：按照顺序输出构造方法

源文件路径：daima\6\6-9

本实例演示了在构造方法内使用 this 的流程，功能是按照顺序输出构造方法的执行结果。实例文件 Program.cs 的主要代码如下所示。

```
class PuHuoClass{             //定义类 PuHuoClass
    public PuHuoClass(int a){//声明具有一个参数的构造方法 PuHuoClass(int a)
        Console.WriteLine("没有指定的构造方法：PuHuoClass(int a)");
    }
    public PuHuoClass(string s, int n): this(0){
     //声明具有两个参数的构造方法 PuHuoClass(string s, int n)
        Console.WriteLine("指定的构造方法：PuHuoClass(string a, int b)");
        Console.ReadKey();
    }
}
class nn  {                   //定义类 nn
    static void Main(){
        PuHuoClass a = new PuHuoClass("PuHuoClass 的 Class", 1);
          //新建类 PuHuoClass 的对象 a
    }
}
```

执行程序后将输出显示构造方法的执行结果，如图 6-13 所示。

```
没有指定的构造方法：PuHuoClass(int a)
指定的构造方法：PuHuoClass(string a, int b)
```

图 6-13　实例执行效果

6.7　思考与练习

本章详细讲解了 C#面向对象编程技术的知识，包括面向对象基础、类、访问修饰符、对象和构造方法等。在讲解过程中，通过具体实例介绍了使用 C#面向对象编程的方法。通过本章的学习，读者应该熟悉使用 C#面向对象编程的知识，掌握其使用方法和技巧。

一、选择题

(1) 在C#程序中，类的(　　)描述了一种状态信息，在类的某个实例中，(　　)的值表示该对象的状态值。

A. 方法　　B. 函数　　C. 属性　　D. 变量

(2) 在C#程序中，类使用关键字(　　)来定义。只有经过定义后，才能在应用程序中使用类。

A. var　　B. def　　C. class　　D. public

二、判断对错

(1) 在C#程序中，抽象类和密封类也可以被定义为内部类或公共类。　　(　　)

(2) 在C#程序中，访问修饰符决定了被修饰成员的访问权利范围。访问修饰符能够使类或类成员在不同的范围内有用，例如可以设置一个变量在方法内起作用，或者在一个类中起作用。　　(　　)

三、上机练习

(1) 类中的构造方法。

(2) 默认的构造方法。

新起点 电脑教程

第 7 章

数组和集合

本章要点

- 数组
- 数组的高级应用
- 集合

本章主要内容

从本章的内容开始，继续向读者讲解 C#体系中的基本知识，本章将介绍数组和集合的高级应用知识。集合可以对数组的功能进行扩展，并维护扩展的对象组。例如，控制对其包含对象的访问、搜索和排序等。甚至是可以实现数组和集合的混用，以便实现更为复杂的功能。

7.1 数 组

数组是有相同数据类型的项的有序集合。要访问数组中的某个项，需要同时使用数组名称及该项与数组起点之间的偏移量。由于数组几乎可以为任意长度，因此可以使用数组存储数千乃至数百万个对象，但前提是必须在创建数组时就确定其大小。数组中的每项都按索引进行访问，索引是一个数字，用于设置对象在数组中的存储位置。

↑扫码看视频

7.1.1 一维数组

在 C#语言中，一维数组以线性方式存储固定数目的项，只需一个索引值即可标识任意一个项。在 C#程序中，数组声明中的方括号必须跟在数据类型后面，且不能放在变量名称之后，而这在 Java 中是允许的。因此，类型为 int 的数组应使用以下语法声明：

```
int[] arr1;
```

而下面的声明格式在 C#中无效：

```
int arr2[]; //编译错误
```

在 C#程序中声明数组后，可以使用关键字 new 设置其大小。例如下面的代码声明了数组引用：

```
int[] arr;
arr = new int[5]; //在数组中创建 5 个元素
```

读者需要注意，C#数组索引是从 0 开始的，例如下面的代码访问上面数组中的最后一个元素：

```
System.Console.WriteLine(arr[4]); //访问第 5 个元素
```

如下例所示的代码中声明了一个由 5 个整数组成的数组。此数组包含从 array[0] 到 array[4] 的元素。关键字 new 用于创建数组并将数组元素初始化为它们的默认值。在此代码中，所有数组元素都初始化为 0。

```
int[] array = new int[5];
```

在 C#程序中，可以用相同的方式声明存储字符串元素的数组。例如：

```
string[] stringArray = new string[6];
```

实例 7-1：输出一维数组中的数据
源文件路径：daima\7\7-1

实例文件 Program.cs 的具体实现代码如下所示。

```
static void Main(string[] args)  {
    Console.WriteLine("《三体》一共有几部？有三部，分别是：");//输出文本
    int[] arr = { 1, 2, 3 }; //定义一个一维数组，并为其赋值
    foreach (int n in arr)   //使用 foreach 语句循环遍历一维数组中的元素
     Console.WriteLine("{0}", n + " ");  //输出数组中的各个元素
    Console.WriteLine();
}
```

执行效果如图 7-1 所示。

图 7-1　执行效果

7.1.2　多维数组

可以在 C#程序中创建有规则的多维数组，多维数组类似于同类型值的矩阵，C#语言支持多维数组(数组的数组)。多维数组是指超过一维的数组，例如二维数组、三维数组、十维数组等都属于多维数组。在理解二维数组时，可以将我们的世界理解为是二维世界，这个世界中的任何一个位置都可以用经度和纬度两个数字来定位，经度和纬度就是二维数组中的两个数据。在理解三维数组时，可以将我们的世界理解为是三维世界，也就是立体的世界。三维是指在平面二维系中又加入了一个方向向量构成的空间系，三维即坐标轴的三个轴，即 x 轴、y 轴、z 轴，其中 x 表示左右空间，y 表示上下空间，z 表示前后空间，这样就形成了人的视觉立体感。这里的 x 轴、y 轴、z 轴的值就是三维数组中的数据。

在 C#语言中，声明多维矩形数组的语法格式如下所示。

```
int[,] arr2D;            //二维数组
float[,,,] arr4D;        //三维数组
```

声明上述多维数组之后，可以按照如下方式为数组分配内存。

```
arr2D = new int[5,4]; // 分配 5 × 4 个 int 型空间
```

然后可以使用以下代码访问数组的元素，由于 C#数组下标是从零开始的，因此下面的代码将第四行第五列中的元素设置为 906。

```
arr2D[4,3] = 906; //二维数组
```

在 C#语言中，可以使用以下三种方法中的一种在同一个语句中创建、设置并初始化多维数组。

```
int[,] arr4 = new int [2,3] { {1,2,3}, {4,5,6} };
int[,] arr5 = new int [,] { {1,2,3}, {4,5,6} };
int[,] arr6 = { {1,2,3}, {4,5,6} };
```

实例 7-2：输出多维数组中的数据
源文件路径：daima\7\7-2

实例文件 Program.cs 的具体实现代码如下所示。

```
static void Main(string[] args)  {
    int[,] arr = new int[2, 2] { { 1, 2 }, { 3, 4 } };
      //自定义一个二维数组
    Console.Write("宇宙降维的真相，最终变为二维世界!");
    Console.Write("宇宙的行数为: ");
    Console.Write(arr.Rank);                    //获得二维数组的行数
    Console.Write("\n");
    Console.Write("宇宙的列数为: ");
    Console.Write(arr.GetUpperBound(arr.Rank - 1) + 1);
      //获得二维数组的列数
    Console.Write("\n");
    for (int i = 0; i < arr.Rank; i++){  //遍历数组中的每一行
        string str = "";                       //设置变量 str 的初始值为空
        for (int j = 0; j < arr.GetUpperBound(arr.Rank - 1) + 1; j++){
            str = str + Convert.ToString(arr[i, j]) + " ";
               //循环输出二维数组中的每个元素
        }
        Console.Write(str);
        Console.Write("\n");
    }
}
```

执行后的效果如图 7-2 所示。

```
C:\Windows\system32\cmd.exe
宇宙降维的真相,最终变为二维世界!宇宙的行数为: 2
宇宙的列数为: 2
1 2
3 4
请按任意键继续. . .
```

图 7-2　执行效果

7.2　数组的高级应用

数组是经过索引后得到相同类型对象的集合。因为 C#的数组都是从 System.Array 类中继承而来的，所以数组也继承了这个类的方法和属性。本节将详细讲解数组的高级应用的知识。

↑扫码看视频

7.2.1 数组的属性和方法

在 C#语言中，数组中的常用属性信息如表 7-1 所示。

表 7-1　C#数组的属性信息

属　性	描　述
IsFixSize	获取一个值，设置数组是否具有固定大小
IsReadOnly	获取一个值，设置数组是否为只读
IsSynchronized	获取一个值，设置是否对数组同步访问
Length	获取一个 32 位整数，设置数组中维数的元素个数
Long Length	获取一个 64 位整数，设置数组中维数的元素个数
Rank	获取可同步访问数组的对象
SyncRoot	获取一个值，设置数组是否为只读

数组能够实现 IEnumerable 和 IEnumerator 的接口，数组的 GetEnumerator()方法能够返回数组的 IEnumerator 对象，得到的 IEnumerator 可以读取数组元素，但是不能修改数组元素。

在 C#语言中，数组中的常用方法信息如表 7-2 所示。

表 7-2　C#数组中的方法信息

方　法	描　述
BinarySearch	使用二进制搜索方式在一维排序的数组中搜索
Clear	设置数组元素为 0、false 或空引用
Clone	创建数组的浅表副本
Copy	将某数组内的元素复制到另一个数组中
CopyTo	将当前一维数组的元素复制到另一个一维数组中
CreateInstance	初始化数组的新实例
GetEnumerator	返回数组的 IEnumerator
GetLength	获取一个 32 位整数，设置数组指定维的元素数
GetLongLength	获取一个 64 位整数，设置数组指定维的元素数
GetLowerBound	获取数组中指定维度的下限
GetUpperBound	获取数组中指定维度的上限
GetValue	获取当前数组中指定元素的值
IndexOf	返回一维获取数组或部分数组中某值第一个匹配项的索引
Initialize	调用维类型的默认构造函数，初始化值类型获取数组的各元素
LastIndexOf	对数组进行从后往前的检索，找到第一个匹配的位置
Reverse	反转一维数组部分数组中元素的顺序
SetValue	将当前数组中指定元素设置为指定
Sort	对一维数组对象中的元素进行排序

7.2.2 读取数组中的数据

实例 7-3：输出显示数组内指定的文本数据
源文件路径：daima\7\7-3

实例文件 Program.cs 的主要代码如下所示。

```
public static void Main(){
         String[] myArr = new String[10]; // 创建和初始化一个数组
         myArr[0] = "AA";    //设置数组中的第 1 个元素值
         myArr[1] = "BB";    //设置数组中的第 2 个元素值
         myArr[2] = "CC";    //设置数组中的第 3 个元素值
         myArr[3] = "DD";    //设置数组中的第 4 个元素值
         int i = 1;          //设置变量 i 的初始值为 1
//通过方法 GetEnumerator()逐一获取数组值
         System.Collections.IEnumerator myEnumerator = myArr.GetEnumerator();
         Console.WriteLine("数组包含如下的值:");
         while ((myEnumerator.MoveNext()) && (myEnumerator.Current != null)){
            Console.WriteLine("第{0}:  {1}", i++, myEnumerator.Current);
              //循环输出数组内各个元素值
         }
         Console.ReadKey();
}
```

执行程序后将逐一显示数组内的数据，如图 7-3 所示。

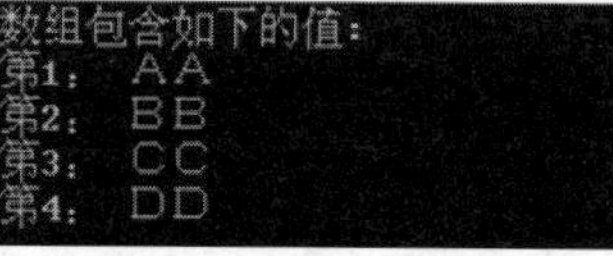

图 7-3 实例执行效果

7.2.3 复制数组中的数据

实例 7-4：使用数属性和方法复制数组的数据
源文件路径：daima\7\7-4

实例文件 Program.cs 的主要代码如下所示。

```
         int[,] array = new int[3, 2]; //定义数组 array
         Console.WriteLine("源数组: ");
         for (int i = 0; i < array.GetLength(0); ++i){
           //使用 for 语句逐一读取数组内的数据
            for (int j = 0; j < array.GetLength(1); ++j){
               array[i, j] = i * j;
               Console.Write("{0}  ", array[i, j]);  //输出数组内的各个元素
            }
            Console.WriteLine();
         }
         int[,] oppa = new int[3, 2];             //定义数组 oppa
         int[,] oppb = new int[2, 2];             //定义数组 oppb
         System.Array.Copy(array, oppa, array.Length);
           //将 array 内的数据复制到 oppa 中
         System.Array.Copy(array, 0, oppb, 0, oppb.Length);
           //将 array 内的数据复制到 oppb 中
```

```
        Console.WriteLine("复制数组 a: ");
        for (int i = 0; i < oppa.GetLength(0); ++i){
          //使用 for 语句复制数组内的每一个元素
            for (int j = 0; j < oppa.GetLength(1); ++j){
               Console.Write("{0}  ", oppa[i, j]);
            }
            Console.WriteLine();                    //显示复制后的元素
        }
        Console.WriteLine("复制数组 b: ");
        for (int i = 0; i < oppb.GetLength(0); ++i){
          //使用 for 语句复制数组内的每一个元素
            for (int j = 0; j < oppb.GetLength(1); ++j)  {
               Console.Write("{0} ", oppb[i, j]);
            }
            Console.WriteLine();//显示复制后的元素
        }
```

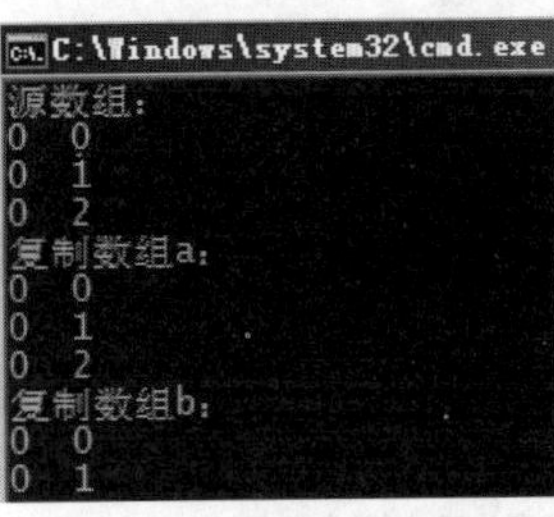

图 7-4　实例执行效果

执行程序后将显示指定数组内的数据，并输出复制后的结果，如图 7-4 所示。因为数组 mma 和 mmb 中允许的数据数不同，所以复制后最终的数据结果也不相同。

知识精讲

除了使用 Array.Copy()方法之外，还可以使用 Clone()方法来创建浅表副本。但 Clone()方法和 Copy()方法有一个重要区别：Clone()方法会创建一个新数组，而 Copy()方法只是传送了阶数相同、有足够元素空间的已有数组。如果需要包含引用类型的数组的深副本，就必须迭代数组，创建新对象。

7.2.4　搜索数组中的数据

通过数组方法 IndexOf()和 LastIndexOf()，可以在数组内搜索指定的数据。下面将通过一个简单的实例来说明在数组内实现数据搜索的流程。

实例 7-5：搜索数组内的数据

源文件路径：daima\7\7-5

实例文件 Program.cs 的主要代码如下所示。

```
public static void Main(){
    int[] array = new int[10];           //定义数组 array，设置有 10 个元素
    Console.WriteLine("源数组: ");
      for (int i = 0; i < array.Length; ++i){//使用 for 语句逐一读取数组内的数据
         array[i] = i;
         Console.Write("{0}  ", array[i]);   //输出数组内的各个元素
    }
   int n1 = System.Array.IndexOf(array, 5);
    //通过 IndexOf()获取数组内第一个值为 5 的元素的索引
   Console.WriteLine("\n 第一个 5 的索引为{0}  ", n1);
```

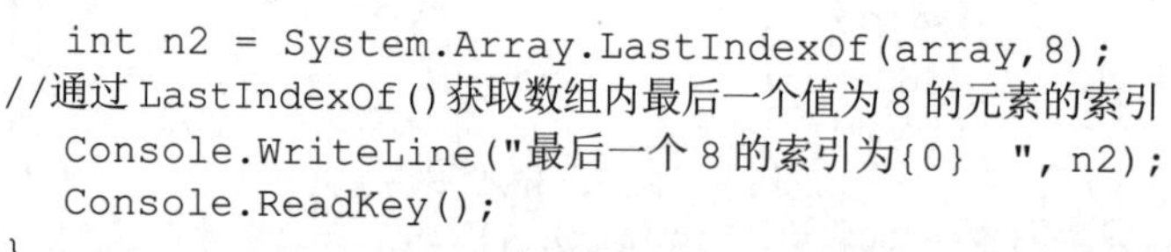

```
    int n2 = System.Array.LastIndexOf(array,8);
//通过 LastIndexOf()获取数组内最后一个值为 8 的元素的索引
    Console.WriteLine("最后一个 8 的索引为{0}  ", n2);
    Console.ReadKey();
}
```

```
源数组：
0 1 2 3 4 5 6 7 8 9
第一个5的索引为5
最后一个8的索引为8
```

图 7-5　实例执行效果

执行程序后将显示指定数组内的数据，并将数组内指定数据的索引输出显示。执行效果如图 7-5 所示。

智慧锦囊

利用索引进行查询在实际项目中经常会被使用，比如在网站中编写上传图片时需要判断上传文件的扩展名，就需要用 LastIndexOf("")，在上传文件的路径中查找出索引位后，利用截取方法把文件路径中最后一个""后的扩展名截取下来，再判断是否为合法图片格式。另外在网页上显示新闻时，会在第几个字以后用"……"代替，省略了其后的文字，这也是用查找索引位来达到的，所以读者一定要掌握这种方法。

7.2.5　CreateInstance 方法

在 C#程序中，方法 CreateInstance()能够初始化项目数据的新实例。方法 CreateInstance()主要具有如下所示的两个功能。

1. 创建下限不为 0 数组

在大多情况下，C#数组下限的默认值为 0。但是通过 System.Array 类提供的方法 CreateInstance()，可以创建指定的动态数组，也可以创建下限不是 0 的数组，从而重新声明了指定数组的大小。例如在下面的实例中，演示了使用 CreateInstance()方法创建下限不为 0 数组的基本流程。

实例 7-6：创建下限不为 0 数组
源文件路径：daima\7\7-6

实例文件 Program.cs 的主要代码如下所示。

```
  //创建二维 string 类型数组
int[] mm = new int[2] { 3, 5 }; // 第一维长度是 3， 第二维长度是 5
int[] nn = new int[2] { 2, 3 };
  //第一维元素索引从 2 开始计数，第二维元素索引从 3 开始计数
string[,] zz = (string[,])Array.CreateInstance(typeof(String), mm, nn);
  //使用 CreateInstance 创建新数组
//初始化二维 string 类型数组，使用 for 语句逐一读取数组内的数据，将 zz 初始化处理
for (int i = zz.GetLowerBound(0); i <= zz.GetUpperBound(0); i++){
    for (int j = zz.GetLowerBound(1); j <= zz.GetUpperBound(1); j++){
        int[] myIndicesArray = new int[2] { i, j };
        zz.SetValue(Convert.ToString(i) + j, myIndicesArray);
    }
```

```
        }
//输出显示数组的维数、下限和上限，GetLowerBound()方法显示下限，
//GetUpperBound()方法显示上限
        Console.WriteLine("维数是\t 下限是\t 上限是");
        for (int i = 0; i < zz.Rank; i++)
            Console.WriteLine("{0}\t{1}\t{2}", i, zz.GetLowerBound(i),
                                    zz.GetUpperBound(i));
        Console.WriteLine("\n 数组元素是: ");  //使用 for 循环显示数组内的元素
        for (int i = zz.GetLowerBound(0); i <= zz.GetUpperBound(0); i++){
            for (int j = zz.GetLowerBound(1); j <= zz.GetUpperBound(1); j++){
                Console.Write("{0} ", zz[i, j]);
            }
            Console.WriteLine();//输出显示数组内的元素
        }
```

执行程序后将输出指定数组内的数据，并分别显示数组的维数、下限和上限。效果如图7-6所示。

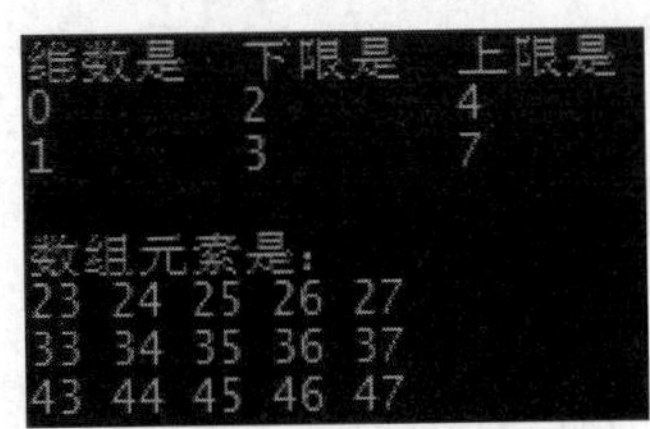

图7-6 实例执行效果

知识精讲

Array 类是一个抽象类，所以不能使用构造函数来创建数组。但除了可以使用 C#语法创建数组实例之外，还可以使用静态方法 CreateInstance()创建数组。如果事先不知道元素的类型，就可以使用该静态方法，因为类型可以作为 Type 对象传送给 CreateInstance()方法。

2. 重定义数组

方法 CreateInstance()另外一个十分重要的功能是，动态创建在编译时无法确定元素类型和维数的数组，即重新定义数组的大小。下面将通过一个简单的实例来说明通过 CreateInstance()方法重新定义数组的大小的流程。

实例 7-7：重新定义数组的大小

源文件路径：daima\7\7-7

实例文件 Program.cs 的主要代码如下所示。

```
    public static void Main() {
        int[] array = { 0, 1, 2, 3, 4, 5 , 6, 7, 8, 9};
          //定义一维数组 array，并设置里面存储 10 个数字
        Console.WriteLine("数组长度为: {0}, 内容为: ", array.Length);
```

```
        shuchu((Array)array);     //调用方法 shuchu()获取数组的长度
        Console.WriteLine("数组重新定义的长度为: {0}, 内容为: ", 12);
        array = (int[])ReDim(array, 12); //调用方法 ReDim(), 设置数组长度为 12
        shuchu((Array)array);              //调用方法 shuchu()获取数组的长度
        Console.WriteLine("数组重新定义的长度为: {0}, 内容为: ", 4);
        array = (int[])ReDim(array, 4);  //调用方法 ReDim(),设置数组长度为 4
        shuchu((Array)array);              //调用方法 shuchu()获取数组的长度
    }
    static Array ReDim(Array a, int newSize){
     //定义方法 ReDim(), 设置数组内的数据输出长度
        //定义数组对象 nn, 使用方法 CreateInstance()创建指定类型和大小的数组
        Array nn = Array.CreateInstance(a.GetType().GetElementType(), newSize);
        int len = newSize;              //int 类型变量 newSize 表示数组的长度
        if (newSize > a.Length)         //如果 newSize 的值大于 a.Length
            len = a.Length;             //设置 newSize 等于 a.Length
        Array.Copy(a, 0, nn, 0, len);//复制 len 长度的数组元素
        return nn;                      //返回 nn
    }
    static void shuchu(Array a){//定义方法 shuchu(), 输出指定长度的数组内数据
        for (int i = 0; i < a.Length; i++)
            Console.WriteLine("\ta[{0}]:{1}", i, a.GetValue(i));
              //通过方法 GetValue()获取数组的长度
            Console.WriteLine("");
            Console.ReadKey();
    }
```

执行程序后将首先输出显示指定数组内的数据，如图 7-7 所示；当按回车键后将显示长度为 12 的数组数据，如图 7-8 所示；当再次按回车键后将显示长度为 4 的数组数据，如图 7-9 所示。如果设置的长度超出了数组内数据的长度，则将超出数据设置为 0。

图 7-7　显示数组内的数据

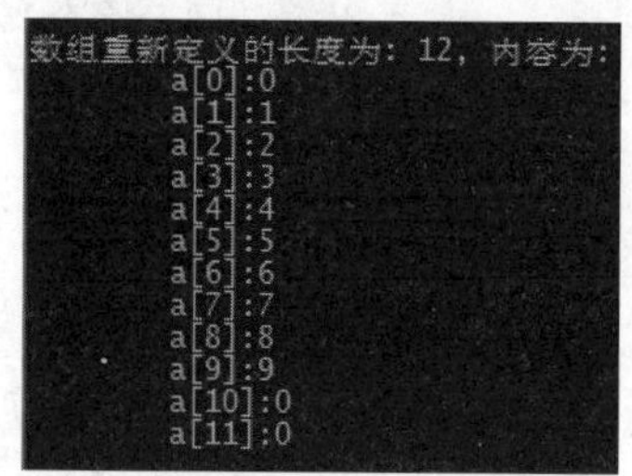

图 7-8　长度为 12 的数组

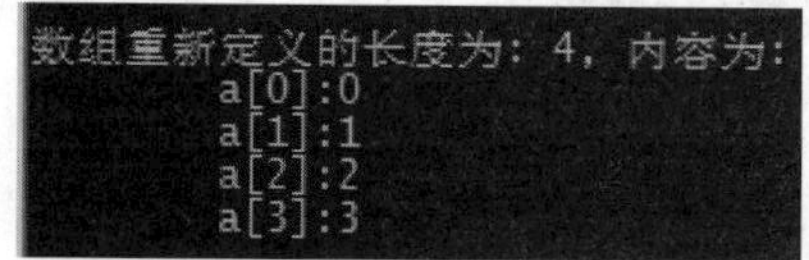

图 7-9　显示长度为 4 的数组

知识精讲

CreateInstance()方法有许多重载版本，可以创建多维数组和不基于 0 的数组。例如在下面的代码中，创建了一个包含 2×3 个元素的二维数组。第一维基于 1，第二维基于 10:

```
int[] lengths = {2, 3};
int[] lowerBounds = {1, 10};
Array racers = Array.CreateInstance(typeof(Person), lengths, lowerBounds);
```

SetValue()方法设置数组的元素，其参数是每一维的索引:

```
racers.SetValue(new Person("Alain", "Prost"), 1, 10);
racers.SetValue(new Person("Emerson", "Fittipaldi"), 1, 11);
racers.SetValue(new Person("Ayrton", "Senna"), 1, 12);
racers.SetValue(new Person("Ralf", "Schumacher"), 2, 10);
racers.SetValue(new Person("Fernando", "Alonso"), 2, 11);
racers.SetValue(new Person("Jenson", "Button"), 2, 12);
```

7.2.6　数组转换

通过使用数组转换，可以将某个数组转换为另外一种类型的数组。在 C#程序中，实现数组转换的基本原则如下所示。

(1) 值类型元素数组不能被转换为其他形式的数组。

(2) 如果数组的元素是引用类型，而且在被转换数组的元素和目标数组的元素类型之间，存在隐式转换或显式转换，那么数组可以被显式转换成维数相同的目标数组。

实例 7-8：数组类型的转换
源文件路径：daima\7\7-8

实例文件的主要实现代码如下所示。

```
    public int width;          //定义 int 类型变量 width
    public int height;         //定义 int 类型变量 height
    public mm(){               //定义构造方法 mm()
     }
    public mm(int w,int h){  //定义构造方法 mm()
        width = w;             //变量 width 赋值参数 w
        height = h;            //变量 height 赋值参数 h
    }
}
class nn:mm{                   //定义类 nn，设置其是类 mm 的子类
    public nn(int x){          //定义构造方法 nn()
        width=height=x;        //设置三者的值相等
        }
}
class Text  {               //定义类 Text
    public static void Main(){
        nn[,] nns=new nn[3,2];       //创建类 nn 的二维数组 nns
```

```
    mm[,] rcs1=(mm[,])nns;          //将 nns 转换为 mm 的二维数组
    mm[] rcs2=(mm[])nns;            //将 nns 转换为 mm 的一维数组
    object[,] aa=(object[,])nns;//创建基类二维数组 aa
    Type[,] types=(Type[,])nns;  //将 nns 转换为 Type 的二维数组
    int[] ints=new int[8];          //创建 int 类型的数组 ints
    object[] bb=(object[])nns;   //将数组 bb 转换为 object[]数组的类型
}
```

在 Visual Studio 2017 中运行上述代码后，将显示如图 7-10 所示的错误提示。

错误列表

3 个错误 | 0 个警告 | 0 个消息 | 搜索错误列表

	说明	文件	行	列	项目
1	无法将类型“zhuanhuan.nn[*,*]”转换为“zhuanhuan.mm[]”	Program.cs	34	24	zhuanhuan
2	无法将类型“zhuanhuan.nn[*,*]”转换为“System.Type[*,*]”	Program.cs	36	28	zhuanhuan
3	无法将类型“zhuanhuan.nn[*,*]”转换为“object[]”	Program.cs	38	26	zhuanhuan

图 7-10 错误提示效果

从图 7-10 所示的错误列表中可以看出，上述代码中存在如下 3 处转换错误。

(1) mm[] rcs2=(mm[])nns：原因是两数组的维数不同。rcs2 是一维，nns 是二维。

(2) Type[,] types=(Type[,])nns：原因是 Type 类型未知，不存在显式转换或隐式转换。

(3) object[] bb=(object[])nns：原因是 ints 数组是值类型数组，不能被转换为其他类型。

7.3 集　合

↑扫码看视频

在日常程序开发过程中，集合是和数组一起使用的。在 C#程序中，直接使用数组会有很大的限制，例如一旦定义并创建数组，数组的内容就固定不变了。要想在里面添加或删除数据，必须创建一个新的数组。而通过使用集合，可以把相互联系的数据组合到一个集合内，这样就能够有效地处理这些密切相关的数据。

7.3.1 C#集合基础

使用集合，能够使用相同的代码来处理一个集合内的所有元素，而不需要编写不同的代码来处理单个独立对象。所以说集合是组合在一起的数据组。在 System.Collections 命名空间内提供了一系列的接口，所有的集合类都实现了其中的一些接口。通过实现上述接口，可以设计出自定义的集合类。

在 C#程序中，数组实现的是 System.Array 类的实例，它只是集合类的一种。集合类能够处理对象列表，它的功能要比数组强大。因为集合类通过实现 System.Collections 命名空间中的接口实现处理功能，所以里面集合的语法都符合标准化。集合使用接口来实现功能，这个接口不仅没有限制使用的基本集合类，而且还可以创建一个自定义的集合类。这样从

集合内提取数据时，就不需要把它们特意转换为专用的类型了。在 System.Collections 命名空间中，可以使用如下接口提供的集合功能。

- IEnumerable：用于迭代集合众项。
- ICollection：能够获取集合项的个数，并把集合项复制到一个简单的数组类型中。
- IList：提供了集合项列表，并访问这些集合项和一些与项列表相关的功能。
- IDictionary：和 IList 类似，但是它能够通过键码值访问项列表。

(1) System.Collections.ICollection 是所有集合的基接口，具体声明格式如下：

```
public interface ICollection : IEnumerable{
}
```

(2) 因为 System.Collections. ICollection 继承了 System.Collections.IEnumerable，并没有添加任何成员，所以可以完全等价于 System.Collections.IEnumerable 接口，即所有的集合类都必须实现 System.Collections. IEnumerable 接口。当类实现了这个接口后，就可以依次列举集合类内所包含的数据元素。IEnumerable 接口的定义格式如下：

```
public interface IEnumerable{
  IEnumerator GetEnumerator();
}
```

(3) IEnumerable 接口只包含一个方法 GetEnumerator，它返回一个能够访问集合众数组的列举器对象。列举器必须实现 System.Collections.IEnumerator 接口，IEnumerator 的定义格式如下：

```
public interface IEnumerator{
     Boolean MoveNext();
     Object Current{
     get;
}
     void Reset();
}
```

1. 列举器

列举器能够读取集合中的数据，即循环访问集合的对象。但是列举器不能修改基础集合，实现 IEnumerator 接口的类必须实现函数 Reset()和 MoveNext()，以及属性 Current。当创建集合对象后，列举器应该首先定位在集合的第一个元素前。函数 Reset()将列举器返回到此位置，但此时调用 Current 属性会发生异常。所以在读取 Current 前必须调用函数 MoveNext()，将列举器定位在集合的第一个元素。如果在调用函数 Reset()和 MoveNext()之前，Current 返回同一个对象，MoveNext()会将 Current 设置为下一个元素。虽然一个列举器只能与一个集合关联，但是一个集合可以有多个列举器。在 C#中，通常使用 foreach 语句使用列举器，同时隐藏了操作列举器的复杂性。

2. 集合容量和集合计数

集合容量即集合所包含的元素数量，而集合计数是它实际包含的元素数目。在 System.Collections 命名空间中，集合在达到当前容量时会自动扩充容量。

3. 集合下限

集合的下限是它第一个元素的索引，System.Collections 命名空间中的集合的下限都是 0。

7.3.2 ArrayList 集合类

在 System.Collections 命名空间中，定义了多个实现特定数据处理功能的集合类。其中常见的 System.Collections 集合类有：ArrayList、Hashtable、Queue、SortedList 和 Stack。因为 C#数组的长度是固定的，所以应该在数组声明时就指定它的大小。通过使用 ArrayList 集合类，可以改变数组的长度，这样可以提高内存的利用率。具体来说，ArrayList 可以使用如下三种构造函数，这样能够根据需要而动态地增加数组。

(1) ArrayList()：能够初始化 ArrayList 类的新实例，此实例为空并且具有默认初始容量。

(2) ArrayList(ICollection)：能够初始化 ArrayList 类的新实例，此实例包含从指定集合复制的元素，并且具有和所复制元素数相同的初始容量。

(3) ArrayList(Int32)：能够初始化 ArrayList 类的新实例，此实例为空并且指定初始容量。

类 ArrayList 中的常用属性如表 7-3 所示。

表 7-3 ArrayList 类的属性

属 性	描 述
Capacity	获取设置 ArrayList 可以包含的元素数
Count	获取 ArrayList 实际包含的元素数
IsFixdSize	获取一个值，设置 ArrayList 是否具有固定大小
IsReadOnly	获取一个值，设置 ArrayList 是否为只读
IsSynchronized	获取一个值，设置是否对 ArrayList 访问
Item	获取设置指定索引位置的元素
SyncRoot	获取可以同步 ArrayList 访问的对象

类 ArrayList 中的常用方法如表 7-4 所示。

表 7-4 ArrayList 类的方法

方 法	描 述
Add	将对象添加到 ArrayList 处
AddRange	将 ICollection 的元素添加到 ArrayList 末尾
BinarySearch	使用二分检索算法在已排序的 ArrayList 或它的一部分中查找特定元素
Clear	从 ArrayList 中移除所有元素
Contains	确定某元素是否在 ArrayList 内
Copyto	将 ArrayList 或它的一部分复制到一维数组内
FixedSize	返回具有固定大小的列表包装

续表

方　法	描　述
GetEnumerator	返回循环访问的 ArrayList 的列举器
GetRange	返回 ArrayList，表示源 ArrayList 中元素的子集
IndexOf	返回 ArrayList 或它一部分中某个值的第一个匹配项，并从 0 开始索引
Insert	将元素插入 ArrayList 内的指定索引处
InsertRange	将集合中某元素插入 ArrayList 内的指定索引处
LastIndexOf	返回 ArrayList 或部分值的最后一个匹配项的索引
ReadOnly	返回只读列表包装
Remove	从 ArrayList 中移出特定对象的第一个匹配项
RemoveAt	移出 ArrayList 中指定索引处的元素
RemoveRange	移出 ArrayList 中一定范围的元素
Repeat	返回 ArrayList
Reverse	将 ArrayList 或它一部分元素的顺序反转
SetRange	将集合中的元素复制到 ArrayList 中的某范围的元素上
Sort	对 ArrayList 的元素进行排序处理
Synchronized	返回同步列表包装
ToArry	将 ArrayList 复制到新数组中
TrimToSize	将容量设置为 ArrayList 中元素的实际数目

其中，ArrayList 容量是 ArrayList 可以保存的元素数，其默认容量是 0。Add 能够向 ArrayList 中添加新的元素，添加后，ArrayList 会根据需要通过重新分配而自动增加容量。下面将通过实例来说明 ArrayList 属性和方法的基本用法。

1. 添加/删除数组数据

实例 7-9：通过 Add/Remove 方法添加/删除数组中的数据
源文件路径：daima\7\7-9

实例文件 Program.cs 的主要代码如下所示。

```
ArrayList qiudui = new ArrayList();//定义 ArrayList 集合类对象 qiudui
qiudui.Add("AA");//向对象 qiudui 中添加元素"AA"
qiudui.Add("BB");//向对象 qiudui 中添加元素"BB"
qiudui.Add("CC");//向对象 qiudui 中添加元素"CC"
qiudui.Add("DD");//向对象 qiudui 中添加元素"DD"
Console.WriteLine("我喜欢：{0}", qiudui.Count);
  //对象 qiudui 实际包含的元素数
Console.WriteLine("我最喜欢的数量：{0}", qiudui.Capacity);
  //对象 qiudui 可以包含的元素数
Console.WriteLine("我喜欢的包括：\n");
for (int i = 0; i < qiudui.Count; ++i)        //遍历对象 qiudui
    Console.WriteLine(qiudui[i]); //输出对象 qiudui 中的各个元素
if (qiudui.Contains("EE"))          //如果对象 qiudui 中包含元素 EE
    Console.WriteLine("我喜欢的包括 EE。");
else             //如果对象 qiudui 中不包含元素 EE
    Console.WriteLine("我喜欢的不包括 EE。");
```

```
Console.WriteLine("删除AA。\n");
qiudui.Remove("AA"); //通过方法Remove()删除数组内的成员AA
qiudui.Add("FF");    //向对象qiudui中添加元素FF
qiudui.Add("GG");    //向对象qiudui中添加元素GG
qiudui.Add("HH");    //向对象qiudui中添加元素HH
Console.WriteLine("扩容后: \n");
Console.WriteLine("数量为: {0}", qiudui.Count);
  //显示当前对象qiudui中的元素个数
Console.WriteLine("可容纳数量为: {0}\n", qiudui.Capacity);
  //显示当前对象qiudui中可容纳的元素个数
Console.WriteLine("我现在喜欢的包括: \n");
for (int i = 0; i < qiudui.Count; ++i)   //遍历对象qiudui
    Console.WriteLine(qiudui[i]);      //输出对象qiudui中的各个元素
```

执行程序后将输出添加数据后的原始数组数据，然后分别显示删除后的数据和扩容后的数据。执行效果如图7-11所示。

图7-11 实例执行效果

2. 第三种构造函数确定处理

第三种构造函数即确定最大容量的构造函数。从图7-11所示的现实结果可以看出，如果ArrayList内成员增加，Capacity值也会随之增加。这样就需要不断扩展Capacity容量并进行元素复制，所以会影响程序的执行效率。为解决上述问题，可以使用第三种形式的构造函数来创建ArrayList，并在其中设置一个最大容量值。只要元素数不超过这个最大值，ArrayList就不需要再进行容量扩展和复制，这样就会提高程序的效率。

7.3.3 Hashtable集合类

在C#程序中，Hashtable是表示“键-值”对的集合，键值能够根据键的散列代码进行组织。类Hashtable中的常用属性如表7-5所示。

表7-5 Hashtable类属性

属 性	描 述
Count	获取Hashtable内的键值数
IsFixdSize	获取一个值，设置Hashtable是否具有固定大小
IsReadOnly	获取一个值，设置Hashtable是否为只读
IsSynchronized	获取一个值，设置是否对Hashtable访问
Item	获取设置与指定键相关联的元素
SyncRoot	获取可以同步Hashtable访问的对象
Keys	获取包含Hashtable中的键的ICollection
Value	获取包含Hashtable中的值的ICollection

类 Hashtable 中的常用方法如表 7-6 所示。

表 7-6　Hashtable 类方法

方　法	描　述
Add	将指定键值元素添加到 Hashtable
Clear	从 Hashtable 中移除所有元素
Contains	确定 Hashtable 内是否包含特定键
Clone	创建 Hashtable 的浅表副本
Copyto	将 Hashtable 元素复制到一维 ArrayList 实例中的指定索引位置
ContainsKey	确定 Hashtable 内是否包含特定键
ContainsValue	确定 Hashtable 内是否包含特定值
GetEnumerator	返回循环访问 Hashtable 的列举器
GetObjectData	实现 ISerializable 接口，并返回序列化 Hashtable 所需要的值
OnDeserialization	实现 ISerializable 接口，并在完成反序列化之后触发反序列化事件
Remove	移出 Hashtable 内指定键的元素
RemoveRange	移出 Hashtable 中一定范围的元素
Synchronized	返回 Hashtable 的同步包装

智慧锦囊

- Add()能够将键值添加到 Hashtable 中，并且 Hashtable 中的值不能为空引用。
- Hashtable 将添加元素放在 System.Collections.DictionaryEnty 对象中。所以在使用 foreach 或 IEnumerator 的 Current 属性时，应该将 Hashtable 元素转换为 DictionaryEnty 对象。
- 使用 Remove()能够删除指定键值的元素，使用 Clear()能够删除所有的元素。
- Hashtable 的默认初始值为 0。随着新元素的添加，容量会根据需要通过重新分配后自动增加。并且需要重新计算表的索引，并将表中的每个元素复制到新的位置。

实例 7-10：通过 Add/Remove()方法添加/删除数组的数据
源文件路径：daima\7\7-10

实例文件 Program.cs 的主要实现代码如下所示。

```
Hashtable mm = new Hashtable();  //新建 Hashtable 对象 mm
mm.Add("Sunday", "星期天");
  //添加“键-值”表示周日，其中英文字符格式是键，中文字符格式是值
mm.Add("Monday", "星期一");
  //添加“键-值”表示周一，其中英文字符格式是键，中文字符格式是值
mm.Add("Tuesday", "星期二");
  //添加“键-值”表示周二，其中英文字符格式是键，中文字符格式是值
mm["Wednesday"] = "星期三";
```

```
  //添加“键-值”表示周三，其中英文字符格式是键，中文字符格式是值
Console.WriteLine("这周可以休息{0}天", mm.Count);
  //输出对象mm中的元素个数
Console.WriteLine("Tuesday对应的是：{0}", mm["Tuesday"]);
  //输出表示周二的元素
Console.WriteLine("这周可以休息的是：\n");
IEnumerator e = mm.GetEnumerator();  //新建列举器对象e
while (e.MoveNext()){               //遍历显示当前mm中的元素
   DictionaryEntry de = (DictionaryEntry)e.Current;
   Console.WriteLine("{0}-{1}", de.Key, de.Value);
}
if (mm.ContainsKey("Wednesday")) //如果包含了Wednesday
   Console.WriteLine("\n已经包含了Wednesday。");
else                               //如果没有包含Wednesday
   Console.WriteLine("没有包含Wednesday。");
if (mm.ContainsValue("星期三"))    //如果包含了“星期三”
   Console.WriteLine("已经包含了星期三。");
else                               //如果没有包含“星期三”
   Console.WriteLine("没有包含星期三。");
Console.WriteLine("\n删除Wednesday-星期三。");
mm.Remove("Wednesday");            //删除元素Wednesday
mm.Add("Thursday", "星期四");      //添加“键-值”表示周四
mm.Add("Friday", "星期五");        //添加“键-值”表示周五
mm.Add("Saturday", "星期六");      //添加“键-值”表示周六
Console.WriteLine("\n增加休息天数：");
Console.WriteLine("可以休息{0}天", mm.Count); //输出对象mm中的元素个数
Console.WriteLine("这周可以休息的是：\n");
Console.ReadKey();
e = mm.GetEnumerator();
while (e.MoveNext()){              //遍历显示当前mm中的元素
   DictionaryEntry de = (DictionaryEntry)e.Current;
   Console.WriteLine("{0}-{1}", de.Key, de.Value);
}
```

执行程序后首先输出第一次添加/删除处理后的列表数据，如图7-12所示。当按回车键后，会输出第二次添加后的数据，如图7-13所示。

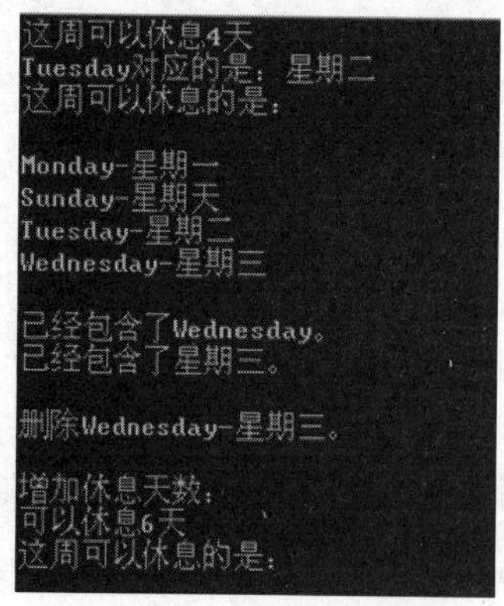

图7-12　实例执行效果

图7-13　实例执行效果

智慧锦囊

在 C#程序中，使用键值实现索引处理的方法和使用方法 Add()进行添加处理的方法是有区别的，具体说明如下所示。

(1) 添加的元素键值在数组中存在时，Add()方法会触发异常。

(2) 当使用键值作为索引时，如果添加的元素键值在数组中存在时不会发生异常，它会取代原来的值。

7.4　实践案例与上机指导

通过本章的学习，读者基本可以掌握 C#数组和集合的知识。其实 C#数组和集合的知识还有很多，这需要读者通过课外渠道来加深学习。下面通过练习操作，达到巩固学习、拓展提高的目的。

↑扫码看视频

7.4.1　使用 Queue 集合类

在 C#程序中，Queue 是一个表示对象的先进先出的集合，通常用于按接收顺序存储信息，以便更好地实现顺序处理。Queue 是通过循环数组来实现的，里面的对象总是从一端插入，从另一端移出。

实例 7-11：向列表内添加数据，并将处理后的列表数据输出
源文件路径：daima\7\7-11

实例文件 Program.cs 的主要代码如下所示。

```
Queue mm = new Queue();  //通过 Queue 集合类初始化 mm
mm.Enqueue("AA");        //通过方法 Enqueue()向 mm 内添加元素 AA
mm.Enqueue("BB");        //通过方法 Enqueue()向 mm 内添加元素 BB
mm.Enqueue("CC");        //通过方法 Enqueue()向 mm 内添加元素 CC
//显示 Queue 的信息
Console.WriteLine("里面的元素数量: {0}", mm.Count);
//显示对象 mm 中的元素个数
Console.WriteLine("里面的内容: ");
IEnumerator e = mm.GetEnumerator(); //新建 IEnumerator 对象 e
while (e.MoveNext()){
//通过 while 语句获取当前数组内的数据
```

```
            Console.WriteLine(e.Current);
//输出显示列表中包含的元素
        }
```

执行程序后将输出添加处理后的列表数据，如图 7-14 所示。

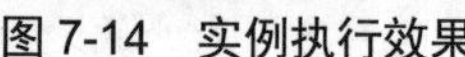
图 7-14　实例执行效果

智慧锦囊

在使用 Queue 集合类时，应该特别注意它的先进先出特性。

7.4.2　使用 SortedList 集合类

在 C#程序中，SortedList 是一个表示键值对的集合，通过这个集合可以对键值进行排序，并且可以按照键和索引进行访问处理。在具体使用方法上，SortedList 和 Hashtable 极其类似。

实例 7-12： 使用 SortedList 集合类处理数组数据
源文件路径： daima\7\7-12

本实例的功能是向数组内添加数据，并输出处理后的数组数据。实例文件 Program.cs 的主要代码如下所示。

```
SortedList nn = new SortedList();  //新建 SortedList 对象 nn
nn.Add("5", "曼联");//向 nn 中添加“键值”，其中键为数字格式，值为文本格式
nn.Add("4", "切尔西");//向 nn 中添加“键值”，其中键为数字格式，值为文本格式
nn.Add("1", "利物浦");//向 nn 中添加“键值”，其中键为数字格式，值为文本格式
nn.Add("3", "阿森纳");//向 nn 中添加“键值”，其中键为数字格式，值为文本格式
nn.Add("2", "罗马");//向 nn 中添加“键值”，其中键为数字格式，值为文本格式
nn.Add("6", "巴塞罗那");//向 nn 中添加“键值”，其中键为数字格式，值为文本格式
nn.Add("7", "费内巴切");//向 nn 中添加“键值”，其中键为数字格式，值为文本格式
nn.Add("8", "沙尔克 04");//向 nn 中添加“键值”，其中键为数字格式，值为文本格式
//显示 nn 的信息
Console.WriteLine("08 赛季欧洲冠军杯{0}强", nn.Count);    //统计对象 nn 中的元素
Console.WriteLine("球队: ");
for (int i = 0; i < nn.Count; i++){          //通过 for 语句获取当前数组内的数据
Console.WriteLine("\t{0}:\t{1}", nn.GetKey(i), nn.GetByIndex(i));
//输出显示数组内的当前数据
}
```

执行程序后将输出添加处理后的数组数据，如图 7-15 所示。从执行效果可以看出，虽然添加时的顺序是无序的，但是添加到 nn 后，会根据键的序号进行排序处理。

图 7-15　实例执行效果

7.5　思考与练习

本章详细讲解了使用 C#数组和集合的知识，包括数组、集合和数组的高级应用等。在讲解过程中，通过具体实例介绍了使用 C#数组和集合的方法。通过本章的学习，读者应该

熟悉使用 C#数组和集合的知识，掌握其使用方法和技巧。

一、选择题

(1) 类 SortedList 的属性(　　)能够设置 SortedList 容量。

A. Capacity　　B. Count　　C. IsFixdSize　　D. IsReadOnly

(2) 类 SortedList 中的方法(　　)能够从 SortedList 中移除所有元素。

A. Clear　　B. Clone　　C. Copyto　　D. ContainsKey

二、判断对错

(1) 在 C#程序中，可以通过键或值来访问 SortedList 内的元素。在 SortedList 内将维护两个数组来存储列表内元素，其中将一个数组存储键，另一个数组用于存储相对应的值。(　　)

(2) 在 C#语言中，Stack 是一种表示对象先进先出的集合，通常被用于按接收的反向顺序存储信息，以便更好地实现顺序处理。Stack 是通过循环数组来实现的，里面的对象总是从一端插入，而从另一端移出。(　　)

三、上机练习

(1) 添加项、移除项、遍历 Hashtable。

(2) 添加项、移除项、遍历 SortedList。

第 8 章

继承与多态

本章要点

- 继承
- 隐藏
- 多态
- 关键字 base
- 抽象类和抽象方法
- 密封类和密封成员

本章主要内容

继承性和多态性是面向对象编程语言的最大特点，作为面向对象编程语言的 C#当然也支持这两个特性。在 C#语言中，一个类可以派生出新的类，并且这个新类会继承基类的成员和特性，这就是继承。在实际项目开发过程中，可以利用继承开发出具有开放性和可扩充性的程序。多态性是指相同的操作和方法可以被用于多种类型的对象，并且能够获得不同的结果。多态性是通过继承实现的，它增强了程序的灵活性和重用性。

8.1 继　　承

在 C#程序中，如果某一个类直接继承了它基类的成员，那么这个类就被称为这个基类的子类或派生类。派生类能够从其基类继承所有的成员，包括变量和函数结合属性等。基类和子类通过继承形成了一种层次结构，在具体项目应用中可以同时完成不同的功能。

↑扫码看视频

8.1.1 类的层次结构

通过类的继承后，将会在项目中生成一个层次结构，所以在使用继承前，应该确定各类之间的层次关系。例如，类 Brother 表示《奔跑吧兄弟》节目组的全体演员，派生类 Successor 表示 R 家族的继承者，派生类 Alien 表示外族人。那么就可以根据它们间的对应关系画出层次结构图，如图 8-1 所示。

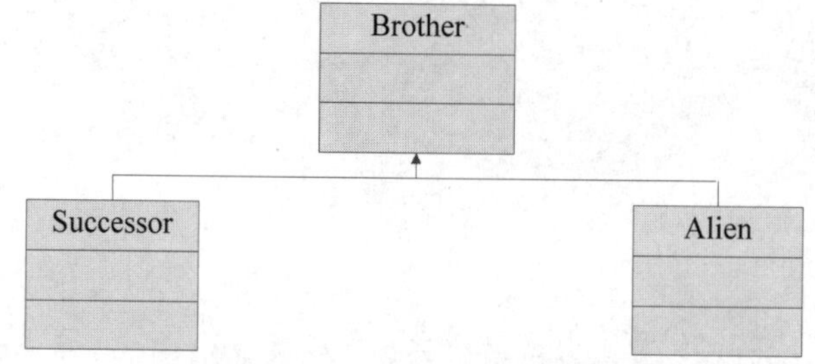

图 8-1　继承关系层次结构图

在图 8-1 所示的层次结构关系中，因为类 Successor 和 Alien 都是类 Brother 的子类，所以 Successor 和 Alien 都继承了 Brother 的成员，所以在声明基类时，应该定义其子类中共同拥有的数据成员，例如函数成员和数据成员等。下面的演示代码，在基类 Brother 中定义了三个变量成员：aa、name 和 dui。

```
public class Brother{
  private string aa;
  protected string name;
  public string dui;{
  get{
       return name;
  }
  set{
       name=value;
  }
  }
  public mm(){
```

```
    }
      public mm(string name)
           this.name=name;
    }
      public void Chuli(){
           Console.WriteLine("生成跑男兄弟成员!!!! ");
    }
  }
```

C#在声明类时定义继承，在子类和它的继承基类之间用冒号“:”隔开，具体定义格式如下所示。

```
修饰符 class 类名 : 基类{
    代码块
}
```

8.1.2 使用 C#继承

实例 8-1：使用继承

源文件路径：daima\8\8-1

实例文件 Program.cs 的具体实现代码如下所示。

```
class MyClass1 {                        //自定义类 MyClass1
    private int x = 0;                  //定义 int 型变量，作为加数
    private int y = 0;                  //定义 int 型变量，作为被加数
    public int X{                       //属性 x 表示加数
        get{
            return x;                   //返回 x 的值
        }
        set{
            x = value;                  //设置 x 的值
        }
    }
    public int Y{                       //属性 y 表示被加数
        get{
            return y;
        }
        set{
            y = value;
        }
    }
    public int Add1(){                  //定义方法 Add1()实现 x 和 y 的求和运算
        return X + Y;
    }
}
class MyClass2 : MyClass1   {           //定义类 MyClass2， 该类继承自 MyClass1
    private int z = 0;                  //定义 int 型变量，作为第二个被加数
    public int Z {                      //属性 z 表示第二个被加数
```

```
            get{
                return z;               //返回 z 的值
            }
            set{
                z = value;              //设置 z 的值
            }
        }
        /// <summary>
        ///求和
        /// </summary>
        ///<returns>加法运算和</returns>
        public int Add2(){              //定义方法 Add2()实现 x 和 z 的求和运算
        return X + Z;
        }
    }
    class Program{
        static void Main(string[] args){
            MyClass1 myclass1 = new MyClass1();       //实例化 MyClass1 的对象
            MyClass2 myclass2 = new MyClass2();       //实例化 MyClass2 的对象
            myclass1.X = 3;       //为 MyClass1 类中的属性 x 赋值
            myclass1.Y = 5;       //为 MyClass1 类中的属性 y 赋值
            myclass2.X = 3;       //使用 MyClass2 类对象调用基类中的属性 x 并赋值
            myclass2.Y = 5;       //使用 MyClass2 类对象调用基类中的属性 y 并赋值
            myclass2.Z = 7;       //为 MyClass2 类中的属性 z 赋值
            Console.WriteLine("如果超哥是继承者，则继承者的力量值是：");//输出文本
            Console.WriteLine(myclass1.Add1());
              //调用 MyClass1 类中的 Add1 方法求和
            Console.WriteLine("确认是：");                //输出文本
            Console.WriteLine(myclass2.Add1());
              //使用 MyClass2 类对象调用基类中的方法
            Console.WriteLine("如果超哥是外族人，则外族人的力量值是：");//输出文本
            Console.WriteLine(myclass2.Add2());
              //调用 MyClass2 类中的 Add2 方法求和
        }
    }
```

执行程序后的效果如图 8-2 所示。

```
如果超哥是继承者，则继承者的力量值是：
8
确认是：
8
如果超哥是外族人，则外族人的力量值是：
10
请按任意键继续. . .
```

图 8-2　执行效果

8.2　隐　　藏

在 C#语言的子类中，可以使用与基类成员名相同的名称或签名来定义成员，这样在子类中就不能访问基类的同名成员，这被称为子类成员隐藏了基类的成员。在本节的内容中，将简要介绍 C#语言隐藏的基本知识。

↑扫码看视频

8.2.1　什么是隐藏

C#语言的语法规定，当派生类和基类有同样的方法(方法名相同、参数列表相同和返回值相同)时，派生类的方法可以隐藏基类的方法。也就是说可以在派生类中创建和基类方法相同的方法，但是执行的过程却不同，并且需要使用 new 关键字。

开发者应该如何快速辨别出哪些是隐藏的成员呢？这可以从隐藏的主要表现形式入手。在 C#程序中，隐藏主要包括如下所示的 3 种形式。

(1)　在子类中引入常量、字段、属性、事件等，把基类中的同名成员隐藏起来。

(2)　在子类引入的函数方法隐藏所有同名的非方法基类成员，以及所有具有相同签名的基类方法。

(3)　子类隐藏的索引器会隐藏所有具有相同签名的基类索引器。

知识精讲

因为 C#不能隐藏运算符，所以在派生子类中不能声明与其基类相同的运算符。

在 C#程序中，只要重点关注上述三种修饰，就可以快速找出隐藏成员。例如在下面的代码中，子类 nn 隐藏了从基类 mm 中继承的成员 chuli()。这样虽然不会有语法错误，但是运行后会导致编译错误。

```
class mm{
public void chuli(){
    }
}
class nn:mm{
public void chuli(){
    }
}
```

为了避免上述错误，可以使用关键字 new 来修饰子类成员。例如在下面的代码中，使用关键字 new 来明确设置要隐藏基类的同名成员 chuli()。这指定了子类内的 chuli()是新的，并有意隐藏继承成员。

```
class mm{
public void chuli(){
    }
}
class nn:mm{
new public void chuli(){
    }
}
```

8.2.2 在子类中实现隐藏

实例 8-2：在子类中实现隐藏

源文件路径：daima\8\8-2

实例文件 Program.cs 的具体实现代码如下所示。

```
public class MyBase {                         //定义类 MyBase
    public static int x = 100 ;               //变量 x 的初始值是 100
}
  public class MyDerived : MyBase{  //定义类 MyDerived，设置其基类是 MyBase
    new public static int x = 50;   //利用 new 隐藏基类中的变量 x
    public static void Main() {
        Console.WriteLine("超哥隐藏实力了！");
        Console.WriteLine("现在 x 的值是：{0}", x);
    //输出当前 x 的值
        Console.WriteLine("其实 x 的真实值是：{0}",
MyBase.x);//访问隐藏基类的 x
    }
 }
```

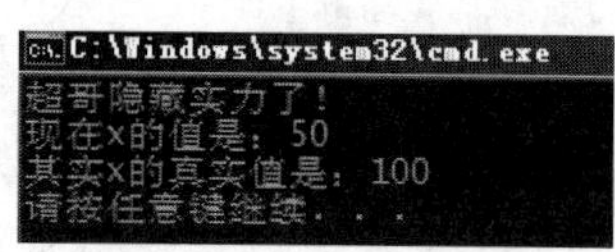

图 8-3　执行效果

执行程序后的效果如图 8-3 所示。

8.3 多　　态

在 C#语言中，变量、方法等成员可以呈现出各种各样的形态，具有多样性的表现方式，这被称为多态。在具有继承关系的 C#类中，不同对象的签名、相同函数的成员可以有不同的实现方式，这样就会产生不同的执行结果。C#的运行多态性是通过在子类中重写基类的虚方法或函数的成员来实现的。

↑扫码看视频

8.3.1 虚方法和虚方法重写

在 C#程序中，使用关键字 virtual 定义虚方法，没有用 virtual 关键字定义的方法被称为非虚方法。使用虚方法的语法格式如下所示。

```
修饰符 virtual 方法() {
}
```

知识精讲

关键字 virtual 不能和 static、abstrct 或 override 修饰符同时使用。并且因为虚拟成员不能是私有的，所以 virtual 也不能和 private 同时使用。

关键字 override 不能和 static、abstrct 或 virtual 修饰符同时使用。并且重写方法只能用于重写基类的虚方法。

在 C#程序中，如果在声明某方法时使用 override 修饰符，则称这个方法为重写方法。重写方法是用相同的签名来重写所继承的虚方法。其中虚方法的声明用于引入新方法，而重写方法的声明则使从基类继承来的虚方法专用化。

在 C#程序中，非虚方法的实现是不变的，无论是在声明方法类的实例中，还是在派生子类的实例中，当调用这个非虚方法时，它的实现都是相同的。也就是说，派生子类不能改变基类中声明的非虚方法实现。

实例 8-3：在继承类关系中使用方法

源文件路径：daima\8\8-3

本实例的功能是根据定义的方法输出对应处理结果，实现文件 Program.cs 的主要代码如下所示。

```
class class1 {                    //定义基类 class1
    public void F() {             //定义方法 F()
        Console.WriteLine("class1.F()\n");
    }
}
class class2 : class1{            //定义子类 class2，其基类是 class1
    new public void F(){          //使用关键字 new 将方法 F()隐藏
        Console.WriteLine("class2.F()\n");
    }
}
class Test{
    static void Main(){
        class1 a = new class1();//创建基类 class1 的对象 a
        class2 b = new class2();//创建基类 class2 的对象 b
        class1 c = b; //设置对象 c 编译时的类型为 class1，运行时的类型为 class2
        a.F();          //通过对象 a 调用方法 F()
        b.F();          //通过对象 b 调用方法 F()
        c.F();          //通过对象 c 调用方法 F()
        Console.ReadKey();
    }
}
```

```
class1.F()

class2.F()

class1.F()
```

图 8-4 实例执行结果

执行程序后将分别调用对应的处理方法而输出对应的文本，如图 8-4 所示。从执行结果可以看出，只要通过声明为 class1 的对象来引用方法 F()，就总是会调用 class1 的 F()。

8.3.2 多态的好处

在 C#语言中对多态性的定义是：同一操作作用于不同的类的实例，不同的类将进行不同的解释，最后产生不同的执行结果。在 C#程序中，如果在某个基类中使用关键字 virtual 声明了方法 F，则在子类中使用 override 重写方法 F。如果使用类型为基类对象 D 引用方法 F，则在编译时就不能确定实际调用的方法是基类中的 F，还是那个子类的 F。而只能根据对象 D 在运行时的类型来确定，这就使整个程序有不同的处理结果。这就是 C#的多态性的最大好处。

在 C#程序中，多态性对具体的编程项目也有巨大的作用。例如，可以将一组具有共同基类的对象放到一个特定数组内，然后通过声明为基类的对象调用它们的同名方法，这样不同类的对象就能分别调用它们各自对应的方法，从而简化了代码编写量，提高了开发效率。

1. 处理方法多态性

处理方法多态性即各类中方法具有多态性，例如下面实例的功能是根据定义的方法执行对应的处理方法。

实例 8-4：根据定义的方法执行对应的处理方法

源文件路径：daima\8\8-4

实例文件 Program.cs 的主要代码如下所示。

```
public class club {                   //定义基类 club
    public virtual void F() {         //声明虚方法 F()
        Console.WriteLine("生成\n");
    }
}
public class en : club{               //定义 club 的派生子类 en
    public override void F(){         //重写基类 club 的方法 F()，用于输出“英国”
        Console.WriteLine("英国\n");
    }
}
public class it : en  {               //定义 club 的派生子类 it
    public override void F(){         //重写基类 club 的方法 F()，用于输出“意大利”
        Console.WriteLine("意大利\n");
    }
}
public class sp : club{               //定义 club 的派生子类 sp
    public override void F(){         //重写基类 club 的方法 F()，用于输出“西班牙”
        Console.WriteLine("西班牙\n");
    }
}
public class ge : club{               //定义 club 的派生子类 ge
    public override void F() {        //重写基类 club 的方法 F()，用于输出“德国”
        Console.WriteLine("德国\n");
    }
```

```
        }
        class Test {
            static club[] Read(){           //通过 Read()获取类型
                int clubNum = 4;            //设置球队所属类型种类数为 4
                club[] clubs = new club[clubNum];     //定义数组 clubs
                clubs[0] = new en();                  //新建 clubs 的第 1 个元素
                clubs[1] = new ge();                  //新建 clubs 的第 2 个元素
                clubs[2] = new it();                  //新建 clubs 的第 3 个元素
                clubs[3] = new sp();                  //新建 clubs 的第 4 个元素
                return clubs;
            }
            static void F(club[] clubs){
             //定义方法 F()，遍历 clubs 中的元素，并调用对应前面的方法 F
                for (int i = 0; i < clubs.Length; ++i){//遍历 clubs 中的每一个元素
                    clubs[i].F();
                }
            }
            public static void Main(){
                club[] clubs = Read();          //新建 clubs
                F(clubs);                       //调用 F()，输出 clubs 里面的每一个元素
                Console.ReadKey();
            }
        }
    }
```

执行程序后将分别调用对应的处理方法而输出显示对应的文本，执行效果如图 8-5 所示。

图 8-5　实例执行结果

知识精讲

C#支持如下两种类型的多态性。

(1) 编译时的多态性。编译时的多态性是通过重载来实现的。对于非虚成员来说，系统在编译时，根据传递的参数、返回的类型等信息决定实现何种操作。

(2) 运行时的多态性。运行时的多态性是指直到系统运行时，才根据实际情况决定实现何种操作。在 C#中，运行时的多态性通过虚成员实现。

2. 更多成员的多态性

除了虚方法和方法重写外，C#语言还支持属性、索引器和事件的虚重写处理。即通过关键字 virtual 和 override 对属性、索引器和事件进行修饰，实现多态性效果。下面通过一个简单实例来说明处理属性多态性的具体使用，本实例的功能是根据定义的属性类型执行对应的处理方法。

实例 8-5：根据定义的属性类型执行对应的处理方法
源文件路径：daima\8\8-5

实例文件 Program.cs 的具体实现代码如下所示。

```
public class club{                   //定义基类club
    public virtual string Name{  //声明一个虚属性Name
        get  {
            return "会员\n";       //返回文本
        }
    }
    public virtual void F (){    //定义方法F()
        Console.WriteLine("生成用户\n");  //输出文本
    }
}
public class en : club{              //定义club的派生子类en
    public override string Name{ //重写基类club的属性Name
        get{
            return "会员\n";       //输出文本
        }
    }
    public override void F (){   //重写方法F()，用于生成用户
        Console.WriteLine("生成用户\n");  //输出文本
    }
}
class Test{
    public static void Main(){
        club a = new club();      //新建club对象a
        en b = new en();          //新建en对象b
        club c = b;               //新建club对象b
        Console.WriteLine(a.Name);
        Console.WriteLine(b.Name);
        Console.WriteLine(c.Name);
        Console.ReadKey();
    }
}
```

上述代码执行后将分别调用对应的处理方法而输出显示对应的文本，执行效果如图 8-6 所示。

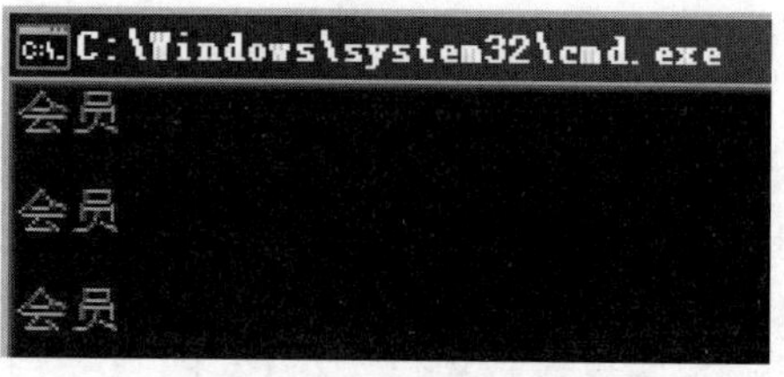

图 8-6　实例执行结果

在上述实例中，通过 virtual 和 override 对属性、索引器和事件进行修饰，实现多态性效果。通过使用多态的继承性，可以方便解决项目中的问题。通过继承，类在基类所在的同一实现中接受基类的所有方法、属性和事件。这样，便可根据需要来实现附加成员，而且可以重写基成员以提供不同的实现。请注意，继承类也可以实现接口，这两种技术不是互斥的。

智慧锦囊

C#通过继承提供多态性。对于小规模开发任务而言，这是一个功能强大的机制，但对于大规模系统，通常会存在问题。过分强调继承驱动的多态性一般会导致资源大规模地从编码转移到设计，这对于缩短总的开发时间没有任何帮助。

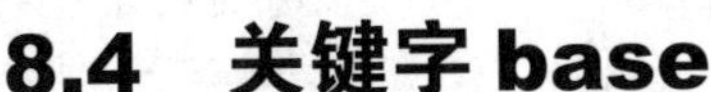

8.4　关键字 base

在 C#程序中，关键字 base 不但可以指定最先执行的构造函数，而且也可以进行 base 访问。本节将简要介绍 C#语言中关键字 base 的基本知识，让读者充分认识 C#这门功能强大的编程语言。

↑扫码看视频

8.4.1　base 访问

当在 C#程序中使用关键字 base 后，能够使用简写方式在派生类中调用基类成员。上述功能可以通过如下两种方法实现。

(1)　使用点运算符“.”实现，通过“base.”可以访问当前类成员所隐藏的基类成员。具体格式如下所示：

```
base.标识符
```

(2)　使用中括号对实现，具体格式如下所示：

```
base[表达式列表]
```

注意：base 只能在实例构造函数、实例方法或实例访问器的语句块中使用。当“base.”出现在某个类中时，点运算符“.”后面必须紧跟该类基类的一个成员。

8.4.2　使用 base 指定构造函数

在 C#程序中，在声明构造函数时可以使用 base 指定最先执行的构造函数。使用 base 指定构造函数的语法格式如下所示：

```
访问修饰符 类名([形参]) : base([实参])
  {
    处理语句块
}
```

在上述格式中，base 所表示的是该类的基类所声明的、形参与实参最为匹配的另一个实例的构造函数，此基类的构造函数会在执行这个当前声明的构造函数之前执行。下面将通过一个实例来说明使用 base 指定构造函数的具体流程。

实例 8-6：根据参数的匹配度按顺序执行对应的方法
源文件路径：daima\8\8-6

实例文件 Program.cs 的主要代码如下所示。

```
    class class1{                    //定义基类class1
        public class1(int n){       //定义构造函数class1 (int n)
            Console.WriteLine("class1.class1(int n)\n");
        }
         public class1(string s,int n):this(0){
         //定义构造函数class1(string s,int n)
             Console.WriteLine("class1.class1(string s,int n)\n");
         }
    }
    class class2 : class1{       //定义class1的派生子类class2
      public class2(int n):base(0){//定义构造函数nn(int n)
           Console.WriteLine("class2.class2(int n)\n");
        }
    }
    class Test{
        public static void Main(){
            Console.WriteLine("下面是学霸超哥的答案：\n");
            class2 b=new class2(1);  //新建class2对象b
            Console.ReadKey();
        }
    }
}
```

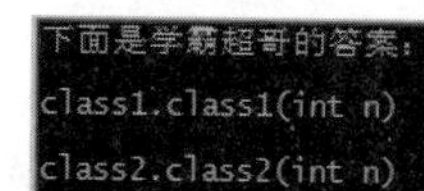
下面是学霸超哥的答案：
class1.class1(int n)
class2.class2(int n)

图 8-7　实例执行结果

执行程序后分别调用对应的处理方法以输出显示对应的文本，如图 8-7 所示。由执行效果可以看出，在执行类 class2 的构造函数 class2 (int n)前，预先执行了参数最为匹配的基类构造函数 class1 (int n)。

智慧锦囊

对于 C#语言中的构造函数来说，其调用的具体时机是最为重要的。要想掌握其调用时机，则必须掌握它的如下 4 个特点。

(1) 调用基类中已被其他方法重写的方法。

(2) 指定创建派生类实例时应调用的基类构造函数。

(3) 基类访问只能在构造函数、实例方法或实例属性访问器中进行。

(4) 在静态方法中使用 base 关键字是错误的。

概括起来就是“先执行基类的方法再执行派生类的方法”。base 关键字用于从派生类中访问基类成员，即使基类的方法已经在派生类中重写，仍可以使用 base 关键字调用。而且，在创建派生类的实例时，可以使用 base 关键字调用基类的构造函数。使用 base 关键字只能访问基类的构造函数、实例方法和实例属性，不能访问基类的静态方法。

8.5　抽象类和抽象方法

在 C#语言中，抽象类和抽象方法的好处是实现多态，最简单的一个作用是实现模板。抽象类和抽象方法起到一个框架作用，方便后期的调用和重写。抽象方法是为了程序的可扩展性，重写抽象方法时即可实现同名方法但又不同目的的要求。

↑扫码看视频

8.5.1　定义抽象类

抽象类和抽象方法是 C#语言中的重要概念之一，通过抽象类和抽象方法可以实现特定的处理功能。在 C#程序中，抽象类不和具体的事物相联系，它只能表达一种抽象的概念，只为它的派生子类提供一个公共接口界面。抽象类是不完整的类，在定义时需要使用 abstract 修饰符，具体语法格式如下：

```
访问修饰符 abstract class 类名 : 基类\接口{
    处理语句块
  }
```

在 C#语言中，抽象类主要有如下所示的 4 个特点。

(1) 抽象类不能被直接实例化，并且在使用 new 运算符时会导致编译错误。

(2) 允许抽象类包含抽象成员。

(3) 抽象类不能被密封。

(4) 当从一个抽象类中派生出一个非抽象类时，需要在非抽象子类中重写抽象方法，以便独立实现某些特定功能。

8.5.2　抽象成员

因为在 C#程序中不用声明抽象类的具体实现，所以只需预留一个接口作为派生子类的继承界面，这些成员就称之为抽象成员。抽象成员可以是方法、属性、索引器和事件。C#语言抽象成员的主要特点如下所示。

(1) 只能在抽象类中定义抽象成员。

(2) 在声明类的成员时，使用修饰符 abstract 即可定义一个抽象成员。

(3) 抽象成员不能是私有的，所以不能同时和 private 修饰符使用。

实例 8-7：根据定义的方法执行对应的处理方法

源文件路径：daima\8\8-7

实例文件 Program.cs 的主要代码如下所示。

```
public abstract class club  {          //使用 abstract 定义抽象类 club
    public abstract void F();          //声明抽象方法 F()
}
public class qiudui : club  {          //定义 club 的派生子类 qiudui
    public override void F()  {        //重写基类 club 的抽象方法 F()
        Console.WriteLine("生成英国的\n");
    }
}
public class en : qiudui{              //定义 qiudui 的派生子类 en
    public override void F(){          //重写其基类的方法 F()
        Console.WriteLine("生成德国的\n");
    }
}
public class it : club{                //定义 club 的派生子类 it
    public override void F(){          //重写其基类的方法 F()
        Console.WriteLine("生成意大利的\n");
    }
}
public class sp : club{                //定义 club 的派生子类 sp
    public override void F(){          //重写其基类的方法 F()
        Console.WriteLine("生成西班牙的\n");
    }
}
class Test{
    static club[] Read(){              //通过 Read()获取 club 类型
        int clubNum = 4;               //设置 club 所属类型种类数为 4
        club[] clubs = new club[clubNum];
        clubs[0] = new qiudui();       //定义 clubs 的第 1 个对象
        clubs[1] = new sp();           //定义 clubs 的第 2 个对象
        clubs[2] = new en();           //定义 clubs 的第 3 个对象
        clubs[3] = new it();           //定义 clubs 的第 4 个对象
        return clubs;

    }
    static void F(club[] clubs){       //定义方法 F()，遍历 clubs 中的每一个元素
        for (int i = 0; i < clubs.Length; ++i){
            clubs[i].F();
        }
    }
    public static void Main(){
        club[] clubs = Read();         //新建 clubs
        F(clubs); //调用方法 F()，输出 clubs 中的每一个元素
        Console.ReadKey();
    }
}
```

生成英国的
生成西班牙的
生成德国的
生成意大利的

图 8-8　实例执行结果

执行程序后，将分别调用对应的处理方法输出对应的文本，如图 8-8 所示。

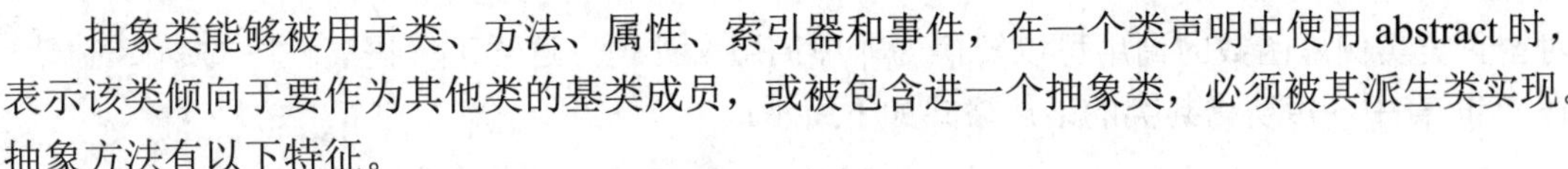

抽象类能够被用于类、方法、属性、索引器和事件，在一个类声明中使用 abstract 时，表示该类倾向于要作为其他类的基类成员，或被包含进一个抽象类，必须被其派生类实现。抽象方法有以下特征。

- 一个抽象方法可以看作是一个虚函数。
- 抽象方法的声明只能在抽象类中。
- 抽象方法的声明只提供一个无实现的方式，没有方法体。
- 抽象方法体的实现被覆写方法提供，覆写方法是一个非抽象类的成员。
- 抽象属性的行为和抽象方法相像，除了不同的声明形式。
- 在一个静态属性中使用 abstract 是一个错误。

智慧锦囊

在使用抽象类时必须注意如下两点。

(1) 一个抽象类必须为所有的接口成员提供实现。

(2) 一个用于实现接口的抽象类可能把接口方法安排到抽象方法上。

例如下面的代码:

```
interface I {
   void M();
}
abstract class C: I {
   public abstract void M();
}
```

8.6　密封类和密封成员

如果在 C#程序中的所有的类都能被继承，则将会导致继承的滥用情形。这样会使整个项目程序的结构变得错综复杂，不利于对系统的维护。此时很有必要根据项目的具体需要，对类和其成员进行密封。

↑扫码看视频

8.6.1　密封类

当一个类被密封后，就不能被其他的类所继承。在 C#程序中，使用修饰符 sealed 来密封一个类。当用 sealed 修饰符声明密封类后，如果这个密封类被其他类所继承，就会产生编译错误。通过密封类可以防止在程序内发生意外的派生。因为密封类不能被继承，所以对密封类实例虚函数的调用可以转换为非虚调用来处理，这样可以提高程序的运行性能。在 C#语言中，声明密封类的语法格式如下所示：

```
访问修饰符 sealed class 类名 : 基类\接口{
语句块
}
```

8.6.2 密封成员

在 C#的非密封类中，如果要防止一个实例成员在子类中被重写，可以将该成员设置为密封成员。具体方法是，在该成员声明时使用修饰符 sealed 来修饰。C#中的密封成员可以是密封方法、密封属性、密封索引和密封事件，其中密封方法在现实中最为常见。

在 C#程序中，并不是所有的函数方法都能被密封。因为密封方法只能用于对基类的虚方法进行重写，并提供具体实现。所以在密封方法声明时，修饰符 sealed 需要和修饰符 override 同时使用。通过使用 sealed 修饰，可以防止派生子类重写该方法。另外，sealed 修饰不能和 sealed 修饰符同时使用。

实例 8-8：使用密封类和密封方法
源文件路径：daima\2\2-6

实例文件 Program.cs 的具体实现代码如下所示。

```
public class myClass1{
    public virtual void ShowInfo(){          //虚方法，用来显示信息
    }
}
public sealed class myClass2 : myClass1{     //密封类，继承自 myClass1
    private string id = "";                  //string 类型变量，用来记录编号
    private string name = "";                //string 类型变量，用来记录名称
    public string ID{                        //定义编号属性 ID
        get{
            return id;
        }
        set{
            id = value;
        }
    }
    public string Name  {                    //定义名称属性 Name
        get{
            return name;
        }
        set {
            name = value;
        }
    }
    public sealed override void ShowInfo(){//定义密封并重写基类中的 ShowInfo 方法
        Console.WriteLine(ID + " " + Name);
    }
}
class Program {
```

```
        static void Main(string[] args){
            myClass2 myclass2 = new myClass2();    //实例化密封类对象
            myclass2.ID = "BH0001";                //为密封类中的编号属性赋值
            myclass2.Name = "TM";                  //为密封类中的名称属性赋值
            myclass2.ShowInfo();                   //调用密封类中的密封方法
        }
    }
```

执行后的效果如图 8-9 所示。

```
C:\Windows\system32\cmd.exe
BH0001 TM
```

图 8-9　执行效果

8.7　实践案例与上机指导

通过本章的学习，读者基本可以掌握 C#继承与多态的知识。其实 C#继承与多态的知识还有很多，这需要读者通过课外渠道来加深学习。下面通过练习操作，达到巩固学习、拓展提高的目的。

↑扫码看视频

8.7.1　使用静态类

在 C#语言中使用 static 修饰符修饰静态类，具体语法格式如下所示。

```
访问修饰符 static class 类名{
语句块
}
```

静态类的主要作用是共享，开发者用静态类最多的地方就是程序配置部分，因为这部分具有共享特性，在多个窗体中都需要调用，更主要的就是其在程序启动的时候就被初始化了。

实例 8-9：使用静态类计算对应图像的面积
源文件路径：daima\8\8-9

实例文件 Program.cs 的主要实现代码如下所示。

```
public static class mianji{         //使用 static 定义静态类 mianji
    public const double pai = 3.14; //定义 double 类型常量 pai，并设置其值为 3.14
    public static double yuan(double radius){
     //定义计算圆面积的方法 yuan()
```

```
            return 3.0 * pai * radius; //返回圆的面积
        }
        public static double juxing(double width, double height){
         //定义矩形面积的计算方法 juxing()
            return width * height;              //返回矩形的面积
        }
        public static double zheng(double width){
         //定义正方形面积的计算方法 zheng()
            return width * width;
        }
    }
    class Test{
        public static void Main(){
            double mianji1 = mianji.yuan(3.77);
//定义类 mianji 的实例对象 mianji1，设置了半径的值
            double mianji2 = mianji.juxing(3.8, 9.2);
//定义类 mianji 的实例对象 mianji2，设置了长和宽的值
            double mianji3 = mianji.zheng(4.77);
//定义类 mianji 的实例对象 mianji3，设置了边长的值
            Console.WriteLine("圆的面积为:
         {0}\n", mianji1);
            Console.WriteLine("矩形的面积为:
         {0}\n", mianji2);
            Console.WriteLine("正方形的面积为:
         {0}\n", mianji3);
```

```
圆的面积为：35.5134

矩形的面积为：34.96

正方形的面积为：22.7529
```

图 8-10　实例执行结果

执行程序后将分别调用对应的面积计算方法输出对应图形的面积，如图 8-10 所示。

智慧锦囊

在使用 C#静态类时必须注意如下 3 点。

(1) 一个类要想成为静态类，必须使用 static 修饰符显式地进行定义，否则不会自动成为静态的类。

(2) 只能使用静态类来直接引用它的成员，不能将静态类作为基类、成员构造类型、泛型变量和类型参数约束。

(3) 静态类不能被用于数组类型、指针类型、new 表达式、强制转换表达式、is 表达式、as 表达式、sizeof 表达式和默认值表达式。

8.7.2 定义并使用接口

在接口内只包含函数成员的数据结构是引用类型的一种。在 C#程序中，通过关键字 interface 来声明接口，具体语法格式如下所示。

```
接口修饰符 interface 接口名 : 基类列表{
    处理语句块
}
```

类会继承由其基类提供的所有接口的实现，如果不显式地重新实现接口，那么派生类将无法以任何方式更改它从基类继承来的接口映射。

实例 8-10：实现接口和继承

源文件路径：daima\8\8-10

实例文件 Program.cs 的具体实现代码如下所示。

```
interface mm {                  //定义接口 mm
    void zhixing();             //定义方法 zhixing
}
class aa:mm{                    //定义类 aa，设置其基接口为 mm
    public virtual void zhixing(){   //定义方法 zhixing
        Console.WriteLine("调用的是 aa.zhixing()\n"); //输出文本
    }
}
class bb:aa {                   //定义类 bb，设置其基类为 aa
    public override void zhixing(){ //重新定义方法 zhixing
        Console.WriteLine("调用的是 bb.zhixing()\n");
    }
}
class Text{                     //定义类 Text，并定义函数 Main 进行测试处理
    public static void Main(string[] args){
        aa c=new aa();     //新建 aa 对象 c
        bb t=new bb();     //新建 bb 对象 t
        mm cc=c;     //定义接口实例对象 cc
        mm tt=t;     //定义接口实例对象 tt
        c.zhixing(); //调用 c 对象的处理方法 zhixing()
        t.zhixing(); //调用 t 对象的处理方法 zhixing()
        cc.zhixing();//调用 cc 对象的处理方法 zhixing()
        tt.zhixing();//调用 tt 对象的处理方法 zhixing()
```

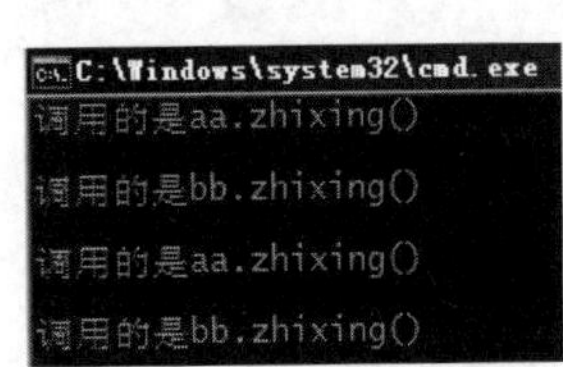

图 8-11　实例执行结果

执行程序后将分别调用对应的处理方法输出对应的信息，执行效果如图 8-11 所示。由执行结果可以看出，虽然类 nn 隐藏了 aa 中的方法 chuli，但是并不能更改 aa.chuli 到 mm.chuli 的映射。同时，在上述实例中，重写方法后不能更改类到接口的映射。

8.8　思考与练习

本章详细讲解了 C#继承和多态的知识，循序渐进地讲解了继承、隐藏、多态、使用 base、抽象类和抽象方法、密封类和密封成员等知识。在讲解过程中，通过具体实例介绍了使用 C#继承和多态的方法。通过本章的学习，读者应该熟悉使用 C#继承和多态的知识，并掌握它们的使用方法和技巧。

一、选择题

(1) C#在声明类时定义继承，在子类和它的继承基类之间用(　　)隔开。

A. 冒号　　B. 逗号　　C. 问号　　D. 句号

(2) 在 C#程序中，使用关键字(　　)定义虚方法。

A. virtual　　B. var　　C. class　　D. virtuale

二、判断对错

(1) 在 C#程序中，如果在声明某方法中使用 override 修饰符，则称这个方法为重写方法。(　　)

(2) 在 C#程序中，非虚方法的实现是不变的，无论是在声明方法类的实例中，还是在派生子类的实例中，当调用这个非虚方法时，它的实现都是相同的。也就是说，派生子类不能改变基类中声明的非虚方法实现。(　　)

三、上机练习

(1) 实现一个简单的继承。

(2) 将父类的引用指向子类的实例。

第 9 章

字符串与正则表达式

本章要点

- 字符串
- 正则表达式

本章主要内容

字符串是 C#语言中重要的数据类型之一，通过对字符串的赋值可以实现项目中需要的功能。正则表达式是一种描述字符串匹配的模式，它能够对字符串实现指定功能的操作。本章将详细讲解字符串与正则表达式的知识，并通过具体的实例来介绍其具体使用流程。

9.1 字 符 串

字符串是一种基本的数据类型，在现实项目中使用比较广泛，几乎所有的字符输出都需要用到字符串，例如文本、数字、英文字母等内容都是通过字符串输出的。本节将详细讲解 C#字符串的知识。

↑扫码看视频

9.1.1 两种字符串格式

C#语言支持两种字符串格式，分别是规则字符串和逐字字符串。

1. 规则字符串

规则字符串是由包含在双引号中的零个或多个字符组成的，并且组成的字符可以是简单转义字符、十六进制转义字符和 Unicode 转义序列。

2. 逐字字符串

逐字字符串是由字符“@”和其后面双引号内的零个或多个字符组成的，例如@"Thanks"。在逐字字符串中，除引号外的分隔符之间的字符被全部解释。在逐字字符串中不能处理简单转义字符、十六进制转义字符和 Unicode 转义序列。

例如，下面的代码定义了一些字符串，其中字符“\t”是空格转义字符。

```
string a="hello,sunyang"
string b=@"hello,sunyang"
string c="hello \t sunyang"
string d="hello \t sunyang"
string e=@"hello \t sunyang"
```

9.1.2 string 和 String

在 C#程序中，可以使用关键字 string 来声明一个字符串，C#语言中的 string 和 System.String 是完全等价的。字符串是 Unicode 字符的连续集合，可以表示文本。System.String 是 System.Char 对象的连续集合，String 的值构成该连续集合的内容。

在 C#程序中，一旦产生 String 值，后面就不能被修改了。要想修改 String 的内容，实际上是通过返回一个包含修改后内容的新 String 方式实现的。在类 System.String 中定义了多个方法和属性来实现具体的功能，具体说明如下所示。

(1) 字段 Empty：表示空字符串，是一个只读字段。

(2) String 属性：分为 Chars 和 Length 两个属性，具体说明如下所示。

➢ 属性 Chars：获取实例中位于指定字符位置的字符。

➢ 属性 Length：获取此实例中的字符数。

(3) String 方法：此方法是 String 的核心，String 可以通过其本身的方法函数，实现功能强大的字符串处理。String 中常用的方法信息如表 9-1 所示。

表 9-1　String 方法列表

方　法	描　述
Clone	返回对此 String 实例的引用
Compare	比较两个 String 对象
CompareOrdial	通过计算每个字符串中对应 Char 对象的数值来比较 String
CompareTo	将此实例和指定对象或 String 进行比较
Concat	连接 String 的一个或多个实例
Contains	返回指定字符是否在某 String 对象中存在的值
Copy	复制一个指定的 String
CopyTo	将指定字符复制到 Unicode 字符数组中的指定位置
EndsWith	验证 String 实例结尾是否和指定字符相同
Equals	确定两个 String 是否相同
Format	将指定字符串进行格式化处理
GetEumerator	循环访问字符串中的每个字符对象
GetTypeCode	返回 String 的 TypeCode
IndexOF	检索出指定字符在指定 String 对象内的第一次位置
IndexOFAny	检索在 Unicode 数组中任意字符对象内的第一次位置
Insert	在指定索引位置插入一个指定 String 实例
Intern	检索系统对 String 的引用
IsInterned	检索对指定 String 的引用
IsNormallized	设置指定字符串是否符合特定 Unicode 范式
IsNullOrEmpty	设置某字符串是空引用还是 Empty 字符串
Join	在指定 String 数组元素之间串联指定分隔符 String
LastIndexOf	检索出指定字符在指定 String 对象内的最后一次位置
LastIndexOfAny	检索在 Unicode 数组中任意字符对象内的最后一次位置
Normalize	返回一个二进制表示的、形式符合特定 Unicode 范式的新字符串
op_Equality	确定两指定 String 对象值是否相同
op_Inequality	确定两指定 String 对象值是否不相同
PadLeft	在字符串左侧添加字符，以便补足指定的长度
PadRight	在字符串右侧添加字符，以便补足指定的长度
Remove	删除某字符串的指定字符

续表

方 法	描 述
Replace	用指定字符替换指定字符串的指定字符
Split	设置分隔某字符串的分隔符号
StarsWith	验证 String 实例开头是否与指定字符串相同
Substring	从此实例检索子字符串
ToCharArray	将此实例字符复制到 Unicode 字符数组
ToLower	将此 String 转换为小写字符形式
ToLowerInvariant	返回字符转换为小写的结果，使用固定区域的大小写规则
ToUpper	将此 String 转换为大写字符形式
ToUpperInvariant	返回字符转换为大写的结果，使用固定区域的大小写规则
Trim	从指定实例开始和结尾处删除和指定字符
TrimEnd	从指定实例的结尾处删除和指定字符
TrimStart	从指定实例的开始处删除和指定字符

9.1.3 连接字符串和提取字符串

在 C#语言中，通过连接字符串可以实现指定字符串的连接，通过提取字符串可以从字符串中将指定字符提取出来。下面通过一个具体的实例来说明连接和提取字符串的基本流程。

实例 9-1：输出连接的字符串和提取的字符串
源文件路径：daima\9\9-1

实例文件 Program.cs 的主要代码如下所示。

```
string aa = "sunyang";        //定义了 string 类型字符串 aa
string bb = "是冠军";          //定义了 string 类型字符串 bb
aa += bb;                     //设置 aa=aa+bb
System.Console.WriteLine(aa);
aa = aa.Substring(2, 5);      //提取索引 2 到 5 的字符串
System.Console.WriteLine(aa);
```

在上述代码中，分别定义了 string 类型字符串 aa 和 bb，并设置 aa 的值是 aa 和 bb 初始值的联合。然后通过提取字符串方法 Substring()，实现了从 aa 指定位置的提取处理。执行后的效果如图 9-1 所示。

```
sunyang是冠军
nyang
```

图 9-1 实例执行效果

9.1.4 分隔字符串

在 C#语言中，分隔字符串方法 Split()的功能是分隔指定数组内的字符串数据。下面通过一个具体的实例来说明分隔字符串的基本流程。

实例 9-2：分隔字符串
源文件路径：daima\9\9-2

实例文件 Program.cs 的主要代码如下所示。

```
static void Main(string[] args) {
    string aa = "我 是 的 的";      //定义字符串 aa
    char[] separator = { ' ' };   //定义分隔标记
    string[] bb;                  //定义数组 bb
    bb = aa.Split(separator);     //调用 Split()方法进行分隔
    foreach (string word in bb){
        Console.WriteLine("{0}\n", word);
  }
```

在上述代码中，定义了字符串 aa 和数组 bb，然后通过字符串方法 Split()将数组内的数据进行了分隔处理。程序执行后的效果如图 9-2 所示。

图 9-2　实例执行效果

9.1.5　实现字符大小写处理

在 C#语言中，使用字符串的字符大、小写处理方法，可以将指定字符串的字符转换成大写或小写。下面通过一个具体的实例来说明实现字符大小写处理的基本流程。

实例 9-3：实现字符大小写处理
源文件路径：daima\9\9-3

实例文件 Program.cs 的主要代码如下所示。

```
string aa = "My name AAAAA";
System.Console.WriteLine(aa.ToUpper());
System.Console.WriteLine(aa.ToLower());
```

在上述代码中定义了字符串 aa，然后分别通过方法 ToUpper()将数组内的字符进行了大写转换，通过方法 ToLower()将数组内的字符进行了小写转换。程序执行后的具体结果如图 9-3 所示。

图 9-3　实例执行效果

9.1.6　字符串比较

在 C#语言中，使用比较运算符“==”和“!=”可以比较指定的字符串。例如下面的实例演示了对指定字符串进行比较的方法。

实例 9-4：比较指定的字符串
源文件路径：daima\9\9-4

实例文件 Program.cs 的主要实现代码如下所示。

```
string aa = "我是 AA";        //定义字符串 aa
string bb = "我 是 A A";      //定义字符串 bb
string cc = "我是 AA";        //定义字符串 cc
```

```
char[] separator = { ' ' };
if (aa==bb){        //判断 aa 和 bb 是否相等
    System.Console.WriteLine("两者相同");
}
if (aa != bb){          //判断 aa 和 bb 是否不相等
    System.Console.WriteLine("两者不相同");
}
if (aa == cc){          //判断 aa 和 cc 是否相等
    System.Console.WriteLine("两者相同");
}
```

在上述代码中，分别定义了字符串 aa、bb 和 cc，其中 aa 和 cc 相同。然后通过比较运算符“==”和“！=”对上述字符串进行了比较处理。程序执行后的具体结果如图 9-4 所示。

图 9-4　实例执行效果

在 C#语言中，使用字符串对象内的 CompareTo()方法也可以比较指定的字符串，下面通过一个具体的实例来说明使用 CompareTo()方法的基本流程。

实例 9-5：使用 CompareTo()方法比较字符串
源文件路径：daima\9\9-5

实例文件 Program.cs 的主要代码如下所示。

```
string aa = "我是 AA";             //定义字符串 aa
string bb = "我 是 A A";           //定义字符串 bb
char[] separator = { ' ' };
if (aa.CompareTo(bb) > 0){         //如果 aa 大于 bb
            System.Console.WriteLine("aa 大于 bb");
}
  else{                            //如果 aa 不大于 bb
            System.Console.WriteLine("aa 小于等于 bb");
  }
```

在上述代码中，分别定义了字符串 aa 和 bb，并且 aa 和 bb 的值不相同。然后通过运算符比较方法 CompareTo()对上述字符串进行比较处理，执行后的效果如图 9-5 所示。

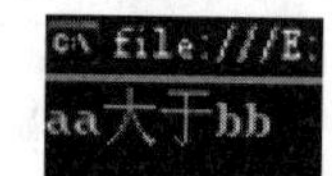

图 9-5　实例执行效果

9.1.7　字符搜索

在 C#语言中，通过字符串处理方法可以从指定字符串内检索出指定字符。如果没有检索到指定的字符，则返回-1；反之则返回目标字符的位置。下面通过一个具体的实例来说明实现字符检索的基本流程。

实例 9-6：实现字符检索
源文件路径：daima\9\9-6

实例文件 Program.cs 的主要代码如下所示。

```
static void Main(string[] args){
        string aa = "我是 AA";
```

```
            System.Console.WriteLine(aa.IndexOf("是"));
            System.Console.WriteLine(aa.IndexOf("AA"));
            Console.ReadKey();
    }
```

在上述代码中，设置了字符串 aa 的值是“我是 AA”，然后通过字符检索方法 IndexOf()检索 aa 内的字符“是”和“AA”。程序执行后将显示检索到的上述两字符的位置，具体结果如图 9-6 所示。

图 9-6　实例执行效果

9.1.8　字符复制

在 C#语言中，通过字符串处理方法 Copy()和 CopyTo()，能够将某字符串复制到另一个指定字符串或 Char 类型的数组。下面通过一个具体的实例来说明实现字符复制的基本流程。

实例 9-7：实现字符复制
源文件路径：daima\9\9-7

实例文件 Program.cs 的主要实现代码如下所示。

```
string aa = "abc";
string bb = "ede";
Console.WriteLine("aa='{0}'",aa);
Console.WriteLine("bb='{0}'",bb);
Console.WriteLine("\n 将 aa 复制到 bb 后\n");
bb = String.Copy(aa);
Console.WriteLine("aa='{0}'", aa);
Console.WriteLine("bb='{0}'", bb);
Console.ReadKey();
```

在上述代码中分别设置了字符串 aa 和 bb，并各自赋予了不同的值，然后通过 WriteLine()输出了上述变量的值；通过字符复制方法 Copy()将 aa 的值复制到了 bb 中，然后通过 WriteLine()输出了上述变量的值。程序执行后将显示复制后的字符串值，执行效果如图 9-7 所示。

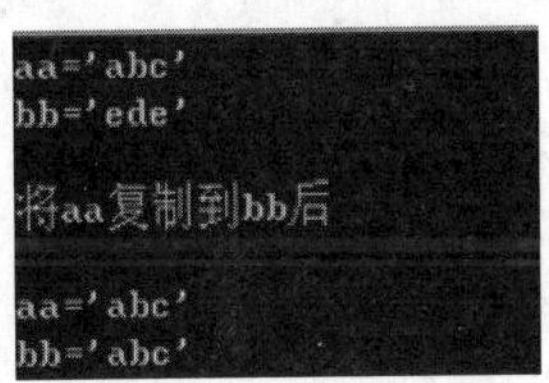

图 9-7　实例执行效果

9.1.9　字符修改

在 C#语言中，通过字符串修改方法可以对某字符串的值进行插入、删除、移位等处理，并且可以对字符串的某特定部分进行修改，处理后会返回一个新的字符串。下面通过一个简单实例来说明修改字符串内容的具体流程。

实例 9-8：使用字符串修改方法
源文件路径：daima\9\9-8

本实例的功能是根据输入内容显示修改后的文本，实例文件 Program.cs 的主要实现代码如下所示。

```
string animal1 = "我";                //定义字符串 animal1
string animal2 = "你";                //定义字符串 animal2
```

```
string strTarget = "我是你的什么";//定义字符串 strTarget
Console.WriteLine("原字符串:{0}", strTarget);//输出字符串 strTarget
Console.Write("请输入一个(或一组)修饰{0}的形容词: ==> ", animal1);
 //通过 ReadLine()获取第 1 次输入的值，并将值赋给 adj1
string adj1 = Console.ReadLine();
Console.Write("请输入一个(或一组)修饰{0}的形容词: ==> ", animal2);
 //通过 ReadLine()获取第 2 次输入的值，并赋给 adj2
string adj2 = Console.ReadLine();
adj1 = adj1.Trim() + " ";    //通过 Trim()方法将 adj1 的值进行移位处理
adj2 = adj2.Trim() + " ";    //通过 Trim()方法将 adj2 的值进行移位处理
strTarget = strTarget.Insert(strTarget.IndexOf(animal1), adj1);
 //通过 Insert()方法将 adj1 的值进行添加字符处理
strTarget = strTarget.Insert(strTarget.IndexOf(animal2), adj2);
 //通过 Insert()方法将 adj2 的值进行添加字符处理
Console.WriteLine("结果字符串:{0}", strTarget);
strTarget = strTarget.PadLeft(strTarget.Length + 5, '+');
 //通过方法 PadLeft()对 adj1、adj2 对齐处理
strTarget = strTarget.PadRight(strTarget.Length + 5, '-');
 //通过方法 PadRight()对 adj1、adj2 对齐处理
Console.WriteLine("扩充后字符串:{0}", strTarget);
```

执行程序后将分别输出显示对应结果，如图 9-8 所示。

```
原字符串:我是你的什么
请输入一个（或一组）修饰我的形容词: ==> 优乐美
请输入一个（或一组）修饰你的形容词: ==> 帅哥
结果字符串:优乐美 我是帅哥 你的什么
扩充后字符串:+++++优乐美 我是帅哥 你的什么-----
```

图 9-8　实例执行效果

9.1.10　字符格式化

在 C#程序中，使用 Format()方法可以格式化某字符串内的指定字符。例如将字符替换为数字、日期、数字和时间等格式。在 C#程序中有如下 5 种使用 Format 的格式。

- String.Format (String, Object)：将指定的 String 中的格式项替换为指定的 Object 实例的值的文本等效项。
- String.Format (String, Object[]): 将指定的 String 中的格式项替换为指定数组中相应 Object 实例的值的文本等效项。
- String.Format (IFormatProvider, String, Object[]): 将指定的 String 中的格式项替换为指定数组中相应 Object 实例的值的文本等效项。指定的参数提供区域性特定的格式设置信息。
- String.Format (String, Object, Object)：将指定的 String 中的格式项替换为两个指定的 Object 实例的值的文本等效项。
- String.Format (String, Object, Object, Object)：将指定的 String 中的格式项替换为三个指定的 Object 实例的值的文本等效项。

下面的实例，就是使用 Format()创建了一个整型变量的字符串。

实例 9-9：字符格式化处理
源文件路径：daima\9\9-9

实例文件 Program.cs 的具体实现代码如下所示。

```
int x = 16;           //int 类型变量，初始值是 16
decimal y = 3.57m;  //decimal 类型变量 y，初始值是 3.57m
//使用 Format()创建一个整型变量的字符串
string h = String.Format("item {0} sells at {1:C}", x, y);
```

执行后的效果如图 9-9 所示。

图 9-9　执行效果

9.1.11　可变字符串的类

在 C#程序中，StringBuilder 表示可变字符串的类，它在 System.Text 命名空间内被定义。StringBuilder 通过本身定义的方法和属性来实现具体的功能，StringBuilder 中的常用属性如表 9-2 所示。

表 9-2　StringBuilder 属性列表

属　性	描　述
Capacity	设置可包含当前实例所分配的内存中的最大字符数
Chars	获取实例中指定位置的字符
Length	获取当前 StringBuilder 对象的长度
MaxCapacity	获取此实例的最大容量

StringBuilder 中的常用方法如表 9-3 所示。

表 9-3　StringBuilder 方法列表

属　性	描　述
Append	在实例结尾追加指定对象字符串的表示形式
AppendFormat	向实例中追加多个规范、格式化的字符串
AppendLine	将默认行终止符追加到此实例结尾
CopyTo	将指定实例字符复制到目标字符数组的某字段
EnsureCapacity	保证此 StringBuilder 的容量至少是指定值
Equals	判断两个 StringBuilder 对象是否相等
Insert	将指定对象字符串插入到指定对象内
Remove	在某对象内删除指定字符串
Replace	将某对象内的指定字符替换
ToString	将 StringBuilder 值转换为 String

实例 9-10：使用 StringBuilder 处理字符串

源文件路径：daima\9\9-10

实例文件 Program.cs 的主要代码如下所示。

```
//创建一个能够容纳 50 个字符的 StringBuilder 对象，并将它初始化为 ABCD
StringBuilder mm = new StringBuilder("ABCD", 50);
//将三个字符 (D, E 和 F) 添加到 StringBuilder 对象末尾
mm.Append(new char[] { 'D', 'E', 'F' });
//将一个格式字符串添加到 StringBuilder 对象末尾
mm.AppendFormat("GHI{0}{1}", 'j', 'K');
//显示 StringBuilder 对象中字符数和整个字符串
Console.WriteLine("{0} 个字符: {1}\n", mm.Length, mm.ToString());
//将一个字符串插入到 StringBuilder 对象的开头
mm.Insert(0, "Myname: ");
//用大写 J 替换字符串中的小写 j
mm.Replace('j', 'J');
//显示 StringBuilder 对象中字符数和整个字符串
Console.WriteLine("{0} 个字符: {1}\n", mm.Length, mm.ToString());
//删除最开始的两个字符
mm.Remove(0, 2);
//显示 StringBuilder 对象中字符数和整个字符串
Console.WriteLine("{0} 个字符: {1}\n", mm.Length, mm.ToString());
```

执行程序后将分别输出对应结果，如图 9-10 所示。

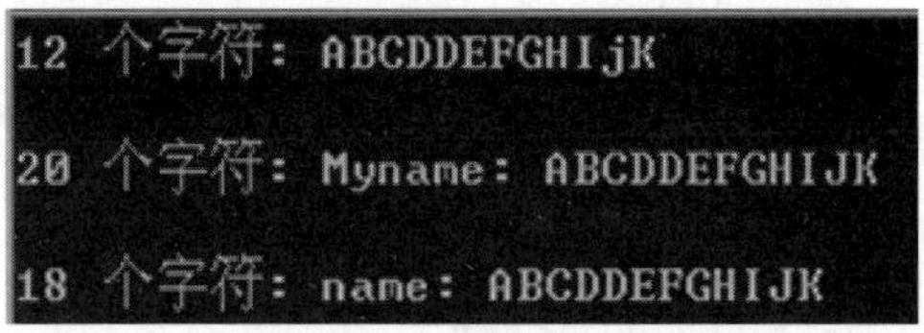

```
12 个字符: ABCDDEFGHIjK

20 个字符: Myname: ABCDDEFGHIJK

18 个字符: name: ABCDDEFGHIJK
```

图 9-10　实例执行效果

9.2　正则表达式

在 C#程序中，使用正则表达式可以灵活、迅速地实现功能强大的文本处理。正则表达式可以快速分析指定文本，并找到特定的字符模式，从而实现提取、编辑、替换和删除指定字符串的功能。

↑扫码看视频

9.2.1　C#正则表达式基础

在现实应用中，正则表达式被广泛应用在 HTML 处理、日志文件等应用程序中。例如在编写处理字符串的程序或者网页时，经常会要查找符合某些复杂规则的字符串，正则表达式就是用于描述这些规则的工具。换句话说，正则表达式就是记录文本规则的代码。例如现实中常见的邮箱格式验证、电话号码验证、密码安全级别验证都可以使用正则表达式来实现，并且只需要几行代码就可以实现，而无须编写大量的代码。

在微软的.NET 框架系统中，在命名空间 System.Text.RegularExpressions 中定义了专用的正则表达式类库。正则表达式类库可以和面向公共语言运行时的任何语言或工具一起使用。

9.2.2　正则表达式的语言

正则表达式的语言是正则表达式的核心，它可以将文档内要搜索的文本、转义序列和特定字符组合在一起，这样就能实现特定需求的字符检索。正则表达式的语言由原义文本字符和元字符这两种字符类型组成。其中，原义文本字符是某字符的原始实际字符；元字符是一些处理字符，能够实现特定功能的处理。正则表达式的元字符由 5 种类型构成，接下来将一一讲解。

1. 转义符类型

使用转义符类型可以将文本内的下一个字符转换为特殊字符。C#正则表达式内只有一个转义字符，即“\”。例如，“n”被转义为换行。

2. 定位点类型

定位点类型可以对文本内的指定字符进行定位处理。在 C#正则表达式内有多个定位点类型，具体说明如表 9-4 所示。

表 9-4　定位点类型列表

字　符	描　述
\	用于匹配输入字符串的开始位置
$	用于匹配输入字符串的结尾位置
\A	用于匹配输入字符串的开头的位置
\b	用于匹配字符内的空白字符
\B	用于匹配字符内的非空白字符
\G	设置匹配必须出现在上一个匹配结束的地方
\z	用于匹配输入字符串的结尾位置
\Z	用于匹配输入字符串的结尾和换行符之前位置

3. 限定符类型

限定符类型的功能是，对文本内的指定字符进行限定处理。在 C#正则表达式中有多个限定符类型，具体说明如表 9-5 所示。

表 9-5 限定符类型列表

字　符	描　述
*	用于指定 0 个或多个匹配
+	用于指定 1 个或多个匹配
?	用于指定 0 个或 1 个匹配
{n}	用于指定正好 n 个匹配
{n,}	用于指定至少 n 个匹配
{n,m}	用于指定大于 n 但小于 m 个匹配
*?	设置尽可能少地使用重复的第一个匹配
+?	设置尽可能少地使用重复但至少使用 1 次
??	设置使用 0 次或 1 次重复
{n}?	对前面的字符重复 n 次，尽量少重复
{n,}?	设置尽可能少地使用重复但至少使用 n 次
{n,m}?	设置尽可能少地使用重复，但要在 n 和 m 之间

4. 匹配模式类型

匹配模式的功能是，对文本内的指定字符进行各种模式的匹配处理。在 C#正则表达式内有多个匹配模式类型，具体说明如表 9-6 所示。

表 9-6 匹配模式类型列表

字　符	描　述
?	当此字符后紧跟限定符之后时，匹配模式是检索到尽可能短的字符串
.	用于匹配除“\n”之外的任何单个字符
(pattern)	用于匹配 pattern 并捕获该匹配的子表达式
(?:pattern)	用于匹配 pattern 但是不捕获该匹配的子表达式
(?=pattern)	执行正向预测搜索表达式，此表达式的匹配位置是 pattern 字符串的起始点的搜索字符串
(?!pattern)	执行反向预测搜索表达式，此表达式的匹配位置不是 pattern 字符串的起始点的搜索字符串

5. 字符匹配类型

字符匹配类型的功能是，对文本内的指定字符设置匹配的字符。在 C#正则表达式内有多个字符匹配类型，具体说明如表 9-7 所示。

表 9-7　字符匹配类型列表

字　符	描　述
x|y	用于匹配 x 或 y
[xyz]	用于匹配里面的字符
[^xyz]	用于匹配里面没有的字符
[a-z]	用于匹配指定范围内的字符
[^a-z]	用于匹配指定范围内没有的字符
\cx	用于匹配 x 指示的字符
\d	数字字符匹配
\D	非数字字符匹配
\f	换页符匹配
\n	换行符匹配
\r	回车符匹配
\s	空白符匹配
\S	非空白符匹配
\t	制表符匹配
\v	垂直制表符匹配
\w	任何字类字符匹配
\W	任何非字类字符匹配
\xn	匹配里面的十六进制转义码 n
\num	匹配正整数 num
\n	与换行符 lu000A 匹配
\nm	标识一个八进制转义码或反向引用
\nml	当 n 是八进制数 0～3，m 和 1 是八进制数 0～7 时，匹配八进制转义码 1
\un	匹配四位十六进制数表示的 Unicode 字符 n

正则表达式的模式设置在文本搜索时要匹配的一个或多个字符串，例如，下面的代码就是用于验证两位数字、一个连接字符和 5 位数字组成的 id 号。

```
\d{2}-\d{5}
```

9.2.3　正则表达式类

在命名空间 System.Text.RegularExpressions 中定义了 7 个常用的正则表达式类，分别是 Regex、Match、MatchCollection、GroupCollection、CaptureCollection、Group 和 Capture。上述各个类之间的关系如图 9-11 所示。

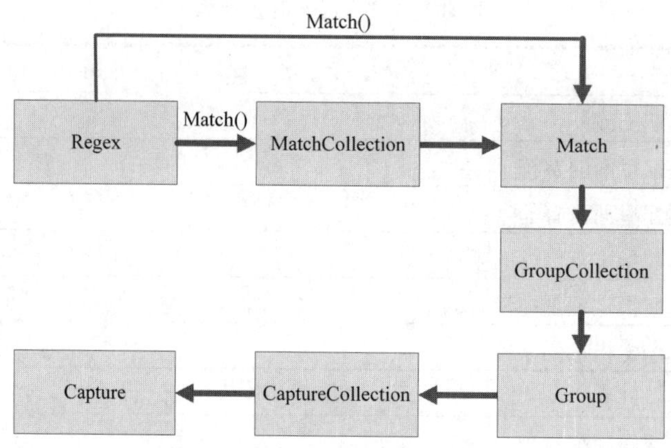

图 9-11　各个正则表达式类对象的关系

1. Regex

在 C#语言中，Regex 表示只读的正则表达式，这样的正则表达式是不可变的。在 Regex 内使用了各种静态方法，允许不显式地创建其他类的新实例，以使用其他正则表达式类。在类 Regex 中有如下 4 种方式的构造方法。

- Regex()：用于初始化 Regex 类的新实例。
- Regex(String)：为指定的正则表达式初始化并编译 Regex 类的一个新实例。
- Regex(SerializationInfo,StreamingContext)：用序列化数据初始化 Regex 类的新实例。
- Regex(String, RegexOptions)：用修改模式选项为指定的正则表达式初始化并编译 Regex 类的一个新实例。

在 Regex(String, RegexOptions)方式中，可以在构造方法内传入一个 RegexOptions 枚举值，用于设置正则表达式的选项。RegexOptions 定义值的具体说明如下所示。

- Compiled：设置将正则表达式编译为程序集。
- CultureInvariant：设置忽略语言中的区域性差异。
- ECMAScript：设置表达式启用符合 ECMAScript 的行为。
- ExplicitCapture：设置有效捕获仅为形式为(?<name>…)的显式命名或编号的组。
- IgnoreCase：设置不区分大、小写的匹配。
- IgnorePatternWhitespce：消除模式中的非转义空白，并启用使用#标记的注释。
- Multiline：多行模式，用于更改^和$的含义。
- None：指定不设置选项。
- RightToLeft：设置搜索从右向左进行。
- SingleLine：设置为单行模式。

2. Match

在 C#语言中，类 Match 表示正则表达式匹配操作的结果。使用类 Regex 中的 Match()方法，可以返回 Match 类型对象，以便找到输入字符串中的第一个匹配项。例如在下面的代码中，使用了类 Match 的 Match.Success 属性来验证是否找到匹配。

```
Regex mm=new Regex("abc");
Match nn=mm.Match("345abc123");
if (nn.Success)
Console.WriteLine("匹配的位置是：", nn.Index);
```

3. MatchCollection

在 C#语言中，类 MatchCollection 用于表示成功的、非重叠匹配序列。类 MatchCollection 是只读的，没有公共构造方法。MatchCollection 实例由 Regex.Matches 方法返回。下面通过一个简单实例来说明使用 MatchCollection 类的具体流程。

实例 9-11：使用 MatchCollection 类

源文件路径：daima\9\9-11

实例文件 Program.cs 的主要实现代码如下所示。

```
Regex mm = new Regex("abc");    //定义类 Regex 对象 mm，设置要检索字符串是"abc"
//设置检索对象 nn 的值是 321abc456cdef33abc333abcdef
MatchCollection nn = mm.Matches("321abc456cdef33abc333abcdef");
//使用 Matches()方法开始检索
String[] shuzu = new String[20];         //新建数组 shuzu
int[] zu = new int[20];                  //新建数组 zu
  for (int i = 0; i < nn.Count; i++){    //将检索结果保存在数组 shuzu 和 zu 内
     shuzu[i] = nn[i].Value;
     zu[i] = nn[i].Index;
Console.WriteLine("shuzu[{0}]=\"{1}\",zu[{2}]={3}",i,shuzu[i],i,zu[i]);
//逐一输出检索结果
```

执行程序后将输出字符串“321abc456cdef33abc333abcdef”内的字符串“abc”的位置，如图 9-12 所示。

```
shuzu[0]="abc",zu[0]=3
shuzu[1]="abc",zu[1]=15
shuzu[2]="abc",zu[2]=21
```

图 9-12　实例执行效果

4. GroupCollection

在 C#语言中，类 GroupCollection 能够在捕获某个集合的同时返回单个匹配中捕获的组的集合。这个集合是只读的，没有公共构造方法。类 GroupCollection 的实例在 Match.Groups 方法中返回。例如在下面的实例中，演示了查找并输出由正则表达式捕获数组数目的过程。

实例 9-12：查找并输出由正则表达式捕获的数组数目

源文件路径：daima\9\9-12

实例文件 Program.cs 的主要代码如下所示。

```
static void Main(string[] args){
    Regex mm = new Regex("(a(b))c");
    Match nn = mm.Match("abdabcdcbabccscab");
Console.WriteLine("找到组的数量是：{0}", + nn.Groups.Count);
Console.ReadKey();
}
```

在上述代码中，定义了类 Regex 实例对象 mm，设置了“abc”“ab”和“b”的组。然后使用 Match 属性，返回了 nn 内检索到的上述组的数量，执行效果如图 9-13 所示。

```
找到组的数量是：3
```

图 9-13　实例执行效果

5. CaptureCollection

在 C#语言中，类 CaptureCollection 可以设置捕获的子字符串序列，并返回由单个捕获组执行的集合。一个捕获组可以在单个匹配中捕获多个字符串。其中 Math 和 group 共同提供 Captures 属性，便于对捕获的子字符串集合的访问。

实例 9-13：使用 CaptureCollection 类
源文件路径：daima\9\9-13

实例文件 Program.cs 的主要代码如下所示。

```
static void Main(string[] args){
  String ss = "ABCDABCDabcdABcd";        //定义要检索的字符串
  Console.WriteLine("字符串：{0}", ss);
  Regex rr = new Regex("(AB)+");         //新建 Regex 对象 rr
  Match mm = rr.Match(ss);               //新建 Match 对象 mm
  GroupCollection gg = mm.Groups;        //新建 GroupCollection 对象 gg
  Console.WriteLine("捕获到的数组：{0}", gg.Count);
  int counter;
  CaptureCollection cc;
    for (int i = 0; i < gg.Count; i++){     //遍历检索
      cc= gg[i].Captures;
      counter = cc.Count;
      Console.WriteLine("捕获到的数目：{0}", counter);
}
```

在上述代码中，使正则用表达式“(AB)+”来检索字符串“ABCDABCDabcdABcd”中的一个或多个匹配，然后使用 Captures 属性返回了多组捕获的子字符串。具体执行结果如图 9-14 所示。

图 9-14　实例执行效果

6. Group

在 C#语言中，类 Group 用于表示来自单个捕获组的结果。因为 Group 可以在单个匹配中捕获 0 个、1 个或多个字符串，所以里面也包含 Captures 对象的集合。并且因为 Group 继承于 Capture，所以可以直接访问最后捕获的子字符串。Group 实例有如下两种返回情况：

(1) Match.Groups(groupnum)属性返回。

(2) Match.Groups("groupname")属性返回：此时使用“(?<groupname >)”分隔符。

实例 9-14：使用 Group 类
源文件路径：daima\9\9-14

实例文件 Program.cs 的主要代码如下所示。

```
static void Main(string[] args) {
   Regex rr = new Regex("(a(b))c");
   Match mm = rr.Match("abdabcabcabd");
   int[] aa = new int[20];
   String[] ss = new String[20];
   for (int i = 0; mm.Groups[i].Value!= ""; i++){
      ss[i] = mm.Groups[i].Value;
```

```
                aa[i] = mm.Groups[i].Index;
                Console.WriteLine(" 捕 获 到 的 结 果 : ss[{0}]=\"{1}\",aa[{2}]=
{3}\n", i,ss[i],i,aa[i]);
            }
            Console.ReadKey();
        }
```

在上述代码中，分别定义了检索对象 rr 的值是检索字符串“abc”“ab”和“b”的组；然后通过嵌套的方式分组构造来将子字符串捕获到组中。具体执行效果如图 9-15 所示。

```
捕获到的结果: ss[0]="abc",aa[0]=3
捕获到的结果: ss[1]="ab",aa[1]=3
捕获到的结果: ss[2]="b",aa[2]=4
```

图 9-15　实例执行效果

7. Capture

在 C#语言中，类 Capture 包含来自单个子表达式的捕获结果。例如在下面代码中，从 Group 中的每个成员中提取 Capture 集合，并且将变量 pp 和 ll 分配给找到每一个字符串的初始字符串中的位置。

```
static void Main(string[] args){
        Regex rr = new Regex("(ab)*");
        Match mm = rr.Match("bcabcabc");
        CaptureCollection cc;
        int pp, ll;
        for (int i = 0; mm.Groups[i].Value != ""; i++){
            cc = mm.Groups[i].Captures;
            for (int j = 0; i < cc.Count; j++){
                pp = cc[j].Index;
                ll = cc[j].Length;
            }
        }
        Console.ReadKey();
    }
```

9.3　实践案例与上机指导

通过本章的学习，读者基本可以掌握 C#字符串和正则表达式的知识。其实 C#字符串和正则表达式的知识还有很多，这需要读者通过课外渠道来加深学习。下面通过练习操作，达到巩固学习、拓展提高的目的。

↑扫码看视频

9.3.1　使用分隔符分隔

在 C#语言中，通过分隔符能够将指定的字符串实现拆分处理。通过 Regex 类内的 Split()

方法，能够实现字符串拆分功能。Regex 类提供了 5 种不同形式的 Split()方法，其中有 2 种是静态方法。静态 Split 方法能够独立、单独地使用正则表达式，不用显式地创建 Regex 对象。

实例 9-15：使用分隔符
源文件路径：daima\9\9-15

实例文件 Program.cs 的主要代码如下所示。

```
static void Main(string[] args)  {
    Console.Write("输入一段文字(按 Enter 结束)：");
    string s = Console.ReadLine();
    string[] ss = Regex.Split(s, @"\.|,|;|:|。|，|；|：");
    Console.WriteLine("\n==>将你输入的句子按照上述分隔符进行分割处理,处理
                   后的结果是：");
    foreach (string str in ss)
        Console.WriteLine(str);
    Console.ReadKey();
}
```

在上述代码中，根据 ss 内的分隔符号对输入控制台的字符串进行分隔处理。例如，输入“aaaaaaaaaa,bbbbb.ccccc”后的处理结果如图 9-16 所示。

```
输入一段文字（按Enter结束）：aaaaaaaaaa,bbbbb.ccccc

==>将你输入的句子按照上述分隔符进行分割处理,处理后的结果是：
aaaaaaaaaa
bbbbb
ccccc
```

图 9-16　实例执行效果

9.3.2　字符检索处理

字符检索处理功能常被用到，在实际项目中我们常常需要对用户输入的信息进行验证。如：匹配用户输入的内容是否为数字，是否为有效的手机号码，邮箱是否合法等。例如下面实例功能是验证字符是否是数字或是否包含数字。

实例 9-16：验证字符是否是数字或是否包含数字
源文件路径：daima\9\9-16

实例文件 Program.cs 的具体实现代码如下所示。

```
static void Main(string[] args){
    string RegexStr = string.Empty;
    RegexStr = "^[0-9]+$";//匹配字符串的开始和结束是否为 0-9 的数字[定位字符]
    Console.WriteLine("判断'R1123'是否为数字:{0}",
        Regex.IsMatch("R1123", RegexStr));
    Console.WriteLine("判断'1123'是否为数字:{0}",
        Regex.IsMatch("1123", RegexStr));
    RegexStr = @"\d+";
```

```
//匹配字符串中间是否包含数字(这里没有从开始进行匹配，任意位置只要有一个数字即可)
            Console.WriteLine("'R1123'是否包含数字:{0}",
                Regex.IsMatch("R1123", RegexStr));
            Console.WriteLine("'博客园'是否包含数字:{0}", Regex.IsMatch("博客园",
                            RegexStr));
            RegexStr = @"^Hello World[\w\W]*";
              //以 Hello World 开头的任意字符(\w\W：组合可匹配任意字符)
            Console.WriteLine("'HeLLO WORLD xx hh xx'是否以 Hello World 开
头 :{0}", Regex.IsMatch("HeLLO WORLD xx hh xx", RegexStr, RegexOptions.
IgnoreCase));
            Console.WriteLine("'LLO WORLD xx hh xx'是否以 Hello World 开头:{0}",
Regex.IsMatch("LLO WORLD xx hh xx", RegexStr, RegexOptions.IgnoreCase));
          //RegexOptions.IgnoreCase：指定不区分大小写的匹配
        }
```

执行后的效果如图 9-17 所示。

```
C:\WINDOWS\system32\cmd.exe
判断'R1123'是否为数字:False
判断'1123'是否为数字:True
'R1123'是否包含数字:True
'博客园'是否包含数字:False
'HeLLO WORLD xx hh xx'是否以Hello World开头:True
'LLO WORLD xx hh xx'是否以Hello World开头:False
请按任意键继续. . .
```

图 9-17　执行效果

知识精讲

在 C#语言中，使用类 Regex 中的方法 Replace()可以替换指定的字符串。例如在下面代码中，将“我很高兴”替换为“我很好”。

```
Regex rr =new Regex("我很高兴");
string soutput = regex. Replace(sinput, "我很好");
```

和方法 Split()类似，Replace()也有静态方法的形式。静态 Replace()方法和使用指定的正则表达式模式构造 Regex 对象等效，并能调用 Replace 实例方法。使用静态 Replace()方法能够独立使用正则表达式，而不必显式地创建 Regex 对象。

9.4　思考与练习

本章详细讲解了 C#字符串和正则表达式的知识。通过本章的学习，读者应该熟悉使用 C#字符串和正则表达式的知识，掌握其使用方法和技巧。

一、选择题

(1)　在 C#程序中使用分隔符时，如果指定了 count 的值，则只能将字符串拆分为(　　)

个字符串。

A. count B. count+1 C. count-1 D. count++

(2) 表示非负整数(正整数 +0)的正则表达式是( )。

A. "^\d+$" B. "^[0-9]*[1-9][0-9]*$"

C. "^((-\d+)|(0+))$" D. "^-[0-9]*[1-9][0-9]*$"

二、判断对错

(1) 在 C#程序中，可以使用关键字 string 来声明一个字符串，C#语言中的 string 和 System.String 是完全等价的。 ( )

(2) 在 C#语言中，通过连接字符串可以实现指定字符串的连接，但是提取字符串不能够从字符串中将指定字符提取出来。 ( )

三、上机练习

(1) 替换字符串。

(2) 拆分字符串。

第 10 章

委托与事件

本章要点

- 使用委托
- 使用事件

本章主要内容

在 C#语言中，委托是一种引用类型，在里面存储了对方法的引用。委托实际上是一种类型安全的、使用回调的方法。事件是一种重要的函数成员，类和对象使用事件来通知其他对象发生的行为或某条件已成立。事件通过使用委托后，能够密封触发时将要调用的方法。在本章内容中，将详细介绍 C#委托与事件的基本知识。

10.1 使用 C#委托

在 C#程序中，使用委托可以解决在其他编程语言中需要使用函数指针来处理的问题，使用委托的最终目的是将方法作为方法的参数来使用。而事件通过使用委托后，能够密封触发时将要调用的方法。在本节的内容中，将简要介绍 C#语言委托的基本知识。

↑扫码看视频

10.1.1 委托基础

使用委托的主要好处是可以把方法作为参数或属性来赋值或传递，而事件是委托的一种具体应用。我们可以将委托理解为是一种接口，通过具体的方法实现这个接口。在开发阶段只需要关心委托的定义就可以调用，而不用关心它如何实现或者在哪里实现。再举一个比较现实的例子，软件巨头通常会为开发者提供一些 API 接口，例如微软公司提供的 Windows API，苹果公司提供的各种控件、事件和属性。开发人员根据自己的项目需求，只需直接调用这些 Windows API、控件、事件和属性即可实现我们需要的功能。但是这些 Windows API、控件、事件和属性具体是怎么实现的呢？微软公司和苹果公司也没说，只是给了我们语法规则。上述过程就体现了委托和事件的好处：别人只需给你开放入口，开发者只需编码实现自己的功能即可。以后如果你经历了观察者设计模式，就能真正理解委托和事件的作用了。

知识精讲

委托和函数比较类似，和函数相比主要有如下 4 点区别。

(1) 委托是匿名的。

(2) 委托是面向对象和类型安全的，而函数的指针是不安全的类型。

(3) 委托同时密封了对象实例和方法，而函数指针仅指向函数成员。

(4) 委托不会关心它所密封的方法或所属的类，它只是负责实现这些方法和委托的类型相兼容。

10.1.2 声明委托

在 C#语言中，使用关键字 delegate 声明委托，具体语法格式如下所示。

```
修饰符 delegate 返回类型 委托名(形参);
```

- 修饰符：包括访问修饰符和 new，不能在同一个委托内多次使用同一个修饰符。修饰符 new 用于隐藏从基类继承而来的同名委托。public、protected、internal 和 private 用于控制委托类型的可访问性，根据具体的需要可以不允许使用某个修饰符。
- 委托名：因为 C#委托名是一种标识符，所以需要遵循标识符的命名规则，并且最好能体现出委托的含义和用途。
- 形参：可选，用来指定委托的参数。
- 返回类型：用于设置委托的返回类型。

在 C#程序中，如果一个方法和某委托相兼容，则这个方法必须具备如下两个条件。

(1) 两者具有相同的签名，即具有相同的参数数量，并且类型、顺序和参数修饰符也相同。

(2) 两者的返回类型相同。

例如，在下面的代码声明了一个 int 类型的委托 weituo，并且包含了 Object 类型的参数 mm，int 类型的参数 i。

```
delegat int weituo(Object mm,int i);
```

上述委托可以和下面代码中的方法 chuli()相兼容：

```
int chuli(Object mm,int i);
```

智慧锦囊

对于结构相同的委托，在实例中进行比较时，可以被认为是相等的关系。通过使用“==”和“！=”重载运算符，可以直接对委托实例进行比较。例如下面的代码：

```
A1 aa1=new A1(zz);
A2 aa2=new A2(zz);
Console.WriteLine(aa1==aa2);
```

委托的类型是从 System.Delegate 类派生来的，被隐含为密封的。C#语言规定，不允许从一个委托类中派生出其他的类型，也不允许从 System.Delegate 派生出非委托类的类型。通过委托创建实例后，这个实例就密封了一个调用列表，在这个列表中包含了一个或多个方法。在此委托实例中存储了对调用列表中各个方法的引用，所以用合适的参数来调用委托的实例，和用这个参数集来顺序调用列表中的方法是等效的。看下面的一行代码：

```
public delegat int weituo(double db,Int i);
```

当编译器处理上面的委托声明时，将会在里面定义一个如下格式的类：

```
public class weituo : System.MulticastDelegat;{
    public weituo(double db1,Int ii);          //声明构造函数
    public int mm(double db1,Int ii);          //和委托的声明一致
}
```

在声明一个委托时，可以在任何位置声明这个委托，包括命名空间、类和编译单元等里面。

在 C#语言中，可使用关键 new 创建一个委托实例，具体语法格式如下所示。

```
委托名 实例名 =new 委托名(参数);
```

如果委托实例的参数是一个方法，则表示创建的既可以是实例方法，也可以是静态方法，但是必须确保方法和委托相兼容。如果委托实例的参数是委托名，则设置实例创建委托副本。

10.1.3 委托的前世今生

在C#语言中，委托在.NET Framework中的应用非常广泛，然而较好地理解委托和事件对很多接触C#时间不长的人来说并不容易。委托就像是一道槛儿，过了这个槛儿的人，觉得C#语言真是太容易了，而没有过去的人每次见到委托和事件就觉得混身不自在。

C#程序中的委托是一个类，它定义了方法的类型，使得可以将方法当作另一个方法的参数来进行传递，这种将方法动态地赋给参数的做法，可以避免在程序中大量使用if-else(Switch)语句，同时使得程序具有更好的可扩展性。请看下面两个简单的方法。

```
public void GreetPeople(string name) {
    //做某些额外的事情，比如初始化之类
    EnglishGreeting(name);
}
public void EnglishGreeting(string name) {
    Console.WriteLine("Morning, " + name);
}
```

上述代码非常简单，功能是在屏幕上输出一句问候语。方法GreetPeople的功能是向某人问好，当传递代表某人姓名的name参数(比如Jimmy)时，在这个方法中会调用方法EnglishGreeting，这时将再次传递name参数，方法EnglishGreeting用于在屏幕中输出“Morning, Jimmy”。但是世界在变化，假设现在这个程序需要进行全球化，有部分人不明白“Morning”是什么意思，怎么办呢？这时只能再增加一个中文版的问候方法，例如下面代码：

```
public void ChineseGreeting(string name){
    Console.WriteLine("早上好, " + name);
}
```

但是这时方法GreetPeople也需要进行修改，不然无法判断到底用哪个版本的问候方法合适。所以在进行上述操作之前，最好再定义一个枚举作为判断的依据，例如下面的代码：

```
public enum Language{
    English, Chinese
}
public void GreetPeople(string name, Language lang){
    //做某些额外的事情，比如初始化之类
    swith(lang){
        case Language.English:
            EnglishGreeting(name);
            break;
       case Language.Chinese:
```

```
            ChineseGreeting(name);
            break;
        }
    }
```

但是上述改进还是有问题，只是解决了当前问题而已。这个解决方案的可扩展性很差，如果日后需要再添加韩文版、日文版，就不得不反复修改枚举和 GreetPeople()方法以适应新的需求。在考虑新的解决方案之前，先看看方法 GreetPeople 的签名：

```
public void GreetPeople(string name, Language lang)
```

其中，string 是参数类型，name 是参数变量，当我们赋给 name 字符串“Jimmy”时，它就代表“Jimmy”这个值；当我们赋给它“小鸟”时，它又代表着“小鸟”这个值。然后，可以在方法体内对这个 name 进行其他操作。如果再仔细想想，假如方法 GreetPeople()可以接受一个参数变量，这个变量可以代表另一个方法，当我们给这个变量赋值 EnglishGreeting 的时候，它代表着 EnglsihGreeting()这个方法；当给它赋值 ChineseGreeting 的时候，它又代表着 ChineseGreeting()方法。我们将这个参数变量命名为 MakeGreeting，那么不是可以如同给 name 赋值一样，在调用 GreetPeople()方法的时候，给这个 MakeGreeting 参数也赋上值 (ChineseGreeting 或者 EnglsihGreeting 等)吗？然后，在方法体内也可以像使用别的参数一样使用 MakeGreeting。但是，由于 MakeGreeting 代表着一个方法，它的使用方式应该和它被赋的方法(比如 ChineseGreeting)是一样的，比如：

```
MakeGreeting(name);
```

根据上述思路，对方法 GreetPeople()进行如下修改：

```
public void GreetPeople(string name, *** MakeGreeting){
    MakeGreeting(name);
}
```

在上述代码中，“***”这个位置通常放置的应该是参数的类型，但到目前为止，仅仅是想到应该有个可以代表方法的参数，并按这个思路去改写 GreetPeople 方法，现在就出现了一个大问题：这个代表着方法的 MakeGreeting 参数应该是什么类型的？

智慧锦囊

这里已不再需要枚举了，因为在给 MakeGreeting 赋值的时候是动态地决定使用哪个方法，是 ChineseGreeting 还是 EnglishGreeting，而在这个两个方法内部，已经对使用“morning”还是“早上好”作了区分。

这时该委托出场了。在讲述委托之前，我们再看看参数 MakeGreeting 所能代表的 ChineseGreeting()和 EnglishGreeting()方法的签名：

```
public void EnglishGreeting(string name)
public void ChineseGreeting(string name)
```

如同 name 可以接受 string 类型的“true”和“1”，但不能接受 bool 类型的 true 和 int 类型的 1 一样，MakeGreeting 的参数类型定义应该能够确定 MakeGreeting 可以代表的方法种类。再进一步讲，就是 MakeGreeting 可以代表方法的参数类型和返回类型。此时委托的作用是定义了 MakeGreeting 参数所能代表的方法的种类，也就是 MakeGreeting 参数的类型。也就是说，string 定义了 name 参数所能代表的值的种类，也就是 name 参数的类型。通过如下代码定义一个委托：

```
public delegate void GreetingDelegate(string name);
```

与上面 EnglishGreeting()方法的签名进行对比，会发现除了加入了 delegate 关键字以外，其余的完全一样。现在再次改动 GreetPeople()方法，具体代码如下所示：

```
public void GreetPeople(string name, GreetingDelegate MakeGreeting){
   MakeGreeting(name);
}
```

此时委托 GreetingDelegate 出现的位置与 string 相同，string 是一个类型，那么 GreetingDelegate 应该也是一个类型，或者叫类(Class)。但是委托的声明方式和类却完全不同，这是怎么一回事？实际上，委托在编译的时候确实会编译成类。因为 Delegate 是一个类，所以在任何可以声明类的地方都可以声明委托。现在，请看看上述过程的完整实现代码。

实例 10-1：使用委托解决国际化问题

源文件路径：daima\10\10-1

实例文件 Program.cs 的主要实现代码如下所示。

```
//定义委托 GreetingDelegate，它定义了可以代表的方法的类型
public delegate void GreetingDelegate(string name);
class Program{       //定义类
   private static void EnglishGreeting(string name){
    //定义方法 EnglishGreeting()
      Console.WriteLine("Morning, " + name);
   }
   private static void ChineseGreeting(string name){
    //定义方法 ChineseGreeting()
      Console.WriteLine("早上好, " + name);
   }
    //注意下面的方法 GreetPeople()，它接受一个 GreetingDelegate 类型的方法作为参数
   private static void GreetPeople(string name,
    GreetingDelegate MakeGreeting){
      MakeGreeting(name);        //委托类型 MakeGreeting
   }
   static void Main(string[] args) {
      GreetPeople("Small Bird", EnglishGreeting);
        //调用方法 GreetPeople()
      GreetPeople("小鸟", ChineseGreeting);//调用方法 GreetPeople()
```

执行效果如图 10-1 所示。

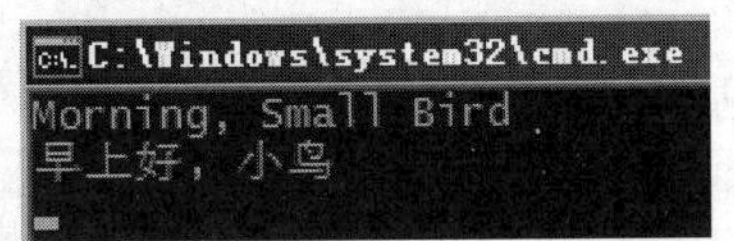

图 10-1　执行效果

10.1.4 使用委托

当在 C#程序中实现一个委托实例化后，可以像传递参数一样来传递这个对象。委托会把对它进行的方法调用传递给方法，调用方传递给委托的参数被传递给方法，方法的返回值由委托返回给调用方。被委托实例所密封的方法集合被称为调用列表。当使用方法来创建委托实例时，这个委托实例会密封该方法，并将其作为调用列表内的第一个方法。

在 C#语言中，为调用委托提供了专用的语法，具体说明如下所示。

- 当调用非空、调用列表仅包含一个方法的委托实例时，会调用列表中的这个方法，并且委托调用所使用的参数和返回值，分别与该方法的参数和返回值相同。
- 如果在调用过程中发生异常，但是在调用方法中没有捕获到异常，则会在调用委托的方法内继续检索和该异常对应的 catch 子句。

1. 静态方法创建

在具体的项目应用中，可以使用静态方法来创建委托实例。

实例 10-2：使用静态方法创建委托实例
源文件路径：daima\10\10-2

实例文件 Program.cs 的主要实现代码如下所示。

```
public delegate int weituo(string message);     //声明委托 weituo
   public class Test {                           //定义类 Test
      static int chuli(string msg){              //声明静态方法 chuli()
         Console.WriteLine(msg);
         return msg.Length;                      //返回 msg 长度
      }
      //使用委托实例作为参数
      static void chuliTitle(weituo mm){         //声明静态方法 chuliTitle()
         mm("====================================");
         mm("            使用委托!!!            ");
         mm("====================================");
      }
      public static void Main(){
         weituo mm = new weituo(chuli);          //新建委托对象实例 mm
         string s = "直接调用委托实例";            //给变量 s 赋初始值
         int n = mm(s);                          //直接调用委托实例
         chuliTitle(mm);                         //将委托实例作为参数来传递
```

在上述实例中定义了委托 weituo，并将委托实例 mm 当作参数进行了方法传递，然后通过调用静态方法 chuliTitle()输出对应的文本。执行效果如图 10-2 所示。

图 10-2　实例执行结果

智慧锦囊

委托和事件在.NET Framework 中的应用非常广泛，然而，较好地理解委托和事件对很多接触 C#时间不长的人来说并不容易。所有的委托都继承自 MulticastDelegate，编译器在编译时会为委托的声明生成一个完整的委托类。关于编译器生成的委托类及 Invoke 方法的调用情况，可通过使用 ILDAsm.exe 查看执行文件的 IL 代码获得。

2. 动态方法创建

在 C#程序中，也可以使用动态方法来创建委托实例。

实例 10-3：使用动态方法创建委托实例

源文件路径：daima\10\10-3

实例文件 Program.cs 的主要代码如下所示。

```
public delegate int weituo(string message); //定义委托 weituo
public class nn  {                          //定义类 nn
   public int Print(string msg){            //定义方法 Print()
      Console.WriteLine(msg);
      return msg.Length;
   }
}
public class lei  {                         //定义类 lei
   public void chuli(weituo class2)         //使用委托实例作为参数{
      class2("==================================");
      class2("          使用委托!!!    ");
      class2("==================================");
   }
}
public class Test  {
   public static void Main(){
      nn pp = new nn();                     //新建类 nn 对象实例 pp
      weituo class2 = new weituo(pp.Print);//新建委托对象实例 class2
      string s = "直接调用委托实例";
      int n = class2(s);         //直接调用委托实例
      lei pc = new lei();        //新建类 lei 对象实例 pc
      pc.chuli(class2);          //将委托实例 class2 作为参数进行了方法传递
```

在上述实例代码中，定义了委托 weituo，并将委托实例 class2 作为参数进行了方法传递，然后通过调用实例方法 chuli()输出了对应的文本。执行效果如图 10-3 所示。

图 10-3　实例执行结果

知识精讲

委托跟回调函数是很有渊源的。回调其实跟通知机制有关，考虑这样一个基本的事件序列：a 对象调用了 b 对象的某个方法，希望 b 对象在其方法完成之时调用 a 对象的某个方法。要实现这样的过程，要求 b 对象持有 a 对象的引用(引用一般作为 b 对象方法的参数传入)，且“知道” a 对象的那个特定方法。这个方法就是我们说的那个回调函数。

从本质上看，.NET 的委托类型是一种类型安全的指向方法的对象(C++中如函数指针)抑或是指向一系列方法的对象。所谓类型安全指类型必须匹配，变量或引用不能指向一个不是该类的对象，类型安全由编译器保障，违反类型安全编译时会给出提示。对函数指针而言，就是返回值、入口参数的数目、类型和顺序一致。委托一般都是滞后调用，编写委托实现的人一般不知道何时该方法被调用。不像传统的 C++方法指针，.NET 的委托是类且具有内建支持，可进行异步和广播式的调用。

3. 委托链

因为 C#委托是多路广播的，所以可以将多个委托实例组合在一起，这样就构成了委托链。此时委托链中所有的委托调用列表被连接在一起，组成了一个新的调用列表，这个新列表包含了两个或更多的方法。在 C#程序中，可以使用二元运算符“+”和“+=”来组合委托，可以使用一元运算符“-”和“-=”来删除委托实例。当使用委托组合处理和删除处理后，将会生成一个新的委托。该委托有其独立的调用列表，被组合处理和删除处理后原调用列表将保持不变。

如果在一个委托实例的调用列表内包含多个方法，那么当调用此类委托实例时，将会顺序调用列表中的各个方法，以这种方式调用的每个方法都会使用相同的参数集。

如果在参数集内包含引用或输出参数，则各个方法的调用都将使用对同一变量的引用。为此，如果调用列表内的某个方法更改了该变量，那么调用列表中排在该方法后的所有方法所使用的参数都将随之改变。当委托调用包含引用参数、输出参数或返回一个返回值时，那么委托调用的最后引用或输出参数的值与返回值，就是调用列表中最后一个方法所产生的引用，或输出参数的值与返回值。下面通过一个具体的实例来说明委托链的具体使用流程，功能是根据委托链的各种操作处理而输出对应的处理文本。

实例 10-4：使用委托链

源文件路径：daima\10\10-4

实例文件 Program.cs 的主要实现代码如下所示。

```
public delegate void weituo(string message);    //定义名为 weituo 的委托
public class lei1{                              //定义类 lei1
   public void chuli(string msg){               //定义名为 chuli()的方法
      Console.WriteLine("+++" + msg + "+++");
   }
}
public class lei2{                              //定义类 lei2
   public void chuli(string msg){               //定义名为 chuli()的方法
      Console.WriteLine(msg);
   }
}
public class Test{                              //定义类 Test
   public static void Staticchuli(string msg){
    //定义静态方法 Staticchuli，用于输出对应的参数信息
      Console.WriteLine("###" + msg + "###");
   }
   public static void Main(){
      string s = "使用委托链";                   //定义 string 变量 s
      lei1 pp1 = new lei1();                    //定义 lei1 的实例对象 pp1
      lei2 pp2 = new lei2();                    //定义 lei2 的实例对象 pp2
      //创建委托实例
      weituo ff1 = new weituo(pp1.chuli);
    //创建 weituo 的委托实例 ff1，设置委托实例的参数是类内定义的处理方法
      weituo ff2 = new weituo(pp2.chuli);
    //创建 weituo 的委托实例 ff2，设置委托实例的参数是类内定义的处理方法
      weituo ff3 = new weituo(Staticchuli);
    //创建 weituo 的委托实例 ff3，设置委托实例的参数是类内定义的处理方法
      Console.WriteLine("委托实例 ff1 的打印结果：");
      ff1(s);                          //调用委托对象实例 ff1，参数是 s
      Console.WriteLine("\n 委托实例 ff2 的打印结果：");
      ff2(s);                          //调用委托对象实例 ff2，参数是 s
      Console.WriteLine("\n 委托实例 ff3 的打印结果：");
      ff3(s);                          //调用委托对象实例 ff3，参数是 s
      Console.WriteLine("\n 委托实例 ff1 + ff2 的打印结果：");
      weituo ff = ff1 + ff2;           //新建 weituo 委托实例 ff
      ff(s);                           //调用委托对象实例 ff，参数是 s
      Console.WriteLine("\n 委托实例 ff1 + ff2 + ff3 的打印结果：");
      ff += ff3;                       //设置 ff=ff+ff3
      ff(s);                           //调用委托对象实例 ff，参数是 s
      Console.WriteLine("\n 委托实例 ff1 + ff3 的打印结果：");
      ff = ff - ff2;                   //设置 ff=ff-ff2
      ff(s);                           //调用委托对象实例 ff，参数是 s
      Console.WriteLine("\n 委托实例 ff3 的打印结果：");
      ff -= ff1;                       //设置 ff=ff-ff1
      ff(s);                           //调用委托对象实例 ff，参数是 s
      Console.WriteLine("\n 试图调用 null 委托会触发异常：");
...
```

执行效果如图 10-4 所示。

```
C:\Windows\system32\cmd.exe
委托实例ff1的打印结果：
+++使用委托链+++

委托实例ff2的打印结果：
使用委托链

委托实例ff3的打印结果：
###使用委托链###

委托实例 ff1 + ff2 的打印结果：
+++使用委托链+++
使用委托链

委托实例 ff1 + ff2 + ff3 的打印结果：
+++使用委托链+++
使用委托链
###使用委托链###

委托实例 ff1 + ff3 的打印结果：
+++使用委托链+++
###使用委托链###

委托实例 ff3 的打印结果：
###使用委托链###

试图调用null委托会引发异常：
未将对象引用设置到对象的实例。

试图从null委托中移除委托是无效操作。
```

图 10-4　执行效果

10.1.5　使用委托匿名方法

在本章前面介绍的实例中，委托实例的方法都具有相同的名称。其实 C#支持匿名方法的方式，即允许委托的关联代码以内联方式写入使用委托的位置，从而方便地直接将代码块绑定到委托实例中。在 C#程序中，可以使用匿名方法将代码块直接作为创建委托的参数，而不需要预先定义一个处理方法，并且匿名方法还能够对包含它的函数成员的局部状态进行共享访问。

在 C#语言中，使用委托匿名方法的语法格式如下所示。

```
delegate (参数表) {
      处理代码块
};
```

其中，参数表和返回类型都必须和匿名方法相兼容，这样才能进行从匿名方法到委托类型的隐式转换。

在 C#程序中，如果在一个局部变量或参数的作用域内包含一个匿名方法，那么这个局部变量或参数被称为该匿名方法的外层变量。一个局部变量生存周期仅限于该变量所关联的代码块，或此语句的执行过程中。但是被捕获的外层变量的生存周期将被延长到匿名方法的委托被垃圾回收处理为止。

实例 10-5：使用匿名方法创建委托
源文件路径：daima\10\10-5

实例文件 Program.cs 的主要代码如下所示。

```
public delegate void mm(string s);      //定义委托 mm
    class Test{           //定义类 Test
        static void Main(){
            mm p = delegate(string j) {  //用匿名方法来创建委托对象 p
                System.Console.WriteLine(j);
            };
            p("匿名方法创建的委托。\n"); // 调用委托
            p = new mm(Test.chuli);   //使用关键字 new 创建命名方法的委托 p
            p("命名方法创建的委托。");   //调用委托
            Console.ReadKey();
        }
        static void chuli(string k){ //定义方法 chuli()
            System.Console.WriteLine(k);
        }
}
```

```
匿名方法创建的委托。
命名方法创建的委托。
```

图 10-5　实例执行结果

执行程序后将分别输出显示对应结果，如图 10-5 所示。

知识精讲

在上述实例中，根据委托链的各种操作处理并输出对应的处理文本。通过查看中间语言代码 il(用 ildasm.exe)，可发现编译器会为委托类产生三个公共方法 Invoke()、BeginInvoke()和 EndInvoke()。其中 Invoke()是主要的方法，用于调用委托维护的每个方法，像所有同步调用一样，方法会阻塞调用者直到它执行完毕。Invoke()方法也不必显式地调用，它工作于后台。后两个方法需配合使用用于异步执行委托指向的方法，它们会在独立的线程中执行。

委托的构造方法如下：

```
public TypeOfReturn MyDelegate(object target,uint fuctionAddress)
```

由此可以看出它需要目标对象、目标方法的函数地址。所有方法的调用都遵循 object.functionName()格式，不过还缺少参数和返回值。它们在上面提到的三个方法中给出：

```
public TypeOfReturnValue Invoke([TypeOfParameter ParaX]*);
```

其中 TypeOfReturnValue 是返回值的类型，中括号里是可不出现或可出现多个的参数列。

异步方法为：

```
public IAsyncResult BeginInvoke([TypeOfParameter ParaX]*);
public TypeOfReturnValue EndInvoke(IAsyncResult result);
```

由此可看出不同处之处，BeginInvoke 先返回一个中间类型，在 EndInvoke 方法中才是目标返回值的类型；Invoke 方法给人这样的感觉：A→C；而 BeginInvoke 和 EndInvoke 则是：A→B→B→C，等价于 A→C。

10.2　使用 C#事件

在 C#语言中，事件是类和对象往外发出的信息，用于声明某个行为或某个处理的条件已经成立。触发事件的对象称为事件的发送者，捕获并响应事件的对象称为事件的接收者。本节将简要介绍 C#语言事件的基本知识。

↑扫码看视频

10.2.1　声明事件

在 C#语言中使用关键字 event 来声明事件，具体格式如下所示。

```
修饰符 event 事件类型 事件名;
```

在声明事件成员的类中，事件的行为和委托类型的字段很相似。事件存储对某一个委托的引用，此委托表示已经添加到该事件的事件处理方法中。如果没有添加事件的处理方法，则此事件的值为 NULL。另外，事件也可以使用访问器的形式来访问，具体格式如下所示。

```
修饰符 event 事件类型 事件名;{
add{
    语句块
    }
remove{
    语句块
    }
}
```

在 C#语言中，事件使用的修饰符和方法的声明原则相同，事件也分为静态事件、虚事件、密封事件、重写事件和抽象事件。在上述格式内的事件类型必须是委托类型，并且此委托类型必须至少具有和事件本身一样的可访问性。另外，事件和方法具有相同的签名，签名包括名称和对应的参数列表。事件的签名通过使用委托来定义，在.NET 框架的事件签名中，第一个参数通常是触发事件的发送者，第二个参数是第一个传送与事件相关的数据的类。例如下面的代码：

```
public delegate void mm(object s, System.EventArgs t);
```

在 C#语言中，事件的主要特点如下所示。

- 事件是类用来通知对象需要执行某种操作的方式。
- 事件一般在图形操作界面中响应用户的操作。
- 事件通常使用委托来声明。
- 事件可以调用匿名方法实现。
- 如果在声明事件时没有采用访问器，则编译器会自动提供访问器。

> 事件可以作为“+=”运算符左边的操作数，它将被用于将事件处理方法添加到所涉及的事件中，或从事件中删除事件的处理方法。

10.2.2 使用事件

在 C#程序中，事件功能是由如下 3 个关联元素实现的。

(1) 提供事件数据的类：即类 EventNameEventArgs，此类从 System.EventArgs 中导出。

(2) 事件委托：即 EventNameEventHandler。

(3) 触发事件的类：此类提供事件声明和触发事件的方法。

在现实应用中，通常调用委托来触发事件，并传递与事件相关的参数。委托将调用已经添加到该事件的所有处理方法，如果没有事件处理方法，则该事件为空。如果要使用在另外一个类中定义的事件，则必须定义和注册一个事件的处理方法。每个事件都可以分配多个处理程序来接收事件。这样事件将自动调用每个接收器，无论接收器有几个，只需调用一次该事件即可触发事件。

在 C#程序中，在类中实现事件处理的流程如下所示。

(1) 定义提供事件数据的类。对类 EventNameEventArgs 进行命名处理，从 System.EventArgs 派生后添加所有事件的成员。

(2) 声明事件的委托，即对委托 EventNameEventHandler 进行命名处理。

(3) 使用关键字 event 在类中定义名为 EventName 的公共事件成员，将事件的成员设置为委托类型。

(4) 在触发事件的类中定义一个受保护的方法，一般是 protected 类型的 virtual 方法。

(5) 在触发事件的类中确定触发该事件的事件，即调用 OnEventName 来触发该事件，然后使用 EventNameEventArgs 传入事件特定的数据。

如果是在另外一个类中实现事件处理，则具体的实现流程如下所示。

(1) 在使用事件的类中定义一个与事件委托有相同签名的事件处理方法。

(2) 使用对该事件处理方法的一个引用创建委托的实例，当调用此委托实例时会及时自动调用该事件的处理方法。

(3) 使用“+=”操作符将该委托实例添加到事件。

(4) 如果不需要事件处理，则使用“-=”操作符将该委托从事件队列中删除。

10.3 实践案例与上机指导

通过本章的学习，读者基本可以掌握 C#委托和事件的知识。其实 C#委托和事件的知识还有很多，这需要读者通过课外渠道来加深学习。下面通过练习操作，达到巩固学习、拓展提高的目的。

↑扫码看视频

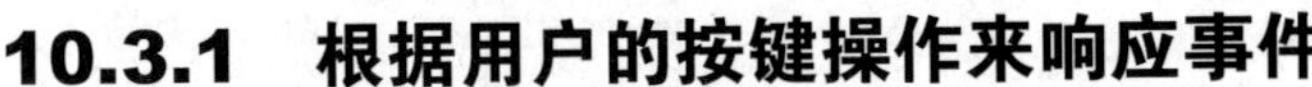

10.3.1　根据用户的按键操作来响应事件

在 C#程序中，当没有采用访问器方式声明事件时，编译器会自动提供访问器。下面将通过一个具体的实例来说明 C#事件处理的具体实现流程，功能是根据用户的按键操作来响应事件，调用对应的方法输出对应的文本。

实例 10-6：使用访问器实现订阅处理的功能
源文件路径：daima\10\10-6

本实例的功能是使用访问器实现订阅处理的功能，实例文件的主要实现代码如下所示。

```
public class mm{
    public class nn : EventArgs{ //定义事件参数类，设置 nn 的事件参数类
        public readonly char aa;
        public nn(char aa){
            aa = aa;
        }
    }
    public delegate void weituo(object sender, nn e); //定义委托 weituo
    private weituo weituoDelegate;    //定义一个私有的委托链字段
    public event weituo TestEvent{    //用 event 关键字声明事件对象 TestEvent
        add{                          //将方法添加到委托链中
            weituoDelegate += value;
        }
        Remove    {                   //从委托链中删除方法
            weituoDelegate -= value;
        }
    }
    protected virtual void OnTestEvent(nn e){
     //定义事件触发方法 OnTestEvent()，如果事件不为空则触发这个方法
        if (weituoDelegate != null)
            weituoDelegate(this, e);
    }
    public void RaiseEvent(char aa)  {          //定义触发方法
        nn e = new nn(aa);
        OnTestEvent(e);
    }
}
public class zz{                                //定义侦听事件的类 zz
    //定义处理事件的方法，它与声明事件的 delegate 具有相同的参数和返回值类型
    public void KeyPressed(object sender, mm.nn e){
     //声明事件处理方法 KeyPressed()，显示对应的提示文本
        Console.WriteLine("发送者为：{0}，所按的键为：{1}", sender, e.aa);
    }
    public void Subscribe(mm eventSource){
     //订阅事件方法 Subscribe()，实现事件激活功能
        eventSource.TestEvent += new mm.weituo(KeyPressed);
    }
    public void UnSubscribe(mm eventSource){
     //取消订阅事件方法 UnSubscribe()，实现事件取消功能
        eventSource.TestEvent -= new mm.weituo(KeyPressed);
    }
```

```
    }
    public class Test{                                    //测试类
        public static void Main(){
            mm es = new mm();                             //创建事件发送者对象 es
            zz el = new zz();                             //创建侦听对象 el
            Console.WriteLine("开始订阅事件\n");
            el.Subscribe(es);                                //订阅事件
            Console.Write("输入一个字符，再按 Enter 键："); //触发事件
            string s = Console.ReadLine();
            es.RaiseEvent(s.ToCharArray()[0]);
            Console.WriteLine("\n 开始取消订阅事件\n");
            el.UnSubscribe(es);                              //取消订阅事件
            Console.Write("输入一个字符，再按 Enter 键：");
            s = Console.ReadLine();
            es.RaiseEvent(s.ToCharArray()[0]);           //触发事件
```

执行程序后将首先显示预设的提示文本，如图 10-6 所示。当用户单击某按键后，会激活对应的事件并调用对应的处理方法，输出显示用户的按键名，并显示取消事件的提示文本，如图 10-7 所示；当再次单击某按键后会删除对该事件的订阅。

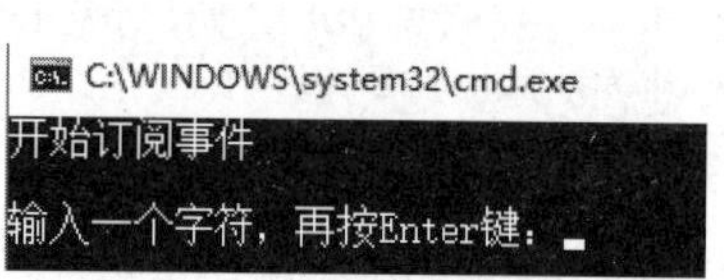

图 10-6　实例执行结果

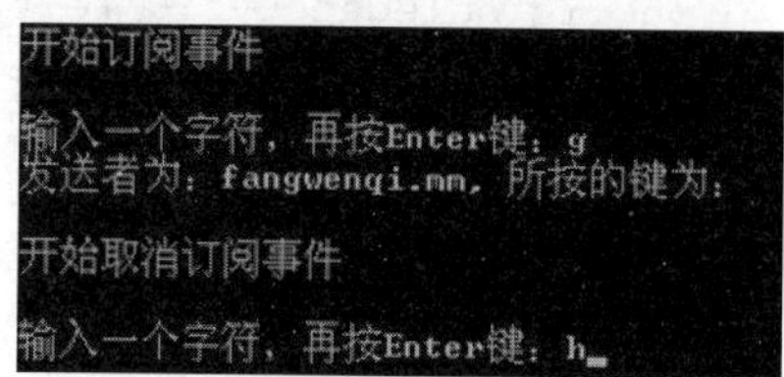

图 10-7　实例执行结果

10.3.2　使用访问器方式响应事件

在实例 10-6 中，是根据用户的按键操作来响应事件，调用对应的方法输出对应的文本。同样，也可以采用访问器方式实现实例 10-6 的功能。

实例 10-7：使用访问器方式响应事件
源文件路径：daima\10\10-7

实例文件 Program.cs 的主要实现代码如下所示。

```
//用 event 关键字声明事件对象
public event weituo TestEvent{
    //将方法添加到委托链中
    add{
        weituoDelegate += value;
    }
    //从委托链中删除方法
    remove{
        weituoDelegate -= value;
    }
}
//事件触发方法
protected virtual void OnTestEvent(nn e){
```

```
            if (weituoDelegate != null)
                weituoDelegate(this, e);
        }
        //触发方法
        public void RaiseEvent(char aa){
            nn e = new nn(aa);
            OnTestEvent(e);
        }
    }
```

执行程序后将首先显示预设的提示文本，如图 10-8 所示；当用户单击某按键后，会激活对应的事件并调用对应的处理方法，输出用户的按键名，并显示取消事件的提示文本，如图 10-9 所示；当再次单击某按键后会删除对该事件的订阅。

开始订阅事件

输入一个字符，再按Enter键：

图 10-8　实例执行结果

图 10-9　实例执行结果

10.4　思考与练习

本章详细讲解了使用 C#委托和事件的知识，通过本章的学习，读者应该熟悉使用 C#委托和事件的知识，掌握其使用方法和技巧。

一、选择题

(1) 在 C#语言中，使用关键字(　　)声明委托。

A. delegate　　B. var　　C. daegat

(2) 在 C#语言中，使用关键字(　　)来声明事件。

A. event　　B. delegate　　C. var

二、判断对错

(1) 在现实应用中，通常调用委托来触发事件，并传递与事件相关的参数。委托将调用已经添加到该事件的所有处理方法，如果有事件处理方法，则该事件为空。　(　　)

(2) 在 C#程序中，当没有采用访问器方式声明事件时，编译器会自动提供访问器。　(　　)

三、上机练习

(1) 使用委托调用两个方法。

(2) 使用委托多播。

新起点
电脑教程

第 11 章

泛　型

本章要点

- 泛型基础
- 声明泛型
- 使用泛型集合类

本章主要内容

C#从 2.0 开始便引入了“泛型”这一概念，通过使用泛型的类、结构、接口、委托和方法，可以根据对应的存储和操作类型实现参数化处理。在使用泛型后，可以实现更强的编译时类型检查，减少数据类型间的显式转换和装箱操作时的类型检查工作。

11.1 泛型基础

在 C#语言中，推出泛型的目的是解决各种数据类型取值范围的限制，解决类型转换过程中复杂的装箱和拆箱操作。泛型是一种通用的数据结构，可以存储任何类型的数据。本节将简要介绍 C#泛型的基础知识。

↑扫码看视频

11.1.1 泛型的特点

在 C#语言中，泛型以实例化过程中提供的类或类型为基础，可以方便地实例化处理对象。泛型的最大意义是免去了类型之间互相转换的系统开销和同类方法的重载。概括来说，泛型具有如下 5 个特点。

(1) 使用数据抽象的最小假设来表示算法，并用算法的最小假设来表示数据抽象，以提高它们之间的交互性。

(2) 在不降低效率的前提下，可以最大限度地将具体算法转化为一般化算法。

(3) 当提升结果的一般性不能够满足算法的所有应用时，则另外提供一种更为普通的形式。

(4) 为同一个目的提供多种泛型算法，并确保它们具有相同的抽象性。

(5) C#泛型借鉴了 C++模板技术，通过使用泛型创建一个集合将变得十分简单，但往往也会降低程序的可读性。

知识精讲

在 C#程序中，泛型是一种编程方法，是处理算法、数据结构和其他软件概念的抽象表示。推出泛型的目的是，采用广泛适用和可交互性的形式来表示算法和数据结构，以使它们能够直接用于软件的构造。通过泛型，可以由一个定义的类派生出许多特定的类型，这样可以节约开发人员的开发时间和精力。基于泛型可以实现代码重用，泛型同时提供了类型安全检查。当对值类型进行操作时，通过泛型可以避免装箱和拆箱带来的性能损失。

11.1.2 没推出泛型之前的处理

在 C#程序中，如果不使用泛型，可以使用 object 类型作为通用的数据结构，以存储任何类型数据。例如在下面的代码中，定义类 class1 将数据存储在一个 object 数组中。类 class1

的方法 chuli()和 F()分别使用 object 来接收和返回数据。

```
public class class1;{
  object [] items;
  int aa,
  int bb,
  int cc;
  public void chuli(object item){…}
  public object F(){…}
}
```

在上述代码中，能够将任何类型的值传送到队列内。如果在列内检索到某个值时，必须将方法 F()的结果显式地强制转换回相对应的类型，这样会加大代码的编写量，并且在运行时会造成额外的开销。上述描述过程的实现代码如下所示。

```
class1 class11=new class1();
class11.chuli(new F1());
F1 c=(F1)mm1.F();
```

另外，当将一个值类型的值传递给方法 chuli()时，此值会自动被装箱。当以后再次检索该值时，必须使用显式类型强制转换来取消这个装箱。假如值类型的值是 2，则需要使用下面的代码进行处理：

```
mm mm1=new mm();
mm1.chuli(2);                        //装箱处理
int I = (int) mm1.F();               //拆箱处理
```

通过上述装箱和拆箱处理后，会涉及动态内存分配和运行时类型检查操作，这样就额外增加了性能开销，降低了效率。并且上面的类 class1 无法对队列上的数据类型进行限制。这样，如果将一个 F1 实例送入到队列后，却在检索到该实例之后意外地将它强制转换为错误类型。例如使用下面的代码：

```
class1 class11=new class1();
class11.chuli(new F1());
string ss =(string) class11.F();
```

在上述代码中，错误地使用了 class1 对象，因为出队对象类型是 F1 对象，不能向 string 类型转换，代码执行后会出现异常错误。

11.2 声明泛型

↑扫码看视频

在 C#语言中，泛型有两种表现形式：泛型类型(包括类、接口、委托和结构，没有泛型枚举)和泛型方法。本节将详细讲解类、接口、委托和方法的泛型声明知识。

11.2.1 声明泛型类

在泛型类型和泛型方法中都会有类型参数，当通过泛型类型实例化对象或者对泛型方法进行调用的时候，都需要使用一个真实的类型来代替类型参数。在C#程序中，类型参数是真实类型的占位符。在泛型声明过程中，所有的类型参数放在一对尖括号“< >”中，通过逗号进行分隔。类、结构、接口、委托和方法都可以声明泛型。声明泛型的结构和声明泛型类的格式基本类似。

在C#程序中，根据类型参数不同指定类型实参的情况，可以将泛型分为如下4种类型。

- 如果没有为类型参数提供类型实参，那么声明的就是一个未绑定泛型类型(unbound generic)。
- 如果指定了类型实参，该类型就称为已构造类型(constructed type)，然而已构造类型又可以是开放类型或密封类型。
- 包含类型参数的类型就是开放类型(open type)，所有的未绑定的泛型类型都属于开放类型。
- 每个类型参数都指定了类型实参就是密封类型(closed type)。

类型是对象的蓝图，可以通过类型来实例化对象。对于泛型来说，未绑定泛型类型是已构造泛型类型的蓝图，已构造泛型类型又是实际对象的蓝图。在C#语言中，声明泛型类的语法格式如下所示。

```
类修饰符 class 类名 <类型形参表> : 基类\接口{
    类体
}
```

其中，“类型形参表”是泛型类型或在方法定义中的占位符列表。虽然泛型声明可以嵌套在非泛型类声明中，但是任何嵌套在泛型类声明或泛型结构声明中的类本身就是一个泛型类声明。

在C#语言中，在声明泛型类型时应该注意如下4点。

(1) 每个类型的形参都是一个简单的标识符，代表一个为创建构造类型而提供的类型实参的占位符。类型形参是将来提供的类型的形式占位符。例如下面的代码声明了一个泛型队列类，设置了T是类型的形参，队列元素的类型为T，然后通过方法chuli()将T类型元素传入到队列，通过方法F()从队列中取出T类型的元素。

```
public class mm<T>;{
    T [] items;
    int aa,
    int bb,
    int cc;
    public void chuli(T item){…}
        public T F(){…}
}
```

(2) 在声明泛型类型时，它本身表示未绑定的泛型类型，可以生成多种不同类型的“模板”。类型实参被放在泛型类型声明名称后的尖括号对“< >”之间，在创建构造类型时能够替换类型形参的实际参数。当使用上面的泛型类 mm<T>时，能够指定用于替换 T 的实际类型。例如在下面的代码中，指定了 int 为 T 的类型实参。其中 mm<int>就是泛型类 mm<T>的构造类型。在 mm<int>类型中，出现的每一个 T 都被替换为类型实参 int。当创建 mm<int>的实例后，items 数组的实际类型是 int[]而不是 object[]。这样，就比非泛型处理得到了更高的效率。同样，mm<int>的方法 chuli()和 F 所操作的也是 int 类型的值。如果将其他类型的值放入到队列，会产生编译错误。这是因为泛型提供了强类型机制，如果将一个 int 值放入到 F 对象的队列中将会导致错误。

```
mm<int> mm1 =new mm<int>();
mm1.chuli(3);
int aa=mm1.F(),
```

(3)　在声明泛型类型时，可以包含任意数目的类型参数。虽然上面代码中的 mm<T>只有一个类型形参，但是在下面代码中，泛型 nn 类有两个类型的形参，一个用于键类型，一个用于值类型。

```
public class nn<A,B>;{
  public void Add(A key,B value);{…}
  public B this[A key]; {…}
}
```

当使用上面的 nn<A,B>类型时，必须提供两个类型实参。例如下面的代码：

```
Dictionary<string, F1> vv = new Dictionary<string, F1>();
vv.Add("厉害",new F1());
F1 c = vv["厉害"];
```

如果是值类型，在每次泛型类型实例化和运行.NET 公共语言时，都会创建单独的本机代码。如果是引用类型，则会共享该本机代码。

(4)　在泛型类声明中，指定的基类型或基接口可以是构造类类型，但不能是类型形参，但是在基类或基接口的作用域中可以包含类型形参。例如在下面的代码中，类 nn 不能使用基类 v 作为类型形参。

```
class c<uint,v>{…}
interface mm<v>{…}
class d:c<string,int>,mm<string>{…}
class e<t> : checked<int,t>,mm<t>{…}
class nn<v> : v {            //出现错误
   …
}
```

知识精讲

可以直接把泛型的所有接口成员作为构造类型一部分，如作为任何包容类中的类型形参。当公共运行语言在使用特定的封闭构造类型时，所出现的所有形参都将会被替换，被替换为该构造函数类型提供的实际类型实参。在实例函数中，this 包含了这些成员声明的实例类型。

实例 11-1：声明泛型类
源文件路径：daima\11\11-1

实例文件 Program.cs 的主要实现代码如下所示。

```
    static void Main(string[] args) {
        int obj = 1;       //定义 int 类型变量 obj 的初始值是 1
        Test<int> testInt = new Test<int>(obj); //引入泛型
        Console.WriteLine(testInt.obj);  //1
        string obj1 = "hello";           //定义 string 类型变量 obj1
        Test<string> testString = new Test<string>(obj1);    //引入泛型
        Console.WriteLine(testString.obj);       //hello
        Console.Read();
    }
}
class Test<T>{            //定义泛型类 Test
    public T obj;         //泛型对象 obj
    public Test(T obj){  //构造方法 Test()
        this.obj = obj;  //参数赋值
    }
}
```

执行效果如图 11-1 所示。

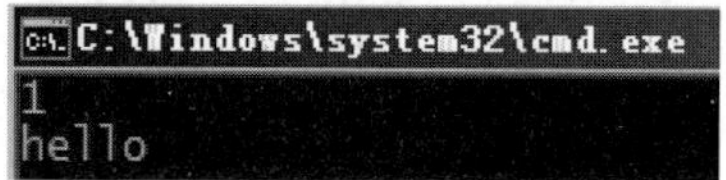

图 11-1　执行效果

11.2.2　泛型接口

在 C#语言中，声明泛型接口的语法格式如下所示。

```
修饰符  interface 接口名 <类型形参表> : 基接口{
  接口体
}
```

从上述格式可以看出，在声明泛型接口时，只是比声明普通接口的格式增加了“类型形参表”。在声明泛型接口时应该注意如下两点。

(1) 实现的接口必须和所有的构造函数保持唯一，否则将不能确定该为那些构造类型调用哪个方法。例如通过如下格式可以声明一个泛型类。

```
interface a <T> {
  void F();
}
class mm <x,y> : a<x>,a<y>{
  void a<x>.F();{
          …
  }
  void a<y>.F();{
          …
```

```
    }
}
```

如果使用下面的代码执行构造函数，类 x 就不能确定调用的到底是哪一个方法。

```
a<int> x =new X<int,int> ();
x.F();
```

(2) 在 C#泛型中，可以统一处理不同继承级别指定的接口。例如在下面的代码中，虽然“nn <D,Q>”同时实现了 a<D>和 a<Q>，但是这些代码依然是有效的。

```
interface a <T> {
   void F();
}
class mm <D> : a<D>{
   void a<D>.F(); {…}
}
class nn <D,Q> : mm<D>,a<Q>{
   void a<Q>.F();{…}
}
```

使用下面的代码可以调用上述类 nn 中的方法 F，nn<int,int>实际上重现了 a<int>。

```
a<int> x =new X<int,int> ();
x.F();
```

实例 11-2：使用泛型接口

源文件路径：daima\11\11-2

实例文件 Program.cs 的主要实现代码如下所示。

```
public interface IGenericInterface<T>{//创建一个泛型接口
        T CreateInstance();       //在接口中调用 CreateInstance 方法
    }
    //实现上面泛型接口的泛型类，派生约束 where T : TI(T 要继承自 TI)
   //构造函数约束 where T : new()(T 可以实例化)
    public class Factory<T, TI> : IGenericInterface<TI> where T : TI, new() {
        public TI CreateInstance(){        //创建一个公共方法 CreateInstance
            return new T();
        }
    }
    class Program{
        static void Main(string[] args){
            IGenericInterface<System.ComponentModel.IListSource> factory =
new Factory<System.Data.DataTable, System.ComponentModel.IListSource>();
    //实例化接口
            Console.WriteLine(factory.CreateInstance().GetType().ToString());
    //输出指定泛型的类型
            Console.ReadLine();
        }
    }
```

执行效果如图 11-2 所示。

```
C:\Windows\system32\cmd.exe
System.Data.DataTable
```

图 11-2 执行效果

11.2.3 泛型委托

在 C#语言中，声明泛型委托的语法格式如下所示。

```
修饰符 delegate 返回类型 委托名 <类型形参表> (形参表);
```

从上述格式可以看出，声明泛型委托只是比声明普通委托的格式增加了“类型形参表”。在声明泛型委托时，必须提供类型实参后才能构造委托类型。将委托声明中的每个类型行参替换为构造委托类型的对应类型实参，就实现了构造委托的形参类型和返回类型的创建。返回的结果类型和形参类型能够确定哪些方法与构造委托类型兼容。

实例 11-3：使用泛型委托输出结果
源文件路径：daima\11\11-3

实例文件 Program.cs 的主要实现代码如下所示。

```
class IntEventArgs : System.EventArgs{
    public int IntValue { get; set; }
    public IntEventArgs() { }
    public IntEventArgs(int value){ this.IntValue = value; }
}
class StringEventArgs : System.EventArgs{
    public string StringValue { get; set; }
    public StringEventArgs() { }
    public StringEventArgs(string value)
    { this.StringValue = value; }
}
class Program{
    static void PrintInt(object sender, IntEventArgs e){
        Console.WriteLine(e.IntValue);
    }
    static void PrintString(object sender, StringEventArgs e){
        Console.WriteLine(e.StringValue);
    }
    static void Main(string[] args){
        EventHandler<IntEventArgs> ihandler = new
              EventHandler<IntEventArgs>(PrintInt);
        EventHandler<StringEventArgs> shandler = new
              EventHandler<StringEventArgs>(PrintString);

        ihandler(null, new IntEventArgs(100));
        shandler(null, new StringEventArgs("Hello World"));
    }
}
```

泛型委托是委托的一种特殊形式，虽然感觉看上去比较怪异，其实在使用时跟委托差不多，不过泛型委托更具有类型的通用性。在上述代码中用到了 C#中最常见的 EventHandler

委托，在 C#推出泛型以前，普通的事件处理函数都由 EventHandler 定义，具体格式如下所示。

```
public delegate void EventHandler(object sender, EventArgs e);
```

EventHandler 指代了这样一类函数，这些函数没有返回值，并且有两个参数，第一个参数是 object 类型，而第二个参数是 EventArgs 类型。在.NET 2.0 及其以后的版本中，由于泛型的引入，一些内建(Built-in)的类、接口、委托都有了各自的泛型版本。EventHandler 也不例外，它有自己的泛型版本：EventHandler<T>，具体定义格式如下所示。

```
public delegate void EventHandler<TEventArgs>(object sender, TEventArgs e)
where TEventArgs: EventArgs;
```

此时可以发现第二个参数的类型由 EventArgs 变成了 TEventArgs，而 TEventArgs 具体是什么，则由调用方决定。假设 IntEventArgs 和 StringEventArgs 都继承于 System.EventArgs，那么会得出如下两点。

- EventHandler<IntEventArgs>指代这样一类函数：这些函数没有返回值，有两个参数，第一个参数是 object 类型，第二个参数是 IntEventArgs 类型。
- EventHandler<StringEventArgs>指代这样一类函数：这些函数没有返回值，有两个参数，第一个参数是 object 类型，第二个参数是 StringEventArgs 类型。

其实 EventHandler<IntEventArgs>和 EventHandler<StringEventArgs>是两个完全不同的委托，它们所指代的函数都分别有着不同的签名形式。

本实例执行后的效果如图 11-3 所示。

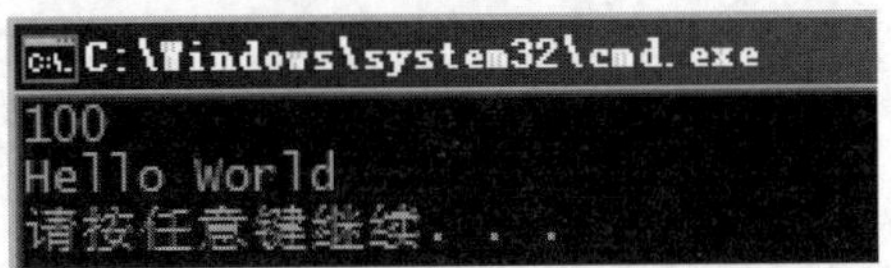

图 11-3　执行效果

11.2.4　泛型方法

在 C#语言中，泛型方法包括了类型形参，它可以在类、结构或接口的声明中进行声明，这里的类、接口或结构既可以是泛型，也可以不是泛型。如果在泛型类型中声明泛型方法，在这个方法体中可以引用该方法类型的形参，也能引用包含该方法声明的类型形参。

在 C#程序中，声明泛型方法的语法格式如下所示。

```
修饰符 返回类型 方法名 <类型形参表> (形式参表); {
    方法体
}
```

从上述格式可以看出，在声明泛型方法时，只是比声明普通方法的格式增加了“类型形参表”。泛型的方法有如下两个形参表。

- 泛型类型形参表。
- 形参列表。

类型参数可以作为返回类型或形参的类型出现，方法类型的形参名不能和当前方法内的普通形参名相同。例如下面的代码定义了泛型方法，并实现了对泛型方法的调用。

```
static void mm<T>(ref T a,ref T b) {
          T tt;
          Tt=a;
          a=b;
          b=tt;
}
public static void Diaoyong() {
          int x=1;
          int y=3;
          mm<int>(ref x,ref y);          //开始调用
          System.Console.WriteLine(x+""+b);
          Console.ReadKey();
}
```

泛型方法的签名还包括泛型类型形参的数目和类型形参的序号位置。另外，泛型方法的隐藏、重载和重写规则和非泛型方法相同，并且泛型方法也可以是虚的、抽象的或密封的。但是稍微不同的是，泛型的方法可以使用许多类型参数进行重载。

实例 11-4：使用泛型方法

源文件路径：daima\11\11-4

实例文件 Program.cs 的主要实现代码如下所示。

```
public class Finder{                                   //建立一个公共类 Finder
   public static int Find<T>(T[] items, T item) {//创建泛型方法
      for (int i = 0; i < items.Length; i++){  //调用 for 循环
         if (items[i].Equals(item)) {        //调用 Equals 方法比较两个数
            return i;  //返回相等数在数组中的位置
         }
      }
      return -1;        //如果不存在指定的数，则返回-1
   }
}
class Program{
   static void Main(string[] args){ //调用泛型方法，并定义数组指定数字
      int i = Finder.Find<int>(new int[] { 1, 2, 3, 4, 5, 6, 8, 9 }, 6);
      Console.WriteLine("6 在数组中的位置：" + i.ToString());
       //输出数字在数组中的位置
      Console.ReadLine();
   }
}
```

执行效果如图 11-4 所示。

```
C:\Windows\system32\cmd.exe
6在数组中的位置：5
```

图 11-4 执行效果

11.2.5 使用泛型约束

在定义泛型类时，可以限制在实例化类客户端代码的参数类型。当客户端代码使用了

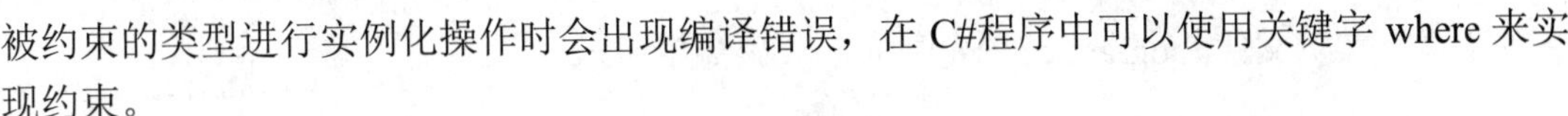

被约束的类型进行实例化操作时会出现编译错误，在 C#程序中可以使用关键字 where 来实现约束。

1. 结构约束

结构约束的类型参数必须是值类型，它几乎可以指定除 Nullable 以外的所有值类型。使用结构约束的语法格式如下所示。

```
T(类型):结构
```

2. 类约束

类约束的类型参数必须是引用类型，包括所有的类、接口、委托和数组类型。使用类约束的语法格式如下所示。

```
T(类型):类
```

3. 新建约束

新建约束的类型参数必须是具有无参数的公共构造函数，当此约束类型和其他约束类型一起使用时，必须在最后使用新建约束。新建约束的语法格式如下所示。

```
T(类型):new()
```

4. 基类约束

基类约束的类型参数必须是指定基类或是派生指定的基类。使用基类约束的语法格式如下所示。

```
T(类型):<基类名>
```

5. 接口约束

接口约束的类型参数必须是指定的接口，或者是正在实现过程中的指定接口。使用接口约束的语法格式如下所示。

```
T(类型):<接口名>
```

6. 裸类约束

为 T 提供的参数必须是为被约束对象提供的参数，或者是派生自为被约束对象提供的参数，这被称为裸类约束。使用裸类约束的语法格式如下所示。

```
T(类型):U(被约束对象)
```

在某种程度上，编译器必须保证它调用的运算符或调用的方法能够操作客户端代码指定的类型参数，这样就能够检查泛型列表中某个项，以确定这个项是否有效；或和它的其他项进行比较。

实例 11-5：使用泛型类型约束

源文件路径：daima\11\11-5

本实例的功能是根据定义的泛型类，调用类内的方法并对其进行处理，最后输出处理后的文本。实例文件 Program.cs 的主要实现代码如下所示。

```
public class mm {                  //定义类mm
    private string name;           //定义string类型变量name
    public string Name{            //设置属性name，并返回name值
        get{return name;}
        set{name = value;}
    }
    public mm(string s){           //定义方法mm()，设置其参数s为string类型
        name = s;
    }
}
public class nn<T> where T : mm{           //定义泛型类nn，设置其泛型类型为T
    ArrayList names = new ArrayList();     //定义数组names
    public void Add(T t){                  //定义方法Add()向数组内添加数据
        names.Add(t.Name);
    }
    public void shuchu(){              //定义方法shuchu()将数据输出
        foreach (string s in names){//通过foreach语句逐一读取添加后的数组数据
            Console.WriteLine(s);
        }
    }
}
public class Program{
    static void Main(){
        nn<mm> tt = new nn<mm>();          //定义mm类型对象tt
        tt.Add(new mm("AA"));              //调用方法Add()添加元素“AA”
        tt.Add(new mm("BB"));              //调用方法Add()添加元素“BB”
        tt.Add(new mm("CC"));              //调用方法Add()添加元素“CC”
        tt.Add(new mm("DD"));              //调用方法Add()添加元素“DD”
        tt.Add(new mm("EE"));              //调用方法Add()添加元素“EE”
        tt.Add(new mm("FF"));
        //调用方法Add()添加元素"FF"
        Console.WriteLine("世界杯6强");
        tt.shuchu();
        Console.ReadKey();
    }
}
```

执行效果如图 11-5 所示。

```
C:\Windows\system32\cmd.exe
世界杯6强
AA
BB
CC
DD
EE
FF
```

图 11-5　执行效果

11.3　实践案例与上机指导

↑扫码看视频

通过本章的学习，读者基本可以掌握 C#泛型的知识。其实 C#泛型的知识还有很多，这需要读者通过课外渠道来加深学习。下面通过练习操作，达到巩固学习、拓展提高的目的。

11.3.1　泛型集合类的基本处理

这里的基本处理是指添加和删除存储列表的数据等常规操作。

实例 11-6：使用泛型集合类
源文件路径：daima\11\11-6

本实例的功能是预先定义字符串列表，然后调用集合类的操作方法和属性，并操作处理列表内的数据。实例文件 Program.cs 的主要代码如下所示。

```
public static void Main(){
    List<string> mm = new List<string>();          //定义集合类对象 mm
    Console.WriteLine("现在的出线球队: {0}", mm.Capacity);
      //设置 mm 初始值为 0，并输出对应结果的文本
    mm.Add("A A");                 //通过 Add()方法向列表内添加元素"AA"
  mm.Add("B B");                   //通过 Add()方法向列表内添加元素"BB"
    mm.Add("C C");                 //通过 Add()方法向列表内添加元素"CC"
    mm.Add("D D");                 //通过 Add()方法向列表内添加元素"DD"
    Console.WriteLine();
    foreach (string club in mm){//通过 foreach 读取并显示添加后的列表数据
        Console.WriteLine(club);
    }
    Console.WriteLine("\n 现在的出线球队: {0}", mm.Capacity);
    Console.WriteLine("数量: {0}", mm.Count);
      //通过 Count()方法获取并显示当前列表内的数据数目
    Console.WriteLine("\n 包括了A A: {0}",
    mm.Contains("A A"));           //判断列表 mm 内是否已包含"AA"
    Console.WriteLine("\n 添加E E后的球队有: ");
    mm.Insert(2, "E E");           //使用 Insert()方法添加元素"EE"
    Console.WriteLine();
    foreach (string club in mm){
      //使用 foreach 读取并显示添加后的列表数据
        Console.WriteLine(club);
    }
    Console.WriteLine("\n 现在的球队: mm[3]: {0}", mm[3]);
    Console.WriteLine("\n 容量: {0}", mm.Capacity);
    Console.WriteLine("数量: {0}", mm.Count);
    Console.WriteLine("删除A A");
    mm.Remove("A A");      //通过 Remove()删除列表对象 mm 内的元素"AA"
    Console.WriteLine();
    foreach (string club in mm){ //遍历获取 mm 中的元素
        Console.WriteLine(club);
    }
    mm.TrimExcess();               //调用 TrimExcess()方法整理列表
    Console.WriteLine("\n 使用 TrimExcess()处理后");
    Console.WriteLine("容量: {0}", mm.Capacity);
    Console.WriteLine("数量: {0}", mm.Count);
    mm.Clear();                    //调用 Clear()方法清空列表
    Console.WriteLine("\n 使用 Clear()处理后");
    Console.WriteLine("容量: {0}", mm.Capacity);
    Console.WriteLine("数量: {0}", mm.Count);
    Console.ReadKey();
```

```
        }
    }
```

执行程序后将使用编写的操作方法处理列表对象 mm 的数据，并输出处理后的对应数据。执行效果如图 11-6 所示。

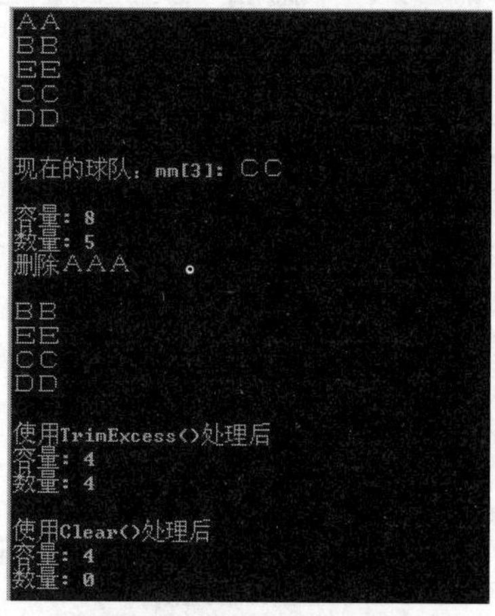

图 11-6　实例执行结果

智慧锦囊

在 C#语言中，基本处理的流程如下所示。

(1) 设置一个容量为 0 的字符串列表。

(2) 显示容量属性。

(3) 使用 Add 方法进行添加处理，使用 Remove 方法删除指定的数据。

11.3.2　泛型集合类的键值处理

在 C#语言中，通过键值可以对有字符串键的对象进行添加和删除处理操作。在 C#程序中，实现键值处理的基本流程如下所示。

(1) 预先设置一个 Dictionary<TKey,TValue>对象。

(2) 使用 Add 方法进行添加处理。

(3) 使用 Remove 方法删除指定的数据。

(4) 当添加重复的键值时会触发异常错误。

实例 11-7：使用泛型集合类的键值

源文件路径：daima\11\11-7

本实例的功能是预先定义键值对象，然后调用集合类的操作方法和属性，对对象内的数据进行操作处理。实例文件 Program.cs 的主要实现代码如下所示。

```
public static void Main(){
    Dictionary<string, string> mm =new Dictionary<string, string>();
      //定义类型键值对象 mm
    mm.Add("aaa", "a.exe");         //调用 Add()方法添加元素
    mm.Add("bbb", "b.exe");         //调用 Add()方法添加元素
    mm.Add("ccc", "b.exe");         //调用 Add()方法添加元素
    mm.Add("ddd", "d.exe");         //调用 Add()方法添加元素
    //如果再次使用 Add()方法向 mm 内添加键 aaa，则输出对应异常提示
    try{
        mm.Add("aaa", "aa.exe");
    }
    catch (ArgumentException){
        Console.WriteLine("有一个元素已经使用了键 = \"aaa\"。");
    }
    Console.WriteLine("对应键 \"ddd\" 的值为 {0}。",
```

```
    mm["ddd"]);
//使用索引器来赋值时，如果键已经存在，那么就会修改对应的值，而不会触发异常
mm["ddd"] = "dd.exe";
//使用索引器来赋值 ddd，如果键已经存在，那么就会修改对应的值
Console.WriteLine("对应键 \"rtf\" 的值为 {0}。",mm["ddd"]);
mm["ggg"] = "dd.exe";// 使用索引器时，如果键不存在，就会添加一个元素
//使用索引器来获取值时，如果键不存在，就会触发异常
try{
   Console.WriteLine("对应键 \"eee\" 的值为 {0}。",mm["eee"]);
}
catch (KeyNotFoundException){Console.WriteLine("没有找到对应键 \
    "eee\" 的值。");}
//当程序必须经常尝试获取字典中不存在的键值时
//可以使用 TryGetValue 方法作为一种更有效的检索值的方法
string value = "";
if (mm.TryGetValue("eee", out value)){
   Console.WriteLine("对应键 \"eee\" 的值为 {0}。", value);
}
else{
   Console.WriteLine("没有找到对应键 \"eee\" 的值。");
}
//插入元素之前，可以先用 ContainsKey 来判断键是否已经存在
if (!mm.ContainsKey("fff")){
//通过 ContainsKey()方法进行插入判断，如已经存在则输出对应提示
   mm.Add("fff", "hypertrm.exe");
   Console.WriteLine("已经添加了对应键 \"fff\" 的值：{0}",
      mm["fff"]);
}
Console.WriteLine();
foreach (KeyValuePair<string, string> kvp in mm){
   Console.WriteLine("Key = {0}, Value = {1}",kvp.Key, kvp.Value);
}
Dictionary<string, string>.ValueCollection valueColl =mm.Values;
Console.WriteLine();
foreach (string s in valueColl){
   Console.WriteLine("Value = {0}", s); //输出并显示操作后 mm 内的键值
}
Dictionary<string, string>.KeyCollection keyColl =mm.Keys;
Console.WriteLine();
foreach (string s in keyColl){
   Console.WriteLine("Key = {0}", s);//输出并显示操作后 mm 内的键值
}
Console.WriteLine("\nRemove(\"ggg\")");
mm.Remove("ggg");                 //通过 Remove()删除 mm 内指定的键值
if (!mm.ContainsKey("ggg")){
   Console.WriteLine("没有找到键 \"ggg\" 。");
}
```

在上述实例代码中，为了避免键值不存在所触发的异常，使用了异常处理机制对程序进行优化。执行程序后将根据编写的操作方法对 mm 对象的键值进行操作处理，并输出处理后的对应数据。执行效果如图 11-7 所示。

```
有一个元素已经使用了键 = "aaa"。
对应键 "ddd" 的值为 d.exe。
对应键 "rtf" 的值为 dd.exe。
没有找到对应键 "eee" 的值。
没有找到对应键 "eee" 的值。
已经添加了对应键 "fff" 的值: hypertrm.exe

Key = aaa, Value = a.exe
Key = bbb, Value = b.exe
Key = ccc, Value = b.exe
Key = ddd, Value = dd.exe
Key = ggg, Value = dd.exe
Key = fff, Value = hypertrm.exe
```

图 11-7　实例执行结果

11.4　思考与练习

本章详细讲解了使用 C#泛型的知识，包括泛型基础、声明泛型、使用泛型集合类等。在讲解过程中，通过具体实例介绍了使用 C#泛型的方法。通过本章的学习，读者应该熟悉使用 C#泛型的知识，掌握其使用方法和技巧。

一、选择题

(1) 在 C#程序中，允许程序员自定义泛型集合类，但前提是定义的集合类必须实现 System.Collections.Generic 命名空间中的(　　)和(　　)的接口。

A. IEnumerable<T>　　B. IEnumerator<T>　　C. IEnumerator

(2) 泛型迭代器和非泛型迭代器的用法类似，唯一区别是泛型迭代器的返回类型必须是(　　)和(　　)。

A. IEnumerable<T>　　B. IEnumerator<T>

C. IEnumerator　　D. IEnumerable

二、判断对错

(1) 在 C#语言中，泛型有两种表现形式：泛型类型(包括类、接口、委托和结构，没有泛型枚举)和泛型方法。在泛型类型和泛型方法中都会有类型参数，当通过泛型类型实例化对象或者对泛型方法调用的时候，都需要使用一个真实的类型来代替类型参数。　(　　)

(2) 在 C#泛型中，不能统一处理不同继承级别指定的接口。　(　　)

三、上机练习

(1) 使用泛型方法。

(2) 使用泛型委托。

第 12 章

异常处理和程序调试

本章要点

- 异常处理类
- 异常处理语句
- 程序调试

本章主要内容

在编写 C#应用程序的过程中，发生异常是难以避免的。所谓异常，是指程序在运行过程中发生的错误或者不正常的情况。异常对程序员来说是一件很麻烦的事情，需要程序员来进行检测和处理。幸运的是 C#是一门非常人性化的语言，不但可以自动检测和捕获异常，并且可以编写程序对异常进行处理。在本章将详细讲解 C#处理异常的知识，并详细讲解调试 C#程序的方法和技巧。

12.1 异常处理

在程序开发过程中，异常处理的目的是提前编写程序来处理可能发生的意外。例如，在开发聊天系统时需要随时处理当前网络没有连接之类的突发事件，此时可以在聊天系统中添加一个专门处理网络不正常的异常处理程序。当用户登录聊天系统时网络不正常，我们编写的异常处理程序可以向用户提示"网络有问题，请检查联网设备"之类的提示，这种提示信息在聊天系统中给使用者带来了更好的用户体验。

↑扫码看视频

12.1.1 异常处理类

即使再高明的程序员，也会因为种种可控制或者不可控制的原因在代码中产生异常，所以 C#特意为开发人员提供了专门的类来处理异常。微软在.NET 框架中提供了大量的类来处理异常，其中主要类的具体结构如图 12-1 所示。

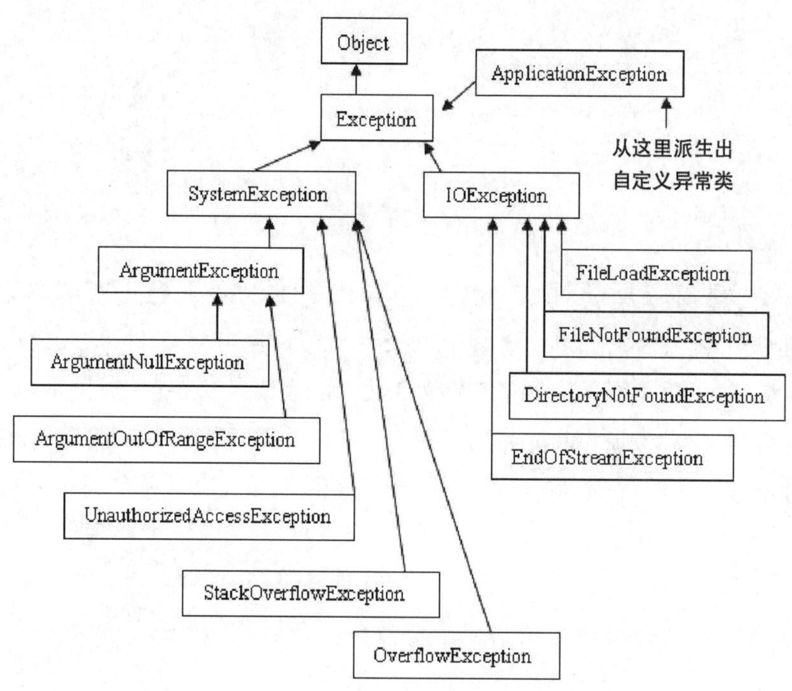

图 12-1 .NET 框架中的异常类

在.NET 框架中，图 12-1 所示的类都在命名空间 System 中定义，类 IOException 和

IOException 的派生类除外。在 C#程序开发过程中，比较常用的异常类如下所示。

- MemberAccessException：访问错误。类型成员不能被访问。
- ArgumentException：参数错误。方法的参数无效。
- ArgumentNullException：参数为空。给方法传递一个不可接受的空参数。
- ArithmeticException：数学计算错误。由于数学运算导致的异常，覆盖面广。
- ArrayTypeMismatchException：数组类型不匹配。
- DivideByZeroException：被零除。
- FormatException：参数的格式不正确。
- IndexOutOfRangeException：索引超出范围，小于 0 或比最后一个元素的索引还大。
- InvalidCastException：非法强制转换，在显式转换失败时触发。
- MulticastNotSupportedException：不支持的组播，组合两个非空委派失败时触发。
- NotSupportedException：调用的方法在类中没有实现。
- NullReferenceException：引用空引用对象时触发。
- OutOfMemoryException：无法为新语句分配内存时触发，内存不足。
- OverflowException：溢出。
- StackOverflowException：栈溢出。
- TypeInitializationException：错误的初始化类型。静态构造函数有问题时触发。
- NotFiniteNumberException：无限大的值。数字不合法。

12.1.2　异常的特点

在 C#语言中，异常的主要特点如下所示。

- 各种类型的异常最终都是由 System.Exception 派生而来。
- 在可能触发异常的语句周围使用 try 块。
- 一旦在 try 块中发生异常，控制流将跳转到第一个关联的异常处理程序(无论该处理程序存在于调用堆栈中的什么位置)。在 C#程序中，关键字 catch 用于定义异常处理程序。
- 如果给定异常没有异常处理程序，则程序将停止执行，并显示一条错误消息。
- 除非可以处理某个异常并使应用程序处于已知状态，否则不要捕捉该异常。如果捕捉 System.Exception，需要在 catch 块的末尾使用关键字 throw 再次触发该异常。
- 如果 catch 块定义了一个异常变量，则可以用它获取有关所发生异常类型的更多信息。
- 程序可以使用关键字 throw 显式地触发异常。
- 异常对象包含有关错误的详细信息，比如调用堆栈的状态以及有关错误的文本说明。
- 即使发生异常也会执行 finally 块中的代码。使用 finally 块释放资源，例如，关闭在 try 块中打开的任何流或文件。
- .NET Framework 中的托管异常是凭借 Win32 结构化异常处理机制实现的。

12.2 使用异常处理语句

在 C#语言中，可以使用异常处理语句来处理异常，其中常用的异常处理语句有throw、try…catch和try…catch…finally。本节将详细讲解使用异常处理语句的知识。

↑扫码看视频

12.2.1 使用 try…catch 语句

在 C#语言中，使用 try…catch 语句的语法格式如下所示。

```
try
{
    //被监控的代码
}
catch(异常类名 异常变量名)
{
    //异常处理
}
```

在 C#程序中，在 catch 块部分可以指定要捕捉的异常的类型，类型规范被称为“异常筛选器”。异常类型应该从类 Exception 中派生出来。一般来说，不会将 Exception 指定为异常筛选器，除非精确了解如何处理 try 块中可能触发的所有异常，或者在 catch 块中包括了 throw 语句。

智慧锦囊

在 C#语言中，如果不同异常筛选器的多个 catch 块串联在一起，那么多个 catch 数据块的计算顺序是在代码中从顶部到底部。但是对于所触发的每个异常来说，都只会执行一个 catch 数据块，与指定的准确类型或其基类最为匹配的第一个 catch 块被执行。如果 catch 块没有指定匹配异常筛选器，则 catch 块就不具有选定的筛选器(如果语句有的话)。需要将带有最具体的(即派生程度最高的)异常类的 catch 块放在最前面。

实例 12-1：使用 try...catch 语句捕获异常
源文件路径：daima\12\12-1

实例文件 Program.cs 的具体实现代码如下所示。

```
static void Main(string[] args){
```

```
        try{                          //使用 try…catch 语句

            object obj = null;        //声明一个 object 变量，初始值为 null
            int N = (int)obj;         //将 object 类型强制转换成 int 类型
        }
        catch (Exception ex) {        //捕获异常

            Console.WriteLine("捕获异常：" + ex);  //输出异常
        }
        Console.ReadLine();
    }
```

执行后的效果如图 12-2 所示。

```
C:\WINDOWS\system32\cmd.exe
捕获异常：System.NullReferenceException: 未将对象引用设置到对象的实例。
   在 Test01.Program.Main(String[] args) 位置 H:\文杰书院\C#\daima\12\12-1\Test01\Program.cs:行号 15
```

图 12-2　执行效果

注意： 在 C#程序中，导致异常的代码放在 try 块中。在其后面紧接着添加一个 catch 语句，以便在 IndexOutOfRangeException 发生时对其进行处理。catch 块负责处理 IndexOutOfRangeException，并触发更适当的 ArgumentOutOfRangeException 异常。为了给调用方提供尽可能多的信息，应该考虑将原始异常指定为新异常的 InnerException。因为属性 InnerException 是只读的，所以必须在新异常的构造函数中为其赋值。

12.2.2　使用 throw 语句

在 C#语言中，throw 会抛出或传递异常。通过在 catch 块里使用 throw 语句可以改变产生的异常，例如可以抛出一个新的异常。通常 throw 语句与 try…catch 或 try…finally 语句一起使用。当触发异常时，程序会查找处理此异常的 catch 语句。也可以用 throw 语句重新触发已捕获的异常。

实例 12-2： 使用 throw 语句捕获异常

源文件路径： daima\12\12-2

实例文件 Program.cs 的具体实现代码如下所示。

```
    class test   {                                    //创建一个类
        public int MyInt(string a, string b) {
        //创建一个 int 类型的方法，参数分别是 a 和 b
            int int1;                    //声明一个 int 类型的变量 int1
            int int2;                    //声明一个 int 类型的变量 int2
            int num;                     //声明一个 int 类型的变量 num
            //try                        //使用 try...catch 语句
            //{
                int1 = int.Parse(a);     //将参数 a 强制转换成 int 类型后赋给 int1
                int2 = int.Parse(b);     //将参数 b 强制转换成 int 类型后赋给 int2
                if (int2 == 0) {    //判断 int2 是否等于 0，如果等于 0，抛出异常
                    throw new DivideByZeroException();
```

```
                //抛出 DivideByZeroException 类的异常
            }
            num = int1 / int2;                  //计算 int1 除以 int2 的值
            return num;                         //返回计算结果
        //}
        //catch (Exception ex)                  //捕获异常
        //{
        //    //Console.WriteLine("用零除整数触发异常！");
        //    Console.WriteLine(ex.Message);
        //    return 0;
        //}
    }
}
static void Main(string[] args){
    try{                                                //使用 try…catch 语句
        Console.WriteLine("请输入分子：");              //提示输入分子
        string str1 = Console.ReadLine();               //获取键盘输入的值
        Console.WriteLine("请输入分母：");              //提示输入分母
        string str2 = Console.ReadLine();               //获取键盘输入的值
        test tt = new test();                           //实例化 test 类
        //调用 test 类中的 MyInt 方法，获取键盘输入的分子与分母相除得到的值
        Console.WriteLine("分子除以分母的值：" + tt.MyInt(str1, str2));
    }
    catch (Exception ex) {                  //捕获异常
        Console.WriteLine(ex.Message);//输出提示
    }
    Console.ReadLine();
}
}
```

```
请输入分子：
2
请输入分母：
0
试图除以零。
```

图 12-3 执行效果

执行后的效果如图 12-3 所示。

12.2.3 使用 try…catch…finally 语句

在 C#语言中，同时使用 catch 和 finally 的常见方式是：在 try 块中获取并使用资源，在 catch 块中处理异常情况，并在 finally 块中释放资源。使用 try…catch…finally 语句的语法格式如下所示。

```
try{
    //…
}
catch{
    //…
}
finally{
    //…
}
```

在上述格式中各个块的具体说明如下所示。

- try 块部分：编写可能抛出异常的代码。
- catch 块：编写出现异常后针对的处理办法。

➢ finally: 编写不论是否出现异常都执行的代码(通常是一些释放资源的代码)，finally 块可以省略。

由此可见，和前面介绍的语句块相比，此语句只是多了 finally 部分而已。在 C#程序中，可以使用 finally 块清理在 try 块中执行的操作。如果存在 finally 部分，将在最后执行 finally 块，即在 try 块和任何匹配 catch 的块之后执行。不管是否触发异常或者是否找到与异常类型匹配的 catch 块，finally 始终运行。

其实在 C#程序中还可以使用 finally 块释放资源(如文件流、数据库连接和图形句柄)，而不用等待由运行中的垃圾回收器来完成对象。例如在下面的实例代码中，使用 finally 块关闭了在 try 块中打开的文件。在关闭文件之前要检查该文件句柄的状态，如果 try 块无法打开文件，则 finally 块不会尝试关闭它。或者如果在 try 块中成功打开该文件，则 finally 块将关闭打开的文件。

```
System.IO.FileStream file = null;
System.IO.FileInfo fileinfo = new System.IO.FileInfo("C:\\file.txt");
try{
   file = fileinfo.OpenWrite();
   file.WriteByte(0xF);
}
finally{
   // Check for null because OpenWrite might have failed.
   if (file != null){
      file.Close();
   }
}
```

下面通过一个具体实例来说明使用 try…catch…finally 语句抛出异常的过程。

实例 12-3：使用 try…catch…finally 语句抛出异常

源文件路径：daima\12\12-3

实例文件 Program.cs 的具体实现代码如下所示。

```
static void Main(string[] args){
   string str = "用一生下载你";          //声明一个 string 类型的变量 str
   object obj = str;                    //声明一个 object 类型的变量 obj
   try{                                 //使用 try…catch 语句

      int i = (int)obj;                 //将 obj 强制转换成 int 类型
   }
   catch (Exception ex) {               //获取异常

      Console.WriteLine(ex.Message); //输出异常信息
   }
   finally{                             //finally 语句

      Console.WriteLine("程序执行完毕...");//输出“程序执行完毕...”
   }
```

```
        Console.ReadLine();
    }
```

执行效果如图 12-4 所示。

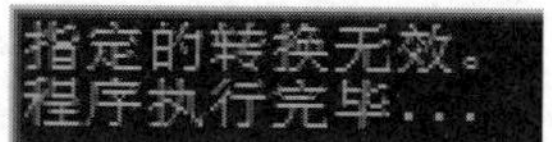

图 12-4　执行效果

12.2.4　使用多个 catch 语句

在 C#语言中，在同一个 try…catch 语句中可以使用一个以上的特定 catch 子句。在这种情况下，catch 子句的顺序很重要。.NET 会按照顺序检查 catch 子句，且先捕获特定程度较高的异常，而不是特定程度较小的异常。

实例 12-4：使用多个 catch 语句
源文件路径：daima\12\12-4

实例文件 Program.cs 的具体实现代码如下所示。

```
public static void Main(){
    try{
        int[] myArray = new int[2];
        Console.WriteLine("Attempting to access an invalid array element");
        myArray[2] = 1;
    }
    catch (DivideByZeroException e){
        // code that handles a DivideByZeroException
        Console.WriteLine("Handling a System.DivideByZeroException
            object");
        Console.WriteLine("Message = " + e.Message);
        Console.WriteLine("StackTrace = " + e.StackTrace);
    }
    catch (IndexOutOfRangeException e){
        // code that handles an IndexOutOfRangeException
        Console.WriteLine("Handling a System.
            IndexOutOfRangeException object");
        Console.WriteLine("Message = " + e.Message);
        Console.WriteLine("StackTrace = " + e.StackTrace);
    }
    catch (Exception e){
        // code that handles a generic Exception: all other exceptions
        Console.WriteLine("Handling a System.Exception object");
        Console.WriteLine("Message = " + e.Message);
        Console.WriteLine("StackTrace = " + e.StackTrace);
    }
}
```

执行效果如图 12-5 所示。

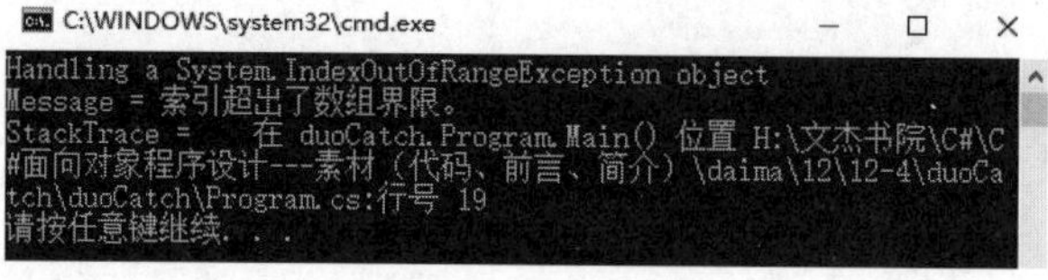

图 12-5　执行效果

12.2.5　自定义异常

在 C#语言中，所有的异常类型都继承自 System.Exception，也就是说 System.Exception 是所有异常类的基类。总体来说，System.Exception 分为如下两种派生类。

- SystemException 类：所有 CLR 提供的异常类型都是由 SystemException 派生。
- ApplicationException 类：由用户程序触发，用于派生自定义的异常类型，一般不直接进行实例化。

如果要在 C#程序中创建自定义异常类，需要严格遵循如下所示的原则。

- 声明可序列化。
- 添加一个默认的构造函数。
- 添加包含 message 的构造函数。
- 添加一个包含 message 和内部异常类型参数的构造函数。
- 添加一个序列化信息相关参数的构造函数。

例如在下面的实例中，演示了自定义异常类的过程。

实例 12-5：自定义异常类
源文件路径：daima\12\12-5

实例文件 Program.cs 的具体实现代码如下所示。

```
public static void Main(){
        try{
            int zero = 0;
            Console.WriteLine("In try block: attempting division by zero");
            int myInt = 1 / zero;  // throws the exception
        }
        catch (System.Exception myException){
            // display the exception object's properties
            Console.WriteLine("HelpLink = " + myException.HelpLink);
            Console.WriteLine("Message = " + myException.Message);
            Console.WriteLine("Source = " + myException.Source);
            Console.WriteLine("StackTrace = " + myException.StackTrace);
            Console.WriteLine("TargetSite = " + myException.TargetSite);
        }
}
```

执行效果如图 12-6 所示。

```
C:\WINDOWS\system32\cmd.exe
In try block: attempting division by zero
HelpLink =
Message = 尝试除以零。
Source = ziDingyi
StackTrace =    在 ziDingyi.Program.Main() 位置 H:\文杰书院\C#\daima\12\12-5\ziDingyi\ziDingyi\Program.cs:行号 19
TargetSite = Void Main()
请按任意键继续. . .
```

图 12-6　执行效果

12.3 程 序 调 试

在编写 C#程序的过程中，要想验证程序功能的正确性，则必须调试这个程序。在使用 C#语言进行程序开发工作时，肯定会遇到错误异常，如何快速地找到出错的地方、分析错误的原因以及找到解决问题的方案，是困扰许多初级程序员的地方，而这也正是经验的宝贵之处。

↑扫码看视频

12.3.1 断点调试

在 Intel 系列的 CPU(包括 AMD 生产的 CPU)处理器中，断点是一个特殊的指令：INT 3。CPU 在执行程序的指令集时，只要碰到这个指令就会中断程序的执行。在使用 Vsiual Studio .NET 工具调试 C#程序时，也可以使用断点的方式进行调试。断点调试是最简单的调试方式，设置一个断点，程序执行到那一句就自动中断进入调试状态。设置断点的方法是，在觉得有问题的代码行的左侧单击鼠标左键，出现红色的点即表示新建了一个断点。例如图 12-7 中的首行代码被设置为了断点调试，这样当程序执行到这一行代码时就会自动中断进入调试状态。

```
catch (IndexOutOfRangeException e)
{

    // code that handles an IndexOutOfRangeException
    Console.WriteLine("Handling an IndexOutOfRangeException");
    Console.WriteLine("Message = " + e.Message);
    Console.WriteLine("StackTrace = " + e.StackTrace);
```

图 12-7 首行断点

在断点调试过程中可以拖动断点，使得程序运行到我们想要运行的地方，用来验证这段代码对程序的运行结果是否有影响。当我们拖动代码时，被过滤的代码就不会执行，将它跟原来的相比，可以看出去掉这段代码会有什么影响。删除一个断点的方法十分简单，只需用鼠标左键单击代码行左侧的红点即可。

1. 创建条件断点

首先我们先看看如何设置条件断点。条件断点有两种，一种是根据触发的次数来设置，另外一种是根据预置的条件来设置。

1) 根据触发次数设置

在下面的实例中设置了一个循环，功能是循环输出 1000 次(个)数字。

实例 12-6：根据触发次数设置断点
源文件路径：daima\12\12-6

实例文件 Program.cs 的具体实现代码如下所示。

```
class Program{
    public static void Main(){
        for (int i = 0; i < 1000; ++i)
            Console.Write(i);
    }
}
```

正常情况下的执行效果如图 12-8 所示。

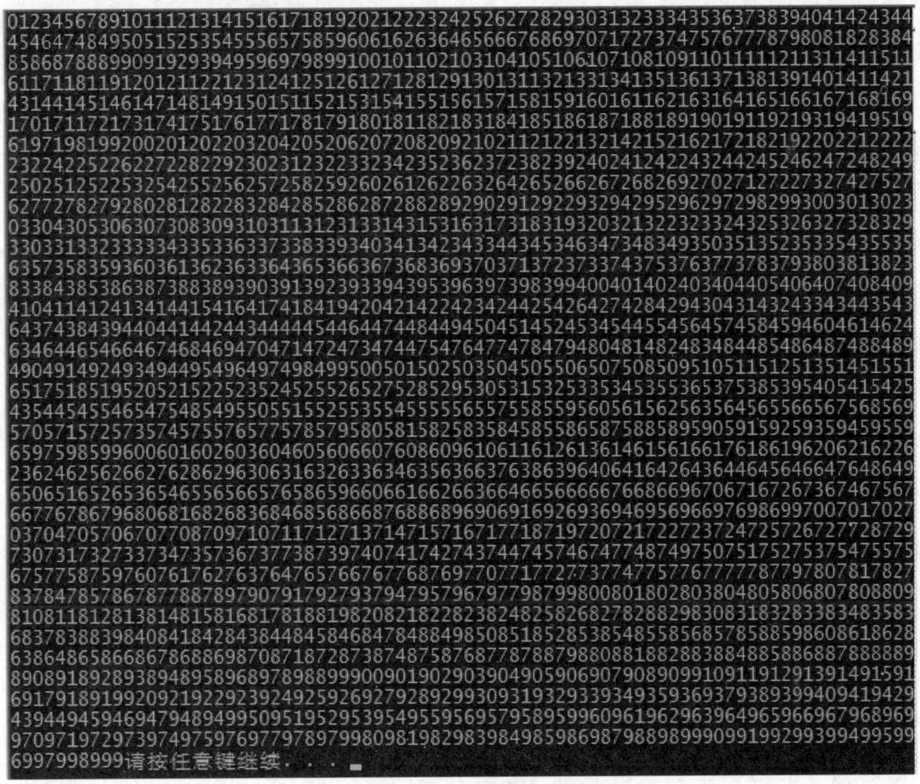

```
01234567891011121314151617181920212223242526272829303132333435363738394041424344
45464748495051525354555657585960616263646566676869707172737475767778798081828384
85868788899091929394959697989910010110210310410510610710810911011111211311411511
61171181191201211221231241251261271281291301311321331341351361371381391401411421
43144145146147148149150151152153154155156157158159160161162163164165166167168169
17017117217317417517617717817918018118218318418518618718818919019119219319419519
61971981992002012022032042052062072082092102112122132142152162172182192202212222
23224225226227228229230231232233234235236237238239240241242243244245246247248249
25025125225325425525625725825926026126226326426526626726826927027127227327427527
62772782792802812822832842852862872882892902912922932942952962972982993003013023
03304305306307308309310311312313314315316317318319320321322323324325326327328329
33033133233333433533633733833934034134234334434534634734834935035135235335435535
63573583593603613623633643653663673683693703713723733743753763773783793803813823
83384385386387388389390391392393394395396397398399400401402403404405406407408409
41041141241341441541641741841942042142242342442542642742842943043143243343443543
64374384394404414424434444454464474484494504514524534544554564574584594604614624
63464465466467468469470471472473474475476477478479480481482483484485486487488489
49049149249349449549649749849950050150250350450550650750850951051151251351451551
65175185195205215225235245255265275285295305315325335345355365375385395405415425
43544545546547548549550551552553554555556557558559560561562563564565566567568569
57057157257357457557657757857958058158258358458558658758858959059159259359459559
65975985996006016026036046056066076086096106116126136146156166176186196206216226
23624625626627628629630631632633634635636637638639640641642643644645646647648649
65065165265365465565665765865966066166266366466566666766866967067167267367467567
66776786796806816826836846856866876886896906916926936946956966976986997007017027
03704705706707708709710711712713714715716717718719720721722723724725726727728729
73073173273373473573673773873974074174274374474574674774874975075175275375475575
67577587597607617627637647657667677687697707717727737747757767777787797807817827
83784785786787788789790791792793794795796797798799800801802803804805806807808809
81081181281381481581681781881982082182282382482582682782882983083183283383483583
68378388398408418428438448458468478488498508518528538548558568578588598608618628
63864865866867868869870871872873874875876877878879880881882883884885886887888889
89089189289389489589689789889990090190290390490590690790890991091191291391491591
69179189199209219229239249259269279289299309319329339349359369379389399409419429
43944945946947948949950951952953954955956957958959960961962963964965966967968969
97097197297397497597697797897998098198298398498598698798898999099199299399499599
6997998999请按任意键继续. . .
```

图 12-8　执行效果

假如你已经知道有一个 Bug 总是在 500 次之后才会出现，因此肯定希望在循环内设置一个断点，但是前面 500 次都不会触发这个断点，否则连续按 500 次的 F5 键的确不是一件轻松的差事。这时可以根据触发次数设置条件断点，方法是首先在 for 语句行设置一个断点，然后鼠标右键单击红点，在弹出的菜单中选择“命中次数”命令，如图 12-9 所示。最后在弹出的“断点命中次数”对话框中设置“命中断点时”的值是“中断，条件是命中次数等于 1”，如图 12-10 所示。

2)　根据预置条件来设置

如果你已经知道一些条件可能会触发 Bug，那么根据条件来设置则最合适不过了。具体设置方法如图 12-11 所示。选择“条件”命令即可来到“断点条件”对话框，在“断点条件”对话框里面，只需在“条件”下面的文本框中输入一条正常的 C#、C++或者 Visual Basic.NET

的语句就可以了(当然，语法要与项目里面的源代码语法一致)，这条语句的要求是必须返回 bool 值——否则就不是一个条件了。

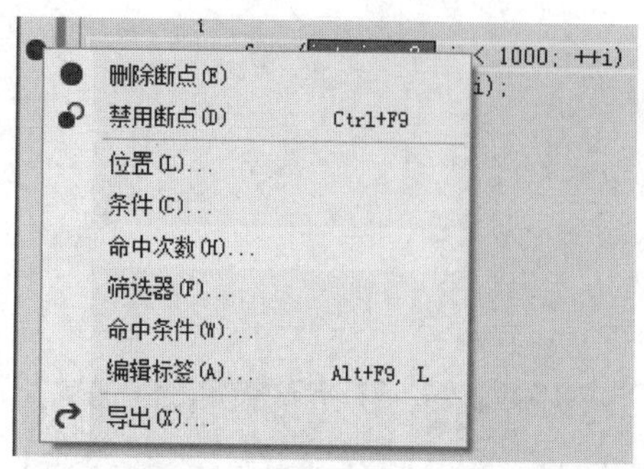

图 12-9 选择“命中次数”命令

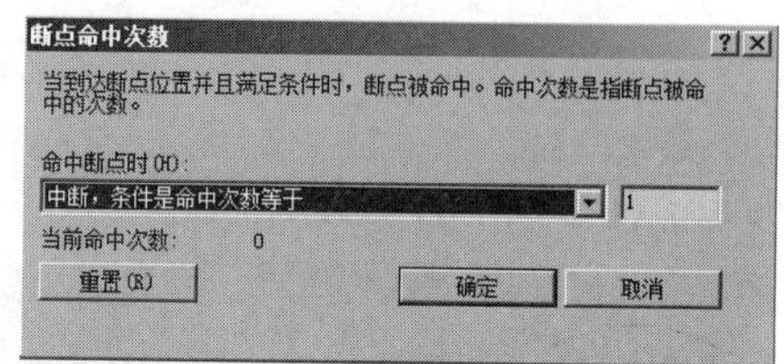

图 12-10 “断点命中次数”对话框

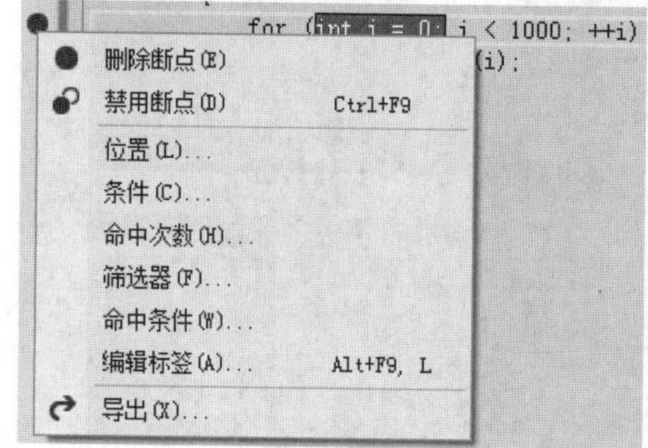

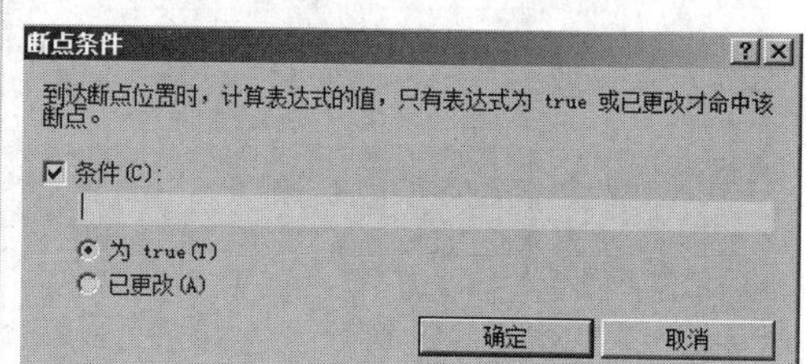

图 12-11 根据预置条件来设置

2. 监视断点

有时可能需要查看程序内部一些变量的值，但是又不希望中断程序的执行。例如在调试一个网络协议栈项目时，一个程序可能正在接收数据包。此时想看数据包的格式，但如果中断程序的执行，会导致后续的数据包丢失。因此此时的一般做法就是在源代码里面加一些日志记录代码，这样可以将一些变量的值记录下来，以便后续分析。如果日志在产品发布以后还需要的话，在源代码中加入这些日志代码固然是一个好主意。但是如果只是想临时看看一些变量的值，这时监视断点就很有用了，通过使用 Visual Studio.NET 的监视断点，可以做到在不修改程序源代码的前提下，在调试器窗口中打印一些变量的值，如图 12-12 所示。

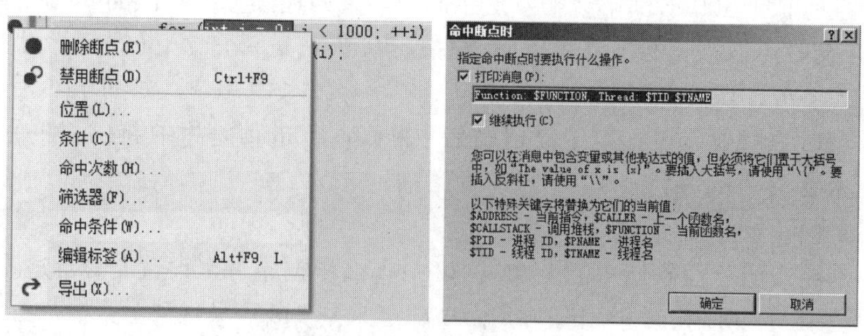

图 12-12 单击命中条件

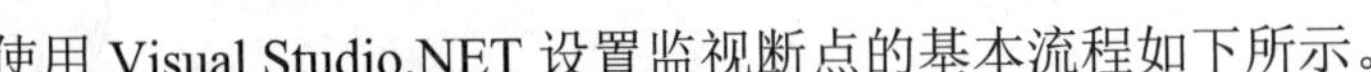

使用 Visual Studio.NET 设置监视断点的基本流程如下所示。

(1) 设置一个普通的断点。

(2) 右击刚刚设置的断点，在弹出菜单中选择“命中条件”命令。

(3) 勾选“打印消息”复选框，输入一串文本。在默认情况下，输入的文本会被直接打印到调试的输出窗口中，但以下情况除外。

- 以$符号开头的几个关键字。比如$FUNCTION 就会被替换成断点所在的函数名。其他一些关键字在“命中断点时”对话框中有详细的说明。
- 使用大括号{}包含起来的变量名，这样的字符串会被替换成变量的值。
- 监视断点相对于日志记录的好处是，不需要改动源代码，并且重新编译代码。实际上 Visual Studio .NET 实现监视断点的原理也很简单，就是插入一个普通的断点，断点触发之后处理并且打印在“命中断点时”对话框输出的表达式，最后自动恢复程序的执行。

12.3.2　自定义调用堆栈

在调试 C#程序时，会运行一个又一个方法，包括方法的嵌套调用。堆栈跟踪会对这当中的每一层方法作出记录。选择“调试”→“窗口”→“调用堆栈”命令，或者按 Ctrl+Alt+C 快捷键，就可以看到当前的堆栈跟踪状态。这里会将每个方法单独显示为一行，并且带有行号和参数值，每一个新的方法调用被称为堆栈帧。Visual Studio .NET 的“调用堆栈”窗口效果如图 12-13 所示。

图 12-13　“调用堆栈”窗口效果

堆栈跟踪是一个广为人知的调试工具，它的优点在于可以双击任意一行跳转到程序中该层调用方法的代码。于是可以看到程序是如何执行到这一位置的，而且可以看到方法接受的参数值。同时可以使用 Ctrl+C 快捷键将一个或者全部堆栈帧复制到剪贴板，并将这个方法的调用信息发送给工作伙伴。

12.3.3　Visual Studio .NET 的调试配置说明

当使用 Visual Studio .NET 打开一个 C#项目时，右击“解决方案资源管理器”面板中的项目名称，在弹出的快捷菜单中选择“属性”命令后，可以弹出项目设置界面，如图 12-14 所示。选择左侧的“调试”选项，会弹出“调试”配置界面，如图 12-15 所示。

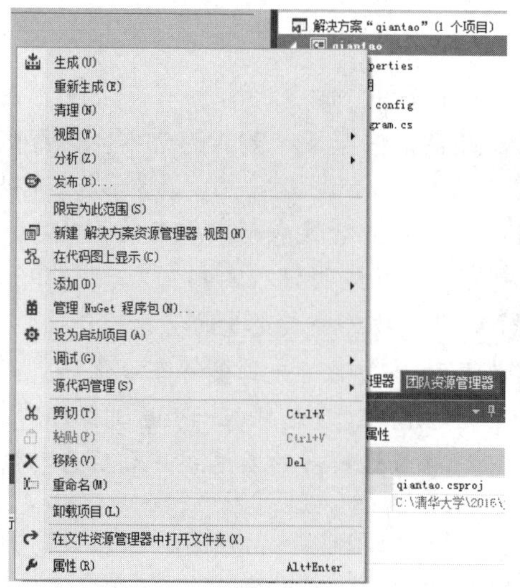
图 12-14　选择“属性”命令

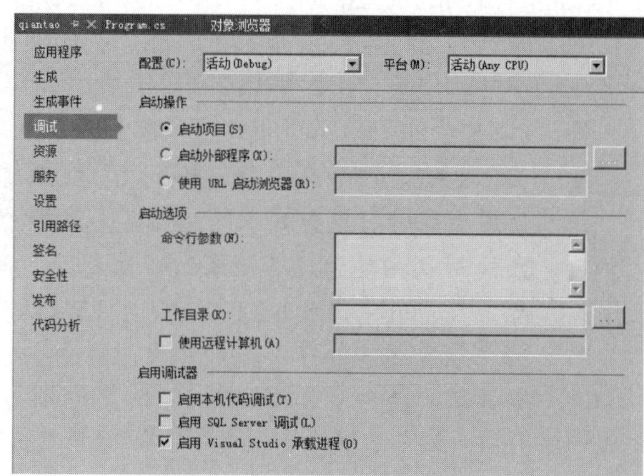
图 12-15　“调试”配置界面

“调试”配置界面中各个选项的具体说明如表 12-1 所示。

表 12-1　“调试”配置界面中各个选项的具体说明

设　置	描　述
配置	设置编译应用程序的模式。可“活动(调试)”“调试”“发布”和“所有配置”
启动操作	这组控件指定在从“调试”菜单中选择“启动”时将发生的操作。“启动项目”是默认值，用于启动项目以供调试。“启动外部程序”可以启动附加到不属于 Visual Studio .NET 项目的程序。“使用 URL 启动浏览器”可以调试 Web 应用程序
命令行参数	指定要调试的程序的命令行参数。该命令名是在“启动外部程序”中指定的程序名。如果“启动操作”设置为“使用 URL 启动浏览器”，则不能指定命令行参数
工作目录	指定被调试的程序的工作目录。在 Visual C# 中，工作目录是启动应用程序的目录，默认情况下为“\bin\debug”
使用远程计算机	出于调试目的运行应用程序的远程计算机的名称或一个 Msvsmon 服务器名称。该 EXE 文件在远程计算机上的位置是由“配置属性\生成\输出路径”属性指定的。此位置必须是远程计算机上的共享目录
启用 SQL Server 调试	允许对 SQL Server 数据库对象进行调试

12.3.4　使用 IntelliTrace 进行调试

在 Microsoft Visual Studio 2010 以上的版本中，可以使用 IntelliTrace 进行调试，与传统调试器相比，它可以提供应用程序的增强图片。传统的调试器会显示应用程序当前时间的状态以及有关过去发生事件的有限信息。开发者必须根据应用程序当前时间的状态推断过去发生的事件，或重新启动应用程序以重新创建过去的事件。利用 IntelliTrace 可以实际看到过去发生的事件以及发生这些事件所在的上下文，从而可以减少调试应用程序所需的重新启动的次数，并降低重新运行应用程序时错误无法重现的可能性。

在使用 Visual Studio 调试器时，调试器窗口会显示某个时间点应用程序状态的快照。使用 IntelliTrace 时，可以查看多个时间点的应用程序状态，IntelliTrace 会记录调试会话期间内预定义时间点的应用程序状态。当使用 IntelliTrace 进行调试时，可以定位到收集调试信息所在的任意点。当导航到 IntelliTrace 中的某个新点时，源窗口会显示发生此事件处的源代码。同时，调试器“调用堆栈”窗口和其他调试器窗口会得到更新，以显示发生此事件的上下文。

1. IntelliTrace 事件视图

“IntelliTrace 事件”视图是 IntelliTrace 窗口中的默认视图，如图 12-16 所示。在默认情况下，“IntelliTrace 事件”视图与“解决方案资源管理器”和“团队资源管理器”一同停靠。不论何时启用 IntelliTrace，都会开始收集 IntelliTrace 事件。 因此，可以在任何 IntelliTrace 会话期间使用此视图。

图 12-16　IntelliTrace 事件视图窗口

知识精讲

在调试模式中，“IntelliTrace 事件”视图会显示在调试会话期间 IntelliTrace 收集的所有事件的列表，收集哪些事件是在“选项”对话框中指定的。如果定位到发生诊断事件的时间点，可以在“IntelliTrace 事件”视图中单击要定位到的事件，源窗口会显示发生此事件所在点的源代码，指令指针会移动到该点，并且调试器窗口会得到更新，以显示发生此事件的上下文。

2. 调用视图

单击顶部图标回到“调用”界面，在此提供了一种分层方式来查看导航调用以及与这些调用关联的 IntelliTrace 事件，如图 12-17 所示。

图 12-17　调用视图窗口

与启用 IntelliTrace 时始终收集的 IntelliTrace 事件不同，仅在“选项”对话框中启用“IntelliTrace 事件和调用信息”时才会收集调用信息。“调用”视图会显示一个调用堆栈，类似于调试器“调用堆栈”窗口的倒转版本。 在“调用堆栈”窗口中，当前调用位于顶部。在“调用”视图中，当前调用位于底部。当使用 IntelliTrace 进行调试时，当前调用表示该调用当前处于正在查看的时间上下文中。 它不必处于真实时间中的当前时刻。“调用”视图以缩进方式排列在当前调用的下面，会显示一个调用列表，这些调用是从当前调用以及与当前调用关联的 IntelliTrace 事件发出的。

12.4　实践案例与上机指导

通过本章的学习，读者基本可以掌握 C#异常处理和程序调试的知识。其实 C#异常处理和程序调试的知识还有很多，这需要读者通过课外渠道来加深学习。下面通过练习操作，达到巩固学习、拓展提高的目的。

↑扫码看视频

在 C#语言中，try…catch 语句是可以嵌套使用的，例如在下面的实例中，演示了使用嵌套异常的过程。

实例 12-7：使用嵌套异常

源文件路径：daima\12\12-7

实例文件 Program.cs 的具体实现代码如下所示。

```
public static void Main(){
    try{
        // a nested try and catch block
        try{
            int[] myArray = new int[2];
            Console.WriteLine("Attempting to access an invalid array
                                element");
```

```
                myArray[2] = 1;  // throws the exception
            }
            catch (DivideByZeroException e){
                // code that handles a DivideByZeroException
                Console.WriteLine("Handling a DivideByZeroException");
                Console.WriteLine("Message = " + e.Message);
                Console.WriteLine("StackTrace = " + e.StackTrace);
            }
        }
        catch (IndexOutOfRangeException e){
            // code that handles an IndexOutOfRangeException
            Console.WriteLine("Handling an IndexOutOfRangeException");
            Console.WriteLine("Message = " + e.Message);
            Console.WriteLine("StackTrace = " + e.StackTrace);
        }
    }
```

执行效果如图 12-18 所示。

```
C:\WINDOWS\system32\cmd.exe
Attempting to access an invalid array element
Handling an IndexOutOfRangeException
Message = 索引超出了数组界限。
StackTrace =    在 qiantao.Program.Main() 位置 H:\文杰书院\C#\daima\12\12-7\qiantao\qiantao\Program.cs:行号 23
请按任意键继续. . .
```

图 12-18　执行效果

12.5　思考与练习

本章详细讲解了 C#异常处理和程序调试的知识。通过本章的学习，读者应该熟悉解决 C#异常和实现程序调试的知识，掌握其使用方法和技巧。

一、选择题

(1) 异常类 MemberAccessException 表示(　　)。

A. 访问错误　　B. 参数错误　　C. 参数为空　　D. 数学计算错误

(2) 异常类 ArgumentException 表示(　　)。

A. 访问错误　　B. 参数错误　　C. 参数为空　　D. 数学计算错误

二、判断对错

(1) 异常类 IndexOutOfRangeException 表示索引超出范围，即小于 0 或比最后一个元素的索引还大。　(　　)

(2) 在 C#语言中，各种类型的异常最终都是由 System.Exception 派生而来。　(　　)

三、上机练习

(1) 实现一个当除以零时抛出异常的实例。

(2) 创建一个用户自定义异常。

第 13 章

文　件

本章要点

- 文件操作管理
- 流文件操作管理

本章主要内容

在计算机系统中，文件操作又被称为 I/O 操作，能够实现输入和输出操作相关的处理。文件操作的功能是编程语言所要面对的主要课题之一，C#语言可以根据系统的特殊需求对文件进行新建、删除、读写和更新等操作。在.NET 框架中，为开发者提供了功能强大的文件操作接口。在.NET 框架类库的 System.IO 命名空间中，提供了多个用于文件操作的类。C#通过这些类，可以方便地实现对文件的各种操作处理。在本章将详细讲解使用 C#语言实现文件操作的知识。

13.1 文件操作管理

在 C#程序中，实现文件操作功能不但需要精通基本语法，还需要对函数功能有较深造诣，因为文件的处理就是通过对应的函数来实现的。在.NET 框架类库的 System.IO 命名空间内，提供了专用的类来实现对文件系统的操作管理，包括常见的复制、删除、文件移动等。

↑扫码看视频

13.1.1 文件管理类介绍

在 System.IO 命名空间中，和文件管理类相关的主要信息如下。

➢ System.MarshallByRefObject：访问远程处理的应用程序，可以在不同的程序之间调用数据。

➢ System.IO.FileSystemInfo：这是类 FileInfo 和 DirectoryInfo 的基类，密封了文件和目录操作的全部方法。

➢ System.IO.File：提供了创建、复制、删除、移动等文件处理的静态方法，并协同创建了对象 FileStream。

➢ System.IO.FileInfo：功能跟上面的 system.IO.File 相同，两者的区别是 system.IO.File 为静态的。

➢ System.IO.Directory：提供了创建、复制、删除、移动等文件处理的实例方法，并协同创建了对象 FileStream。

➢ System.IO.DirectoryInfo：提供了创建、移动和枚举目录与子目录的实例方法。

➢ System.IO.Path：对包含文件或目录路径的 String 实例进行跨平台操作。

➢ System.Environment：设置当前运行环境平台的信息。

上述各个文件操作类之间的对应关系如图 13-1 所示。因为各个文件操作类都是静态类或密封类，所以不能被继承。

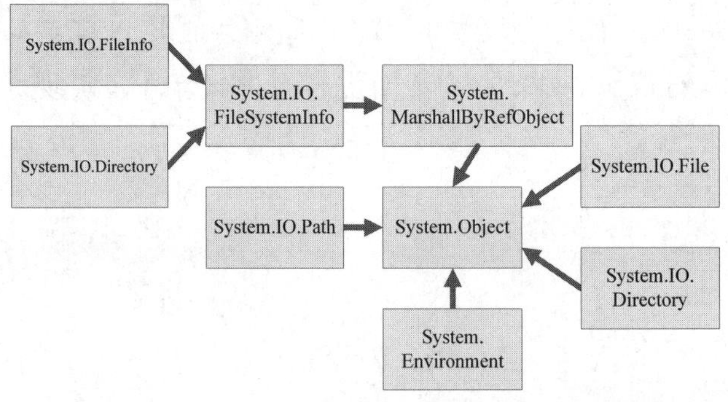

图 13-1 System.IO 命名空间文件操作类关系图

13.1.2 使用 File 和 FileInfo

在 C#语言的 I/O 系统中，类 File 和类 FileInfo 的功能类似，能够实现对文件的复制、移动、重命名、创建和打开等基本操作，并能获取和设置文件属性及文件创建、访问和写入操作的 DateTime 信息。类 File 中的主要方法信息说明如表 13-1 所示。

表 13-1 类 File 方法信息

方 法	说 明
AppendAllText	将指定字符串添加到文件中，如果文件不存在则创建该文件
AppendText	创建一个 Stream，在执行写入时使用 UTF-8 编码追加内容
Copy	将现有文件复制到新文件
Create	创建新文件
CreateText	创建或打开一个 UTF-8 编码的文件
Decrypt	解密用 Encrypt 加密的文件
Delete	删除指定文件
Encrypt	加密某文件
Exists	验证文件是否存在
GetAccessControl	获取一个 FileSecurity 对象
GetAttributes	获取文件的属性
GetCreationTime	获取文件或目录的创建时间
GetCreationTimeUtc	获取文件或目录的 UTC 格式创建时间
GetLastAccessTime	获取文件或目录的最后被访问时间
GetLastAccessTimeUtc	获取文件或目录的最后被访问的 UTC 格式时间
GetLastWriteTime	获取文件或目录的上次被写入的时间
GetLastWriteTimeUtc	获取文件或目录的上次被写入的 UTC 格式时间
Move	移动某文件
Open	打开某路径上的 FileStream
OpenRead	打开文件并读取
OpenText	打开 UTF-8 编码文件并读取
OpenWrite	打开文件并写入
ReadAllBytes	打开文件并将内容读入一个字符串，然后将文件关闭
ReadAllLines	打开文件并将所有行读入一个字符串数组，然后将文件关闭
ReadAllText	打开文件并将所有行读入一个字符串，然后将文件关闭
Replace	替换某文件内容
SetAccessControl	对指定文件应用由 FileSecurity 对象描述的访问控制列表项
SetAttributes	设置某文件指定的 FileAttributes
SetCreationTime	设置创建文件的时间

续表

方　法	说　明
SetCreationTimeUtc	设置创建文件的 UTC 格式时间
SetLastAccessTime	设置上次访问文件的时间
SetLastAccessTimeUtc	设置上次访问文件的 UTC 格式时间
SetLastWriteTime	设置上次写入文件的时间
SetLastWriteTimeUtc	设置上次写入文件的 UTC 格式时间
WriteAllBytes	创建新文件，并写入指定的字节数组，然后关闭文件
WriteAllLines	创建新文件，并写入指定的字符串，然后关闭文件
WriteAllText	创建新文件，并写入内容，然后关闭文件

类 FileInfo 中的主要属性信息如表 13-2 所示。

表 13-2　类 FileInfo 属性信息

属　性	说　明
Attributes	获取设置当前 FileSystemInfo 的 FileAttributes
CreationTime	获取设置当前 FileSystemInfo 的创建时间
CreationTimeUtc	获取设置当前 FileSystemInfo 的 UTC 格式时间
Directory	解密用 Encrypt 加密的文件
DirectoryName	获取父目录实例
Exists	验证文件是否存在
Extension	获取文件扩展名字符串
FullName	获取文件或目录的完整名或目录
IsReadOnly	设置文件为只读
LastAccessTime	获取文件或目录的上次被访问的时间
LastAccessTimeUtc	获取文件或目录的上次被访问的 UTC 格式时间
LastWriteTime	获取文件或目录的上次被写入的时间
LastWriteTimeUtc	获取文件或目录的上次被写入的 UTC 格式时间
Length	获取文件的大小
Name	获取文件名

类 FileInfo 中的主要方法信息如表 13-3 所示。

表 13-3　类 FileInfo 方法信息

方　法	说　明
AppendText	创建一个 StreamWriter
CopyTo	将现有文件复制到新文件
Create	创建新文件
CreateObjRef	创建远程代理对象

续表

方 法	说 明
CreateText	创建写入新文件的 StreamWriter
Decrypt	解密用 Encrypt 加密的文件
Delete	删除指定文件
Encrypt	加密某文件
GetAccessControl	获取 FileSecurity 对象
MoveTo	移动某文件
Open	打开某文件
OpenRead	创建只读 FileStream
OpenText	打开 UTF-8 编码文件并读取
OpenWrite	打开只写 FileStream
Replace	替换某文件内容
SetAccessControl	对指定文件应用由 FileSecurity 对象描述的访问控制列表项

在读写文件时，通过指定字符的编码方式可明确说明被读写文件是基于哪种字符编码进行的。编码能够将一组 Unicode 字符转换为一个字节顺序，而解码则是上述过程的反向操作。通过 Unicode 标准，可以为所有支持脚本中的每个字符分配一个码位。Unicode 转换格式 UTF 是一种码位的编码方式，Unicode 标准通常使用如下 3 种类型的 UTF。

(1) UTF-8：将每个码位表示为一个由 1～4 个字节组成的序列。

(2) UTF-16：将每个码位表示为一个由 1～2 个 16 位整数组成的序列。

(3) UTF-32：将每个码位表示为一个 32 位整数序列。

因为所有的 File 类都是静态的，所以如果想要实现对某文件的操作，使用 File 的效率会比使用 FileInfo 实例方法的效率要高。

实例 13-1：使用类 File 创建一个文件

源文件路径：daima\13\13-1

实例文件 Program.cs 的主要实现代码如下所示。

```
public static void Main(){
    string m_path = @"e:\123.txt";  //设置所要创建文件的绝对路径
    File.Create(m_path);            //以路径为参数创建文件
    Console.ReadLine();
}
```

运行上述代码后，会在 e 盘创建一个名为“123.txt”的文件。

在使用 FileInfo 实例时需要传入当前操作的文件路径。如果想多次重用某个对象，则需要使用 FileInfo 的实例方法，而不是使用 File 类的静态方法。

实例 13-2：使用 FileInfo 检测某文件是否存在

源文件路径：daima\13\13-2

实例文件 Program.cs 的主要实现代码如下所示。

```
string mm = @"c:\123.txt";  //设置所要检测文件的绝对路径
    FileInfo nn = new FileInfo(mm); //以路径为参数构造 FileInfo 对象
    if (nn.Exists) {        //检测文件是否存在
        Console.WriteLine("已经存在!");
    }
    else{
         Console.WriteLine("不存在!");
}
```

通过上述代码可以验证在 C 盘中是否存在指定的文件“123.txt”，如果不存在则输出“不存在!”；如果已经存在，则输出“已经存在!”。

13.1.3 使用 Directory 和 DirectoryInfo

在 C#语言中，类 Directory 和类 DirectoryInfo 的功能类似，主要功能如下所示。

(1) 实现基本的文件夹的复制、移动、重命名、创建和删除等基本操作。

(2) 列举目录中的文件夹和子目录。

(3) 获取和设置目录信息，实现与目录创建、访问和写入等操作相关的时间信息。

类 Directory 中的主要方法信息如表 13-4 所示。

表 13-4 类 Directory 方法信息

方 法	说 明
CreateDirectory	创建某路径内的所有目录
Delete	删除指定目录
Exists	验证目录是否存在
GetAccessControl	获取某目录的 Windows 访问控制列表
GetCreationTime	获取目录的创建时间
GetCreationTimeUtc	获取目录的 UTC 格式创建时间
GetCurrentDirectory	获取当前运行程序的目录
GetDirectories	获取某目录内子目录的名称
GetDirectoryRoot	获取指定路径卷信息和根信息
GetFiles	获取返回目录的文件名
GetFileSystemEntries	获取指定目录的所有文件和子目录信息
GetLastAccessTime	获取文件或目录的最后被访问时间
GetLastAccessTimeUtc	获取文件或目录的最后被访问的 UTC 格式时间
GetLastWriteTime	获取文件或目录的上次被写入的时间
GetLastWriteTimeUtc	获取文件或目录的上次被写入的 UTC 格式时间
GetLogicalDrives	检索机器上主驱动磁盘的名称
GetParent	检索指定路径的父目录

续表

方　法	说　明
Move	移动某文件或目录
SetAccessControl	对指定目录应用由 FileSecurity 对象描述的访问控制列表项
SetCreationTime	设置创建文件或目录的时间
SetCreationTimeUtc	设置创建文件或目录的 UTC 格式时间
SetCurrentDirectory	为指定文件或目录设置日期和时间
SetLastAccessTime	设置上次访问文件或目录的时间
SetLastAccessTimeUtc	设置上次访问文件或目录的 UTC 格式时间
SetLastWriteTime	设置上次写入文件的时间
SetLastWriteTimeUtc	设置上次写入文件或目录的 UTC 格式时间

类 DirectoryInfo 中的主要属性信息如表 13-5 所示。

表 13-5　类 DirectoryInfo 属性信息

属　性	说　明
Attributes	获取设置当前 FileSystemInfo 的 FileAttributes
CreationTime	获取设置当前 FileSystemInfo 的创建时间
CreationTimeUtc	获取设置当前 FileSystemInfo 的 UTC 格式时间
Exists	验证目录是否存在
Extension	获取文件扩展名字符串
FullName	获取文件或目录的完整路径的名字
LastAccessTime	获取文件或目录的上次被访问时间
LastAccessTimeUtc	获取文件或目录的上次被访问的 UTC 格式时间
LastWriteTime	获取文件或目录的上次被写入的时间
LastWriteTimeUtc	获取文件或目录的上次被写入的 UTC 格式时间
Name	获取此 DirectoryInfo 实例的名称
Parent	获取指定目录的父目录
Root	获取路径的根

类 DirectoryInfo 中的主要方法信息如表 13-6 所示。

表 13-6　类 DirectoryInfo 方法信息

方　法	说　明
Create	创建目录
CreateObjRef	创建远程代理对象
CreateSubdirectory	在指定路径下创建一个或多个子目录
Delete	删除 DirectoryInfo 实例和内容
GetAccessControl	获取当前目录的访问控制列表项

续表

方　法	说　明
GetDirectories	获取某目录内子目录的名称
GetFiles	获取返回目录的子目录
GetFileSystemInfos	检索指定目录的所有文件和子目录，返回类型为 FileSystemInfo
MoveTo	移动 DirectoryInfo 实例
SetAccessControl	对指定目录应用由 DirectorySecurity 对象描述的访问控制列表项

知识精讲

在 C#语言中，使用类 Directory 的方法和 File 类似，因为所有的 Directory 类方法都是静态的，所以当只执行一个操作时，使用 Directory 方法的效率会高于使用 DirectoryInfo 实例方法的效率。

实例 13-3：使用 Directory 创建一个文件夹
源文件路径：daima\13\13-3

实例文件 Program.cs 的主要实现代码如下所示。

```
public static void Main(){
    string m_path = @"e:\123.txt";       //设置所要创建文件夹的绝对路径
    Directory.CreateDirectory(m_path); //以路径为参数创建文件夹
    Console.ReadLine();
}
```

执行上述代码后，将会在 e 盘内创建一个名为“123.txt”的文件。

使用 DirectoryInfo 类的方法和使用 FileInfo 类的方法类似。在使用 DirectoryInfo 时，必须先构造 DirectoryInfo 实例，并传入当前操作目录的路径。如果在项目中需要多次重用某个对象，最好使用 DirectoryInfo 实例方法，而不使用 Directory。

实例 13-4：使用 DirectoryInfo 判断文件夹是否存在
源文件路径：daima\13\13-4

实例文件的主要实现代码如下所示。

```
static void Main(string[] args){
  string m_path = @"e:\123";                    //设置所要检测文件夹的绝对路径
DirectoryInfo m_DirInfo = new DirectoryInfo(m_path);
//以路径为参数构造 DirectoryInfo 对象
            if (m_DirInfo.Exists) {             //检测文件夹是否存在
                Console.WriteLine("已经存在!");
            }
            else{
                Console.WriteLine("还没有存在!");
            }
```

执行程序后将会在 e 盘内检查是否存在名为“123”的文件夹，并输出对应的提示，如图 13-2 所示。

图 13-2　实例执行结果

如果在某个目录中存在多个文件或子目录，使用 Directory 和 DirectoryInfo 类将不能删除这个目录。有没有一种方法可以解决上述限制？当然有，下面通过一个具体实例来讲解具体的解决办法。

实例 13-5：使用 Directory 和 DirectoryInfo 删除指定目录
源文件路径：daima\13\13-5

本实例的功能是使用 Directory 和 DirectoryInfo 的方法和属性删除“E:\123”目录。其中“E:\123”目录下有 3 个子目录，如图 13-3 所示。

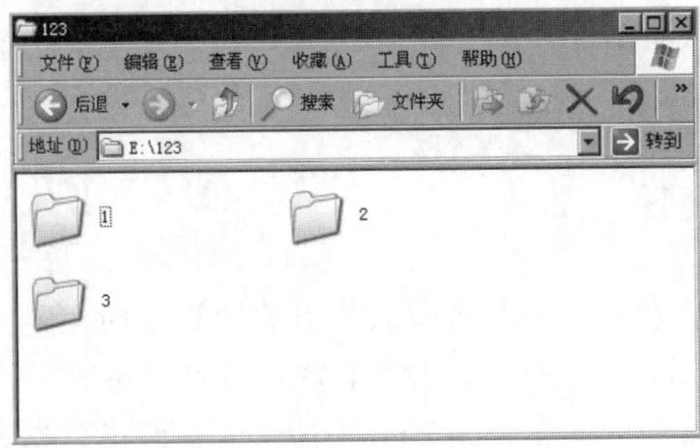

图 13-3　“123”目录下的子目录

实例文件 Program.cs 的主要实现代码如下所示。

```
    string dir = "e:\\123";   //定义变量 dir，设置删除的目录是"e:\123"
    if (dir.Length == 0){     //如果 dir 为空则输出提示
        Console.WriteLine("请指定要删除的目录名。");
        Console.ReadKey();
        return;
    }
    else{
        dir = dir;                //如果 dir 不为空则赋值
    }
    DirectoryInfo di = null; //定义 DirectoryInfo 对象 di 初始值为空
    try{
        di = new DirectoryInfo(dir);  //新建 DirectoryInfo 对象实例
    }
    catch (Exception ex){              //异常处理
        Console.WriteLine(ex.Message);
    }
    DeleteFiles(di);      //调用方法 DeleteFiles()删除目录 di
}
public static void DeleteFiles(DirectoryInfo di){
 //定义方法 DeleteFiles()
    try{
        FileInfo[] files = di.GetFiles();
      //通过 FileInfo 实例 files 获取目录中的所有文件
```

```
        foreach (FileInfo f in files){
      //通过 foreach 语句删除目录内的所有文件
            f.Delete();         //调用方法 Delete()删除某个文件
        }
    DirectoryInfo[] dirs = di.GetDirectories();
      //通过 DirectoryInfo 实例 dirs，获取目录中的所有子目录
    foreach (DirectoryInfo d in dirs){
      //通过 foreach 语句删除目录中的所有子目录
            if (d.Exists){
                DeleteFiles(d);
                //当子目录和子文件删除完毕后，则将"e:\123"文件夹删除
            }
        }
        di.Delete();
    }
```

执行程序后首先默认显示控制台界面，按回车键后将删除对应的子目录，删除完毕后退出控制台界面。

13.1.4 使用 Path

在 C#语言中，使用类 Path 可以操作文件和其包含目录所在路径的信息，例如常见的扩展名信息验证和检测等。因为类 Path 内的所有成员都是静态的，所以不用路径实例即可被调用，并且类 Path 可以跨平台操作。类 Path 中的主要字段信息如表 13-7 所示。

表 13-7 类 Path 字段信息

字 段	说 明
AltDirectorySeparatorChar	提供平台特定的替换字符，该替换字符用于在反映层文件系统组织的路径字符串中分隔目录的级别
DirectorySeparatorChar	提供平台特定字符，该字符用于反映分层文件系统组织的路径字符串中分隔目录级别
InvalidPathChars	提供平台特定的字符串数组，这些字符不能在传递 Path 类的成员路径字符串参数中指定
PathSeparator	用于环境变量中分隔路径字符串的平台特定分隔符
VolumeSeparatorChar	提供平台特定的卷分隔符

类 Path 中的主要方法信息如表 13-8 所示。

表 13-8 类 Path 方法信息

方 法	说 明
ChangeExtension	更改路径字符串的扩展名
Combine	合并两个路径字符串
GetDirectoriyName	返回指定路径字符串的目录信息
GetExtension	返回指定路径字符串的扩展名

续表

方　法	说　明
GetFileName	返回指定路径字符串的文件名和扩展名
GetFileNameWithoutExtension	返回不具有扩展名的指定路径字符串的文件名
GetFullPath	返回指定路径字符串的绝对路径
GetInvalidFileNameChars	获取包含不允许在文件名中使用字符的数组
GetInvalidPathChars	获取包含不允许在路径名中使用字符的数组
GetPathRoot	获取指定路径的根目录信息
GetRandomFileName	返回随机文件夹或文件名
GetTempFileName	在磁盘创建唯一的 0 字节的临时文件
GetTempPath	返回当前系统的临时文件夹路径
HasExtension	确定路径是否包含文件扩展名
IsPathRooted	获取指示某路径字符串是包含绝对路径信息还是相对路径信息

知识精讲

在使用 Path 类时需要注意：类 Path 的大多数成员不能和文件系统进行交互，不能验证某路径字符串上的文件是否存在。所以如果对类 Path 的成员进行修改，不会影响系统文件的名称。

实例 13-6：使用 Path 类分析指定路径

源文件路径：daima\13\13-6

本实例的功能是使用 Path 类分析指定路径，实例文件 Program.cs 的主要实现代码如下所示。

```
string path = "e:\\c#\\daima\\14\\Pathchuli\\Program.cs";
//定义变量 path，设置被分析文件的路径
            if (path.Length == 0){          //如果 path 为空则输出提示
              Console.WriteLine("请指定要分析路径名。");
              Console.ReadKey();
              return;
            }
            string cipan, mulu, file, ext;
//定义 4 个 string 类型的变量，分别获取文件所述的磁盘名、所属目录名、文件名和扩展名
            ParsePath(path, out cipan, out mulu, out file, out ext);
//调用方法 ParsePath()
            Console.WriteLine("磁盘：" + cipan);            //输出磁盘名
            Console.WriteLine("\n 目录名：" + mulu);        //输出目录名
            Console.WriteLine("\n 文件名：" + file);        //输出文件名
            Console.WriteLine("\n 扩展名：" + ext);         //输出扩展名
            Console.WriteLine("\n\n 重新组合的路径:"+MakePath(cipan, mulu, file));
//调用 MakePath()方法组合新路径
            Console.ReadKey();
        }
```

```
//定义 ParsePath()方法的具体实现
public static void ParsePath(string path, out string cipan, out string mulu,
   out string file, out string ext){
         cipan = "";                          //变量初始值为空
         mulu = "";                           //变量初始值为空
         file = "";                           //变量初始值为空
         ext = "";                            //变量初始值为空
         try  {
            cipan = Path.GetPathRoot(path);   //获取根目录信息
            mulu = Path.GetDirectoryName(path);//获取指定路径字符串的目录信息
            file = Path.GetFileName(path);//获取指定路径字符串的文件名和扩展名
            ext = Path.GetExtension(path);    //获取指定路径字符串的扩展名
         }
         catch (Exception ex){            //异常处理
            Console.WriteLine(ex.Message);
         }
      }
      public static string MakePath(string cipan, string mulu, string file){
   //定义方法 MakePath()
         string path = "";                //变量 path 的初始值为空
         try{
            string path1 = Path.Combine(cipan, mulu);
   //通过 Path.Combine 合并两个路径的字符串
            path = Path.Combine(path1, file);
         }
         catch (Exception ex){            //异常处理
            Console.WriteLine(ex.Message);
         }
         return path;
}
```

执行程序后将输出对 path 指定文件分析后的结果，如图 13-4 所示。

```
磁盘：e:\
目录名：e:\c#\daima\14\Pathchuli
文件名：Program.cs
扩展名：.cs
重新组合的路径：e:\c#\daima\14\Pathchuli\Program.cs
```

图 13-4　输出分析结果

13.1.5　使用 Environment

在 C#语言中，类 Environment 的功能是获取当前系统平台和运行环境的基本信息，在 System 中定义。因为类 Environment 是一个静态类，所以不能够被继承。通过 System.Environment 类，能够检索和操作环境相关的大量信息，例如命令参数、环境变量设置和系统上次启动时间等。类 Environment 中的主要属性信息如表 13-9 所示。

表 13-9　类 Environment 属性信息

属　性	说　明
CommandLine	获取当前进程命令行
CurrentDirectory	获取设置当前目录的完全限定名
ExitCode	获取设置进程的退出代码
HasShutddownStarted	获取是否只是公共语言运行库正在关闭或当前应用程序域正在卸载的验证值
MachineName	获取机器的 NetBIOS 名
NewLine	获取当前环境定义的换行字符串
OSVersion	获取当前平台信息
ProcessorCount	获取机器上的处理器数
StackTrace	获取文件堆栈跟踪信息
System.Directory	获取系统目录的完全限定名
TickCount	获取此 DirectoryInfo 实例的名称
UserDomainName	获取系统启动后经过的毫秒数
UserInteractive	获取当前用户的关联域名
UserName	获取当前进程人的名字
Version	获取描述公共语言运行库版本的 Version 对象
WorkingSet	获取映射到进程上下文的物理内存量
Exit	终止进程，退出代码

类 Environment 中的主要方法信息如表 13-10 所示。

表 13-10　类 Environment 方法信息

方　法	说　明
ExpandEnvironmentVariables	将嵌入指定字符串的环境变量名替换为和该变量值等效的字符串
FailFast	终止进程
GetCommandLineArgs	返回当前进程的命令行参数的字符串数组
GetEnvironmentVariable	检索环境变量的值
GetEnvironmentVariables	检索所有环境变量的值和名
GeFolderPath	获取系统内特殊文件夹的路径
GetLogicalDrives	返回当前机器逻辑驱动器名和字符串数组
SetEnvironmentVariable	创建、修改或删除环境变量

下面将通过一个具体实例来说明 Environment 类的使用流程。

实例 13-7：使用 Environment 类输出当前系统的参数

源文件路径：daima\13\13-7

实例文件 Program.cs 的主要实现代码如下所示。

```
Console.WriteLine("处理器数量: " + Environment.ProcessorCount);
```

```
Console.WriteLine("操作系统版本: " + Environment.OSVersion);
Console.WriteLine("公共语言运行时版本: " + Environment.Version);
Console.WriteLine("域名: " + Environment.UserDomainName);
Console.WriteLine("机器名: " + Environment.MachineName);
Console.WriteLine("用户名: " + Environment.UserName);
Console.WriteLine("堆栈信息: " + Environment.StackTrace);
Console.WriteLine("物理内存量: " + Environment.WorkingSet);
Console.WriteLine("启动毫秒数: " + Environment.TickCount);
```

在上述实例代码中，使用了类 Environment 的方法获取当前机器的各系统参数。执行程序后将输出当前程序运行环境的系统参数，执行效果如图 13-5 所示。

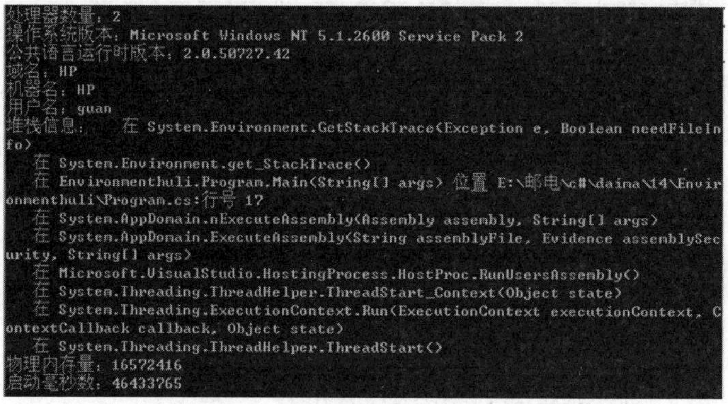

```
处理器数量: 2
操作系统版本: Microsoft Windows NT 5.1.2600 Service Pack 2
公共语言运行时版本: 2.0.50727.42
域名: HP
机器名: HP
用户名: guan
堆栈信息:    在 System.Environment.GetStackTrace(Exception e, Boolean needFileIn
fo)
   在 System.Environment.get_StackTrace()
   在 Environmenthuli.Program.Main(String[] args) 位置 E:\邮电\c#\daima\14\Envir
onmenthuli\Program.cs:行号 17
   在 System.AppDomain.nExecuteAssembly(Assembly assembly, String[] args)
   在 System.AppDomain.ExecuteAssembly(String assemblyFile, Evidence assemblySec
urity, String[] args)
   在 Microsoft.VisualStudio.HostingProcess.HostProc.RunUsersAssembly()
   在 System.Threading.ThreadHelper.ThreadStart_Context(Object state)
   在 System.Threading.ExecutionContext.Run(ExecutionContext executionContext, C
ontextCallback callback, Object state)
   在 System.Threading.ThreadHelper.ThreadStart()
物理内存量: 16572416
启动毫秒数: 46433765
```

图 13-5　程序执行结果

在 C#程序中，类 Environment 能够获取系统机器的特殊目录路径，例如“Program Files”“Application Data”和“System”等。上述特殊目录在默认情况下由系统设置，或在安装系统时进行设置。通常使用 GetFnn()方法并指定一个 SpecialFolder 枚举常数，即可检索到特殊目录的路径。SpecialFolder 枚举常数的对应特殊目录信息如表 13-11 所示。

表 13-11　SpecialFolder 枚举对应目录信息

成　员	说　明
ApplicationData	当前漫游用户应用程序特定数据的公共存储库
CommonApplicationData	漫游用户的配置文件
CommonProgramFiles	所有用户使用的应用程序特定数据的公共存储库
Cookies	应用程序间的共享组件目录
Desktop	网络 Cookie 的存储目录
DesktopDirectory	机器桌面上的文件对象目录
Favorites	用户收藏夹目录
History	网络的历史访问记录目录
InternetCache	网络临时文件存储目录
LocalApplicationData	非漫游用户应用程序特定数据的公共存储库
MyDocument	“我的文档”目录
MyComputer	“我的电脑”目录

续表

成　员	说　明
MyMusic	“我的音乐”目录
MyPictures	“我的图片”目录
Personal	文件公共存储库目录
ProgramFiles	ProgramFiles 目录
Programs	包含用户程序的目录
Recent	最近访问文件的存储目录
SendTo	包含发送菜单的目录
StartMenu	包含开始菜单的目录
Startup	用户启动程序目录
Templates	文件模板的公共存储目录
System	System 目录

13.2　流文件操作管理

↑扫码看视频

在 C#语言中，将具有永久存储及特定顺序字节组成的有序的集合称为文件，文件和目录路径、磁盘存储和目录名有着密切的关系。C 流是面向对象的抽象概念，是二进制字节序列。文件是存储在存储介质上的数据集，是静态的，它具有名称和相应的路径。当打开一个文件并对其进行读写时，该文件就称为流。

13.2.1　流文件的抽象基类 Stream 基础

微软公司在.NET 框架类库中定义了专门处理流文件的抽象基类 Stream，这样避免了开发者自己编码实现流文件操作的烦琐步骤。类 Stream 支持字节的读取和写入，并集成了异步支持。在 System.IO 命名空间中，定义了专用的类对文件和流进行操作。C#语言中的流操作类包括 System.IO.BinaryReader、System.IO.BinaryWriter、System.IO.MarshByRefObject、System.IO.Stream、System.IO.BufferedStream、System.IO.FileStream、System.IO.MemoryStream、System.IO.TextReader、System.IO.TextWriter、System.IO.StreamReader、System.IO.StringReader、System.IO.StreamWriter、System.IO.StringWriter。上述各个类之间的关系如图 13-6 所示。

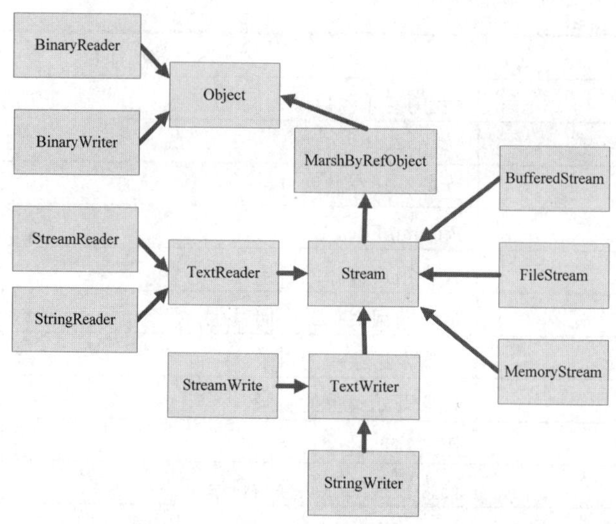

图 13-6　System.IO 命名空间流文件操作类关系图

智慧锦囊

读者需要注意，在上述关系图中，没有使用类名的全称，即都省略了 System.IO 或 System。在 C#程序中的所有流处理类都是从 Stream 继承的，概括来说主要包括如下 3 种处理类型。

(1)　流读取：读取从流到数据结构的数据。

(2)　流写入：写入从流到数据结构的数据。

(3)　流查找：查询和修改处理流内的当前位置。

在上述操作处理类型中，因为基础数据源或存储库的不同，只能实现上述功能中的一部分。

13.2.2　使用 FileStream

在 C#语言中，类 FileStream 是专门进行文件操作的 Stream，能够同时支持同步读写操作和异步读写操作。类 FileStream 的特点是具体操作字节和字节数组，对随机文件的操作比较有效。类 FileStream 能够对文件实现低级而复杂的操作，其包含的主要属性信息如表 13-12 所示。

表 13-12　类 FileStream 中的属性信息

属　性	说　明
CanRead	获取一个值，该值设置当前流是否支持读取
CanSeek	获取一个值，该值设置当前流是否支持查找
CanTimeout	获取一个值，该值设置当前流是否可以超时

续表

属　性	说　明
CanWrite	获取一个值，该值设置当前流是否支持写入
Handle	获取当前 FileStream 所密封文件的操作系统句柄
IsAsync	获取一个值，该值设置 FileStream 是异步还是同步
Length	获取用字节表示的流长度
Name	获取传给构造函数的 FileStream 的名称
Position	获取当前流的位置
ReadTimeout	获取一个值，该值设置流在超时前尝试读取多长时间
SafeFileHandle	获取 SafeFileHandle 对象，该对象表示当前 FileStream 对象密封文件操作系统的句柄
WriteTimeout	获取或设置一个值，该值设置流在超时前尝试写入的时间

类 FileStream 中的主要方法信息如表 13-13 所示。

表 13-13　类 FileStream 中的方法信息

方　法	说　明
BeginRead	开始异步读
BeginWrite	开始异步写
Close	关闭当前流，释放所有资源
CreateObjRef	创建一个对象，该对象包含用于与远程对象进行通信代理的所需信息
EndRead	等待挂起的异步读取完成
EndWrite	结束异步写入
Flush	清除流内的缓冲区
GetAccessControl	获取 FileSecurity 对象
Lock	允许在访问时设置方式被更改
Read	读取流数据并将此数据写入到缓冲区
ReadByte	从文件读取字节，并将读取文字提升一个字节
Seek	将流的当前位置设置为给定值
SetAccessControl	将 FileSecurity 对象描述的访问控制列表项应用于当前 FileSecurity 对象所描述的文件
SetLength	将流的长度设置为给定值
Synchronized	在指定 FileSecurity 对象周围创建线程安全包装
Unlock	允许其他进程访问前锁定某文件
Write	将从缓冲区读取的数据写入流
WriteByte	将一个字节写入文件流的当前位置

在 C#语言中，类 FileStream 能够对文件实现各种常规操作，例如数据流的输入和输出。也能够缓冲输入和输出，从而提高程序的性能。FileStream 的功能非常重要，具体来说主要有如下 3 点。

(1) 类 FileStream 的对象可以使用 Seek()方法来随机访问文件，在创建 FileStream 对象时需要指定如下 4 种信息。

- 文件名：设置要打开文件的路径。
- 打开模式：设置是否对文件执行改写、创建和打开等操作，或上述操作的集合。打开模式是由枚举类 FileMode 来定义的。
- 访问模式：设置对文件的读写访问或读写访问的常数，是由枚举 FileAccess 来定义的。
- 共享模式：设置对文件操作的共享性，是由枚举 FileShare 来定义的。

(2) FileMode 枚举中的主要成员的信息如下所示。

- Append：打开现有文件并查找到文件尾，或创建新的文件。FileMode.Append 只能和 FileAccess.Write 一起使用。
- Create：指定操作系统应该创建新文件。如果文件已经存在，则重写这个文件。具体来说，如果文件不存在则使用 CreateNew，如果存在则使用 Truncate。
- CreateNew：用于创建新的文件，如果文件已存在，则会抛出异常。
- Open：指定操作系统应打开此文件，如果该文件不存在则会触发异常。
- OpenOrCreate：指定操作系统应打开此文件，如果不存在则创建此文件。
- Truncate：指定操作系统应打开此文件，文件被打开后将被截断为 0 字节大小。

(3) 枚举 FileAccess 中的主要成员信息如下所示。

- Read：对文件进行读取访问。
- ReadWrite：对文件进行读写访问。
- Write：对文件进行写访问。

实例 13-8：使用 FileStream 创建指定目录的文件

源文件路径：daima\13\13-8

实例文件 CodeFile1.cs 的主要实现代码如下所示。

```
byte[] m_bDataWrite = new byte[100];//定义 byte 类型数组 m_bDataWrite
char[] nn = new char[100];              //定义 char 类型数组 nn
try{
    FileStream mm = new FileStream(@"E:\file.txt", FileMode.OpenOrCreate);
      //创建 E:\file.txt 的 FileStream 对象
    nn = "My First File Operation".ToCharArray();
      //将要写入的字符串“My First File Operation”转换成字符数组
    Encoder zz = Encoding.UTF8.GetEncoder();
      //通过 UTF-8 编码方法将字符数组转换成字节数组
    zz.GetBytes(nn, 0, nn.Length, m_bDataWrite, 0, true);
    mm.Seek(0, SeekOrigin.Begin);     //设置流的当前位置为文件开始位置
    mm.Write(m_bDataWrite, 0, m_bDataWrite.Length);
      //将字节数组中的内容写入文件
}
catch (IOException ex){             //通过 catch 进行异常处理
    Console.WriteLine("出错");      //如果出现异常则输出“出错”
    Console.WriteLine(ex.Message);
    Console.ReadLine();
    return;
```

```
    }
    Console.WriteLine("成功");          //如果成功则输出"成功"
```

在上述代码中定义了 FileStream 实例 mm，用于设置新建的文件，执行程序后将创建文件"E:\file.txt"，效果如图 13-7 所示。

图 13-7　实例执行结果

在 C#语言中，使用类 FileStream 可以实现对指定文件内容的读取操作，下面通过一个具体的实例来说明使用 FileStream 类的基本流程。

实例 13-9：使用 FileStream 读取文件的内容
源文件路径：daima\13\13-9

实例文件 Program.cs 的主要实现代码如下所示。

```
byte[] mm = new byte[100];    //定义 byte 类型数组 mm
char[] nn = new char[100];    //定义 char 类型数组 nn
try{
   FileStream zz = new FileStream(@"C:\111.txt", FileMode.Open);
   //创建 C:\111.txt 的 FileStream 对象
   zz.Seek(0, SeekOrigin.Begin); //设置流的当前位置为文件开始位置
   zz.Read(mm, 0, 100);   //将文件的内容读入字节数组中
}
catch (IOException ex){             //通过 catch 语句进行一场判断
   Console.WriteLine("失败了");     //如果有异常则输出对应提示
   Console.WriteLine(ex.Message);
   Console.ReadLine();
   return;
}
//定义 Decoder 实例 tt，用于获取文件内容流
Decoder tt = Encoding.UTF8.GetDecoder();
//通过 UTF-8 编码方法将字节数组转换成字符数组
tt.GetChars(mm, 0, mm.Length, nn, 0);
Console.WriteLine("成功了");
Console.WriteLine(nn);
```

执行程序后如果不存在文件"C:\111.txt"，则输出"失败了"提示。执行效果如图 13-8 所示。

图 13-8　实例执行效果

13.2.3　使用 StreamWriter 和 StreamReader

在 C#语言中，类 StreamReader 和类 StreamWriter 能够读写指定的文本文件。

1. 类 StreamWriter

在 C#语言中，使用 FileStream 后会影响程序的执行效率，因为它需要将写入的文本先转换为 UTF-8 格式。而类 StreamWriter 允许将字符和字符串直接写入文本，而不需要转换为 UTF-8 格式。类 StreamWriter 中的主要属性信息如表 13-14 所示。

表 13-14　类 StreamWriter 的属性信息

属　性	说　明
AutoFlush	获取一个值，该值设置 StreamWriter 是否每次写入处理后刷新缓冲区
BaseStream	获取同后备存储区连接的基础流
Encoding	获取将输入写到其中的编码
FormatProvider	获取控制格式设置的对象
NewLine	获取当前 TextWrite 使用的行结束符字符串

类 StreamWriter 中的主要方法信息如表 13-15 所示。

表 13-15　类 StreamWriter 的方法信息

方　法	说　明
Close	关闭当前 StreamWriter 对象基础流
Flush	清理编写器缓冲区，并将缓冲数据写入基础流
Synchronized	在指定 TextWrite 周围创建线程安全包装
Write	写入流数据
WriteLine	写入重载参数指定的数据，后面紧跟行结束符

实例 13-10：使用 FileStream 向指定文件中写入文本
源文件路径：daima\13\13-10

实例文件 Program.cs 的主要实现代码如下所示。

```
static void Main(string[] args){
        try{
              //定义 StreamWriter 实例对象 mm，设置向文件“c:\file.txt”内写入文本
              StreamWriter mm = new StreamWriter(@"e:\file.txt", true);
              mm.WriteLine("你好，这是我写入的文本!! ");
              //向文件中写入新字符串，并关闭 StreamWriter
              mm.Close();
         }
         catch(IOException ex){       //如果有异常则通过 catch 语句输出对应提示
              Console.WriteLine("异常");
              Console.WriteLine(ex.Message);
              Console.ReadLine();
              return;
         }
         Console.WriteLine("写入文本成功!");
         //写入成功则输出对应的“写入文本成功!”提示
         Console.ReadLine();
         return;
}
```

执行上述实例代码后，如果不存在文件“file.txt”，则创建它，并写入文本“你好，这是我写入的文本！！”，然后输出成功提示，如图 13-9 所示。如果文件存在，则在原来基础上写入上述文本，如果执行上述程序多次，则会写入多次上述文本。

写入文本成功！

图 13-9　写入成功提示

2. StreamReader

在 C#语言中，和类 StreamWriter 相比，类 StreamReader 实现了另外一种读取文件数据的方法。使用类 StreamReader 的方式和使用类 StreamWriter 的方式基本相同，其主要属性信息如表 13-16 所示。

表 13-16　类 StreamReader 的属性信息

属　性	说　明
BaseStream	返回基础流
CurrentEncoding	获取当前 StreamReader 对象所使用的字符编码
EndOfStream	获取表示是否流位置在结尾的值

类 StreamReader 中的主要方法信息如表 13-17 所示。

表 13-17　类 StreamReader 的方法信息

方　法	说　明
Close	关闭当前 StreamReader 对象基础流
DiscardBufferedData	允许当前 StreamReader 对象丢弃当前数据
Peek	返回下一个可用字符
Read	读取流中下一个字符或一组字符
ReadBlock	读取流中最大 count 的字符，并从 index 开始将该数据写入 buffer
ReadLine	在流中读取一行字符，并将数据作为字符串返回
ReadToEnd	从头到尾读取整个流
Synchronized	在指定 TextReader 周围创建线程安全包装

下面通过一个具体的实例来说明使用 StreamReader 的基本流程。

实例 13-11：使用 StreamReader

源文件路径：daima\13\13-11

实例文件 Program.cs 的主要实现代码如下所示。

```
    static void Main(string[] args){
        try{
    //定义 StreamReader 实例对象 mm，设置读取文件“e:\123.txt”内的文本内容
            StreamReader mm = new StreamReader(@"e:\123.txt");
//用 ReadToEnd 方法将 e:\123.tx 中的数据全部读入字符串 nn 中,并关闭 StreamReader
            string nn= mm.ReadToEnd();
            Console.WriteLine(nn);
            mm.Close();
        }
```

```
    catch (IOException ex){ //如果有异常则通过 catch 输出提示
        Console.WriteLine("有异常发生!");
        Console.WriteLine(ex.Message);
        Console.ReadLine();
        return;
    }
```

执行程序后将读取文件“e:\123.txt”的文本内容，并输出具体的内容，如图 13-10 所示；如果文件不存在，则输出对应的异常提示。从执行效果可以看出：当从文本文件中读、写数据时，必须首先创建一个和被操作文件名相关的 StreamReader 和 StreamWriter 实例对象。每一个 StreamReader 和 StreamWriter 对象都与一种字符编码方式相关，指定读写文本是基于哪种字符编码来进行的。在没有明确指定的情况下，StreamReader 和 StreamWriter 的默认编码是 UTF8。

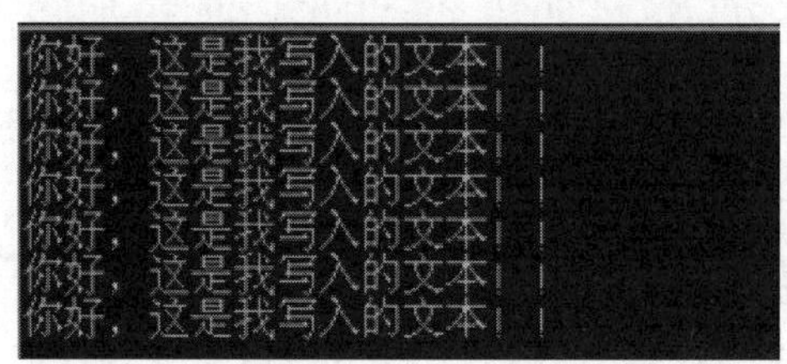

图 13-10　输出被读取文件的文本内容

13.3　实践案例与上机指导

通过本章的学习，读者基本可以掌握使用 C#操作管理文件的知识。其实 C#操作管理文件的知识还有很多，这需要读者通过课外渠道来加深学习。下面通过练习操作，达到巩固学习、拓展提高的目的。

↑扫码看视频

13.3.1　使用 BinaryReader 读取二进制数据

在 C#语言中，类 BinaryReader 能够读取文件的二进制数据，它使用特定的编码将基元数据类型读作二进制值。和 StreamReader 一样，在 C#语言中可以使用 BinaryReader 读取某个文件的内容。但是 BinaryReader 只能读取字节格式内容，如果文本中是英文或者汉字，系统会自动转换为字节格式。

实例 13-12：使用 BinaryReader 读取某个文件的内容
源文件路径：daima\13\13-12

实例文件 Program.cs 的主要实现代码如下所示。

```
//定义 FileStream 实例对象 mm，设置被操作文件是“E:\123.txt”
FileStream mm = new FileStream(@"E:\123.txt", FileMode.Open, FileAccess.Read);
BinaryReader nn = new BinaryReader(mm); //通过文件流创建相应的 BinaryReader
        for (int i = 0; i < 11; i++) {       //从 E:\123.txt 中读取数据
            Console.WriteLine(nn.ReadByte());
              //通过 ReadByte 将读取内容，并使用 Console 输出显示读取的内容
        }
        nn.Close();
        mm.Close();
```

执行程序后将读取文件“E:\123.txt”的文本内容，并转换为字节格式输出，如图 13-11 所示。

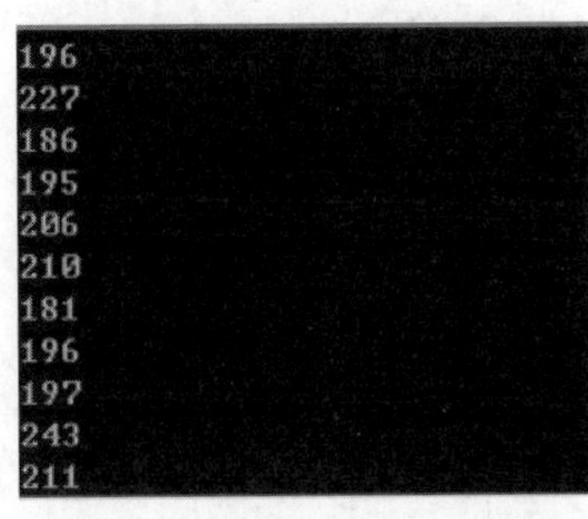

图 13-11　输出转换后的文本内容

智慧锦囊

在上述执行代码中，如果文件“E:\123.txt”的文本内容有标点符号存在，则不会被转换为 ReadByte 字节格式。

13.3.2　使用 BinaryWriter 写入二进制数据

在 C#语言中，类 BinaryWriter 能够以二进制格式将数据写入到指定文件，并且可以用特定的编码将基元数据写入字符串。下面通过一个具体的实例来说明使用 BinaryWriter 的基本流程。

实例 13-13：使用 BinaryWriter 向某文件写入内容
源文件路径：daima\13\13-13

实例文件 Program.cs 的主要实现代码如下所示。

```
//定义 FileStream 实例对象 mm，设置被操作文件是“E:\123.txt”
FileStream mm = new FileStream(@"E:\123.txt", FileMode.Create);
BinaryWriter nn = new BinaryWriter(mm);   //通过文件流创建相应的 BinaryWriter
 for (int i = 0; i < 20; i++){  //通过 for 语句设置写入的内容是 0～19 的 20 个数字
     nn.Write((int)i);          //向 E:\123.txt 中写入数据
 }
nn.Close();
mm.Close();
```

写入成功!

图 13-12　成功提示

执行程序后将向文件“E:\123.txt”内写入 0～19 的 20 个数字，并输出写入成功提示，如图 13-12 所示。

13.4　思考与练习

本章详细讲解了使用 C#文件的知识，循序渐进地讲解了文件操作管理和流文件操作管理等。在讲解过程中，通过具体实例介绍了使用 C#管理文件的方法。通过本章的学习，读

者应该熟悉使用 C#文件的知识，掌握其使用方法和技巧。

一、选择题

(1) 类 File 中的方法(　　)能够将指定字符串添加到文件中，如果文件不存在则创建该文件。

A. AppendAllText　　B. AppendText　　C. Copy　　D. Create

(2) 类 File 中的方法(　　)能够打开 UTF-8 编码文件并读取内容。

A. OpenText　　B. Open　　C. OpenRead　　D. OpenWrite

二、判断对错

(1) 在 C#语言中，使用类 Directory 的方法和 File 的类似，因为所有的 Directory 类方法都是静态的，所以当只执行一个操作时，使用 Directory 方法的效率会低于使用 DirectoryInfo 实例方法的效率。　　(　　)

(2) 在使用 DirectoryInfo 时，必须先构造 DirectoryInfo 实例，并传入当前操作目录的路径。如果在项目中需要多次重用某个对象，最好使用 DirectoryInfo 实例方法，而不使用 Directory。　　(　　)

三、上机练习

(1) 建立临时文件夹。

(2) 根据日期动态创建文件。

第 14 章

Windows 窗体编程

本章要点

- 窗体编程基础
- 创建和使用窗体
- 使用控件和组件
- 使用窗体菜单

本章主要内容

因为在 Windows 环境中的大多数应用程序都是基于窗体的，所以窗体应用程序是十分重要的编程模块。在本书前面的内容中，讲解的都是基于命令行的控制台应用程序。从本章开始将引领读者步入窗体世界，开始学习 Windows 窗体编程知识。

14.1 窗体编程基础

↑扫码看视频

在使用 C#语言进行应用程序开发时，最基本的开发工具是 Visual Studio 2017。使用 Visual Studio 2017 的窗体设计器，可以方便地实现窗体开发工作。本节将详细讲解 C#窗体编程的基本知识。

14.1.1 窗体概述

在 Windows 应用程序中，窗体是向用户展示信息的视图界面。通常窗体通过标题、控制框、边框等元素实现窗体展示和控制。在编程应用中，窗体被看作是一个对象。窗体的类定义了生成窗体的模板，在.NET 类库的 System.Windows.Forms 命名空间内定义的 Form 类是所有窗体类的基类。窗体通过本身包含的控件来显示数据或接收用户的输入数据，控件只能被包含在窗体内，而不能在 Windows 里独立显示。当使用鼠标或键盘按键来操作窗体或窗体控件时，将会生成事件。应用程序代码会对上述事件进行响应，并调用程序来处理这些事件，这样就实现了和用户间的信息交互。为了提高 Windows 窗体编程的应用范围，在 System.Windows.Forms 命名空间内还定义了许多个和窗体、控件相关的组件。通过对这些组件的调用，可以高性能地实现某特定功能。

在编写窗体程序时，应该首先设计窗体的外观效果，并且在里面插入需要的控件和组件。上述操作可以使用 Visual Studio 2017 轻松实现。Visual Studio 2017 提供了一个图形化的可视化窗体设计器，开发人员可以使用其可见即所得效果实现项目开发。Visual Studio 2017 图形化的可视化窗体设计器界面如图 14-1 所示。通过 Visual Studio 2017 的窗体设计器，可以方便地实现窗体程序开发，并且利用 Visual Studio 2017 的工具箱可以将控件拖动或绘制到窗体内。Visual Studio 2017 窗体设计器的工具箱主要包括如下工具：所有 Windows

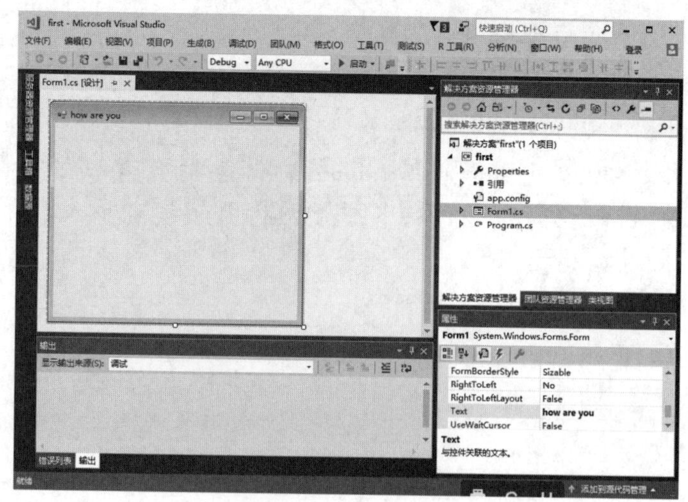

图 14-1 Visual Studio 2017 图形化的可视化窗体设计器界面

窗体、公共控件、容器、菜单和工具栏、数据、组件、打印、对话框等。

14.1.2　一个简单的窗体程序

实例 14-1：创建一个窗体程序

源文件路径：daima\14\14-1

(1) 打开 Visual Studio 2017，选择“文件”|“新建”|“项目”命令，弹出“新建项目”对话框。

(2) 在“模板”列表中选择“Windows 应用程序”，在“名称”文本框中输入项目名 first。

(3) 单击“确定”按钮后将在 Visual Studio 2017 界面生成一个 Windows 窗体的应用程序项目，并自动生成一个名为 form1 的窗体，如图 14-2 所示。

(4) 选中图 14-2 中间的 form1 窗体，然后来到右侧的“属性”面板，设置 Text 属性为“how are you”，如图 14-3 所示。

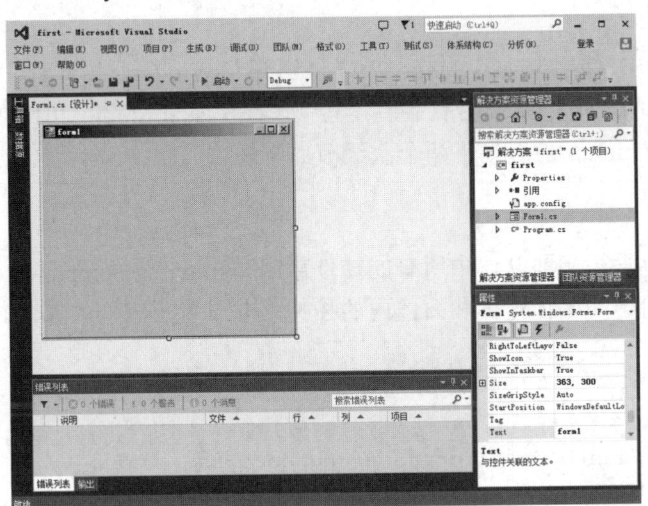

图 14-2　生成窗体项目

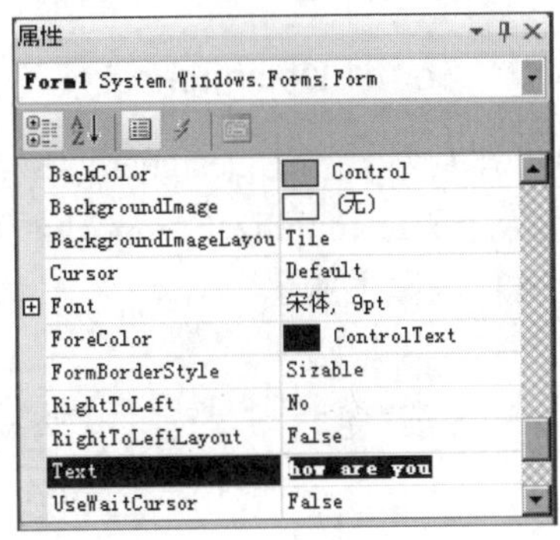

图 14-3　设置属性

(5) 单击顶部的“运行”按钮，将会生成一个 Windows 窗体程序，如图 14-4 所示。

图 14-4　生成窗体程序的运行结果

经过上述操作后，就成功实现了一个简单窗体程序的效果。在上述实现过程中，Visual Studio 2017 自动生成了 C#窗体代码文件 Form1.cs。文件 Form1.cs 的具体源代码如下所示。

```
using System;
using System.Collections.Generic;
using System.ComponentModel;
using System.Data;
using System.Drawing;
using System.Text;
using System.Windows.Forms;
namespace first{
    public partial class Form1 : Form{
        public Form1(){
            InitializeComponent();
        }
        private void Form1_Load(object sender, EventArgs e){
        }
    }
}
```

从上述实例的实现过程可以看出，使用 Visual Studio 2017 能够开发 Windows 窗体程序，并且使用的是可视化的图形操作界面，所以比较容易上手。其中，在 Visual Studio 2017 的“解决方案资源管理器”面板的 Form1.cs 下有如下两个次级节点文件。

1. Form1.Designer.cs

在文件 Form1.Designer.cs 中，包含了当前窗体中所有的控件声明和 InitializeComponent()函数。方法 InitializeComponent()用于初始化窗体和窗体内的控件，并设置了它们的属性。具体代码如下所示。

```
namespace first{
    partial class Form1{
        private System.ComponentModel.IContainer components = null;
        /// 清理所有正在使用的资源。
        /// <param name="disposing">如果应释放托管资源，为 true；否则为 false。</param>
        protected override void Dispose(bool disposing){
            if (disposing && (components != null)){
                components.Dispose();
            }
            base.Dispose(disposing);
        }
        #region Windows 窗体设计器生成的代码
        /// 设计器支持所需的方法 - 不要
        /// 使用代码编辑器修改此方法的内容。
        private void InitializeComponent(){
            this.SuspendLayout();
            this.AutoScaleDimensions = new System.Drawing.SizeF(6F, 12F);
            this.AutoScaleMode = System.Windows.Forms.AutoScaleMode.Font;
            this.ClientSize = new System.Drawing.Size(355, 273);
            this.Name = "Form1";
            this.Text = "how are you";
            this.Load += new System.EventHandler(this.Form1_Load);
            this.ResumeLayout(false);
```

```
        }
        #endregion
    }
}
```

当在 Visual Studio 2017 可视界面修改窗体的属性时，上述属性的值会随之改变。

2. Form1.resx

文件 Form1.resx 是 XML 格式的资源文件，包含了当前窗体的所有资源信息，例如字符串、图标和位图等信息。上述实例的主程序是自动生成的文件 Program.cs，它定义了当前项目的入口函数 Main()。具体代码如下所示。

```
using System;
using System.Collections.Generic;
using System.Windows.Forms;
namespace first{
    static class Program{
        /// 应用程序的主入口点。
        [STAThread]
        static void Main(){
            Application.EnableVisualStyles();
            Application.SetCompatibleTextRenderingDefault(false);
            Application.Run(new Form1());
        }
    }
}
```

在上述入口程序内，通过 using 指令引用了 System.Windows.Forms 命名空间，实现了对 System.Windows.Forms.dll 程序集内类的引用。

14.2　创建和使用窗体

编写窗体程序是 C#语言的重要功能之一，通过窗体程序可以实现项目需要的 Windows 程序。本节将详细讲解 C#窗体程序的创建和使用知识。

↑扫码看视频

14.2.1　创建窗体

在 C#语言中，System.Windows.Forms 命名空间中的类 Form 是所有窗体的基类。使用 Visual Studio 2017 来创建窗体的基本流程如下所示。

(1)　创建一个新的“Windows 应用程序”项目。

(2) 从 System.Windows.Forms.Form 类派生一个子类，并在子类内定义窗体的特征。

(3) 通过“解决方案资源管理器”面板可以实现对项目程序的管理。具体说明如下所示。

- 在项目名称上单击鼠标右键，在弹出的快捷菜单中选择“添加”|“Windows 窗体”命令，在项目内添加一个窗体，如图 14-5 所示。
- 在窗体名称上单击鼠标右键，然后选择“删除”命令，可以将此窗体从当前项目内删除，如图 14-6 所示。
- 在窗体名称上单击鼠标右键，然后选择“重命名”命令，可以对此窗体进行重新命名。

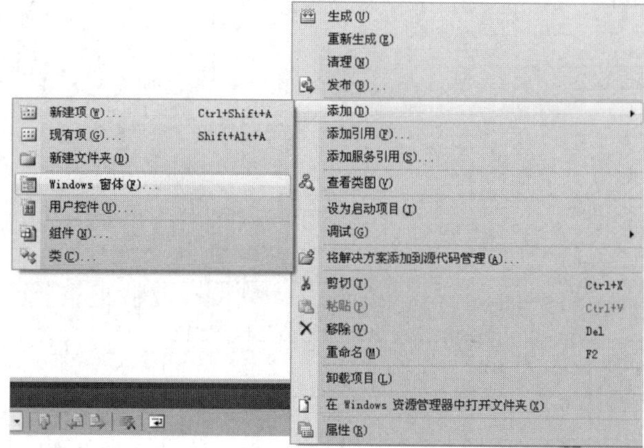

图 14-5　添加一个窗体

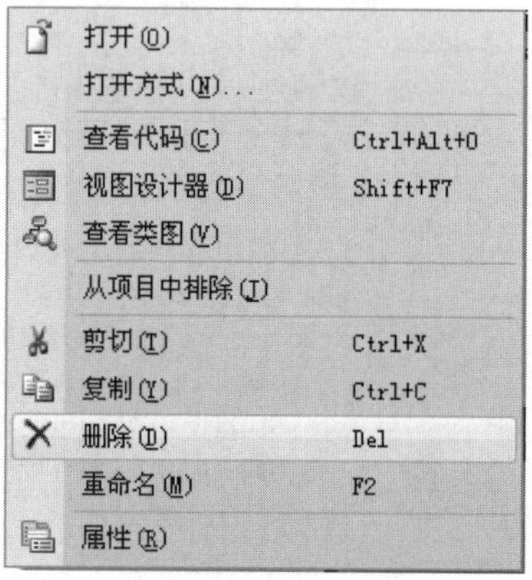

图 14-6　删除一个窗体

Form 类有如下两种窗体显示方式。

1. ShowDialog 方式

在 ShowDialog 方式下，以模式的方式显示窗体，此时窗体将以独占的方式与系统和用户进行交互，用户的所有操作都被它控制。同程序内的其他窗体将被屏蔽，不能被操作。例如下面的代码定义了一个模式窗体 mm：

```
public Form1(){
        InitializeComponent();
        FirstForm mm = new FirstForm();
        mm.ShowDialog();
}
```

2. Show 方式

在 Show 方式下，以无模式的方式显示窗体，此类型窗体可以和项目中的其他窗体进行交互。例如下面的代码定义了一个无模式窗体 Form2。

```
public Form2(){
        InitializeComponent();
        FirstForm mm = new FirstForm();
        mm.Show();
}
```

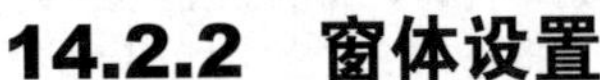

14.2.2　窗体设置

在 C#语言中，在创建窗体后可以对窗体的属性进行设置，下面将分别讲解消息框处理、窗体定制处理和事件处理的知识。

1. 消息框处理

消息框是窗体的重要组成元素之一，通过消息框可以弹出显示指定的信息。在 C#程序中，通过 MessageBox 类的静态方法 Show 可以显示一个包含文本、标题、按钮、图标和帮助等选项的消息框。消息框是模式对话框，所以调用 MessageBox.Show 方法会阻止对程序其他部分的操作处理。例如通过下面的代码可以在消息框内显示指定信息。

```
public Form1(){
    InitializeComponent();
        //设置消息框
    MessageBox.Show ("欢迎大家来到C#的学习世界!!! ");
}
```

在 C#消息框内可以指定显示按钮的内容，用户单击不同按钮可以调用不同的处理程序。MessageBoxButtons 枚举定义了消息框上显示按钮的类型，具体说明如表 14-1 所示。

表 14-1　MessageBoxButtons 枚举的设置信息

枚 举 值	说　明
AbortRetryIgnore	设置消息框包含“终止”“重试”和“忽略”按钮
OK	设置消息框包含“确定”按钮
OKCancel	设置消息框包含“确定”和“取消”按钮
RetryCancel	设置消息框包含“重试”和“取消”按钮
YesNo	设置消息框包含“是”和“否”按钮
YesNoCancel	设置消息框包含“是”“否”和“取消”按钮

DialogResult 枚举定义了对话框的返回值，具体说明如表 14-2 所示。

表 14-2　DialogResult 枚举的设置信息

枚 举 值	说　明
Abort	返回 Abort
Cancel	返回 Cancel
Ignore	返回 Ignore
No	返回 No
None	返回 None
OK	返回 OK
Retry	返回 Retry
Yes	返回 Yes

MessageBoxIcon 枚举定义了消息框上显示的图标，具体说明如表 14-3 所示。

表 14-3　MessageBoxIcon 枚举的设置信息

枚 举 值	说　明
Asterisk	显示圆圈和叹号组成的符号
Error	显示红色背景、圆圈和白色×组成的符号
Exclamation	显示黄色背景的三角形和叹号组成的符号
Hand	显示红色背景、圆圈和白色×组成的符号
Information	显示圆圈和小写 i 组成的符号
None	不包含任何符号
Question	显示圆圈和问号组成的符号
Stop	显示红色背景、圆圈和白色×组成的符号
Warning	显示黄色背景的三角形和叹号组成的符号

2. 窗体定制处理

在 C#语言中，Form 类可以创建标准窗口、工具窗口和浮动窗口等效果，也可以使用 Form 类创建模式窗口或多文档界面窗体。设置 Form 类内的属性可以确定所创建窗口或对话框的外观样式。例如通过 Text 属性可以设置标题文字，通过 Size 属性可以设置窗体的大小。窗体的边框可以通过 FormBorderStyle 属性来控制，并可以控制调整窗体大小的行为。FormBorderStyle 枚举定义了窗体的边框样式，具体说明如表 14-4 所示。

表 14-4　FormBorderStyle 枚举的设置信息

枚 举 值	说　明
Fixe3D	三维边框样式显示
FixeDialog	固定对话框样式边框显示
FixeSingle	固定单行边框样式显示
FixeToolWindow	不能调整大小的工具窗口边框显示
None	没有边框
Sizeble	可调整大小的边框样式
SizebleToolWindow	可调整大小的工具窗口边框显示

当使用 FormBorderStyle 时，会在窗体的标题栏左边显示一个图标。窗体的图标相当于窗体的图形符号，使窗体更加容易被识别。图标是一种资源图像，可以通过 Visual Studio 2017 来创建和绘制，具体流程如下所示。

(1) 打开 Visual Studio 2017，选择“文件”|“新建”|“文件”命令，弹出“模板”对话框。

(2) 在“模板”列表中选择“图标文件”选项，单击“确定”按钮后，将在 Visual Studio 2017 窗口内创建一个默认的图标文件，具体如图 14-7 所示。通过窗体的 Icon 属性，即可为当前窗体选择创建的图标。

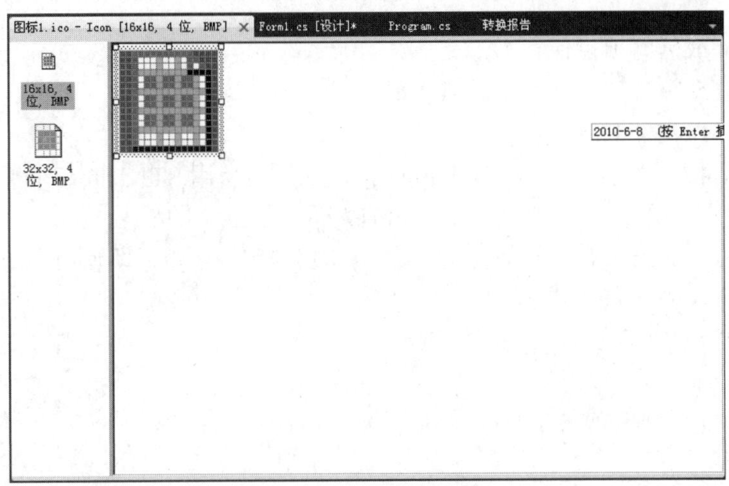

图 14-7　图标文件界面

3. 事件处理

Windows 是事件驱动型的操作系统，对 Form 的任何操作都是基于事件驱动来实现的。在 Windows 窗体应用程序内，可以通过事件来激活对应的处理程序。一系列的可重写程序、窗体和控件可以处理这些消息。当上述方法接收到鼠标或键盘的消息后，会触发相应的事件，这样可以通过事件来获取关于鼠标或键盘的输入信息。

Form 类提供了大量的事件，可以响应对窗体的各种操作。例如，窗体启动时将触发 Load 事件，窗体被激活时将触发 Activated 事件，窗体关闭时会触发 FormClosing 事件，鼠标移动时会触发 MouseMove 事件，按下键盘按键时会触发 KeyDown 事件。

知识精讲

如果需要在出现某事件时执行特定的操作，则需要编写特定的事件处理程序，将其包装在一个委托内，并将它和事件联系起来。例如，在窗体 Form 的构造函数内编写如下代码:

```
this.mm+=new System.EventHandler(this.nn);
```

通过上述代码就可以将事件 mm 和函数 nn()连接起来。当出现事件 mm 时，会立即执行函数 nn()定义的内容。

实例 14-2：创建和设置窗体

源文件路径：daima\14\14-2

本实例的功能是在项目内创建两个窗体，并调用各属性实现对窗体的设置。本实例的具体实现流程如下所示。

(1) 打开 Visual Studio 2017，然后选择“文件”|“新建”|“项目”命令，在“模板”列表中选择“Windows 应用程序”，在“名称”文本框中输入项目名 Forms。

(2) 在 Visual Studio 2017 窗体界面中分别设置窗体 Form1 和 Form2 的属性，并设置相应的事件处理程序。

(3) 设计完成后将项目保存。

下面将分别介绍各项目文件的具体实现流程。

1) 项目入口文件 Form.cs

项目执行后将首先执行入口文件 Form.cs，其功能是使用 STAThread 特性设置应用程序是单线程单元，并调用 System.Windows.Forms.Application 类的 Run()方法来启动程序。在本实例中，通过 Application.Run 设置了 Form2 类的实例作为参数，即使用 Form2 窗体对象来管理当前应用程序的信息。

文件 Form.cs 的主要实现代码如下所示。

```
    static class Program{
        /// 应用程序的主入口点。
        [STAThread]
        static void Main(){
            Application.EnableVisualStyles();
            Application.SetCompatibleTextRenderingDefault(false);
            Application.Run(new Form2());
        }
    }
}
```

2) 窗体文件 Form1.cs

窗体文件 Form1.cs 的功能是，设置窗体 Form1 的外在显示样式，并分别创建了 4 个窗体实例，以分别设置不同的边框显示样式和事件处理程序。窗体文件 Form1.cs 的具体代码请参阅本书的配套资源，此文件的具体实现流程如下所示。

(1) 设置窗体的外在显示样式：通过 Location 来定位按钮 mm 的位置，通过 Text 设置 mm 的显示文本，通过 Opacity 设置窗体的透明度为 1。

(2) 创建了 4 个窗体实例：分别创建窗体实例 firstForm、secondForm、thirdForm 和 fourthForm，并分别设置各窗体实例的标题内容、边框样式和显示颜色。

(3) 设置事件处理程序：定义 OnmmClieсked()函数，设置当用户单击 mm 对象时弹出信息对话框。

3) 窗体文件 Form2.cs

窗体文件 Form2.cs 的功能是，设置窗体 Form2 的外在显示样式，并分别设置不同的事件处理程序。Form2.cs 的具体运行流程如下所示。

(1) 设置函数 DoFormClosing，当关闭窗体时弹出指定的确认消息框。

(2) 定义虚方法 OnMouseDown 来响应对鼠标的行为。

(3) 定义虚方法 OnKeyDown 来响应对键盘按键的行为。

上述流程执行后将会弹出 5 个窗体框，如图 14-8 所示。

当在窗体 Form2 上单击“你好呀！”按钮后，会激活事件显示对应的信息框，如图 14-9 所示。单击窗体 2、窗体 3 和窗体 4 上的关闭图标 ✕ 后，会将对应的窗体关闭，如图 14-10 所示。

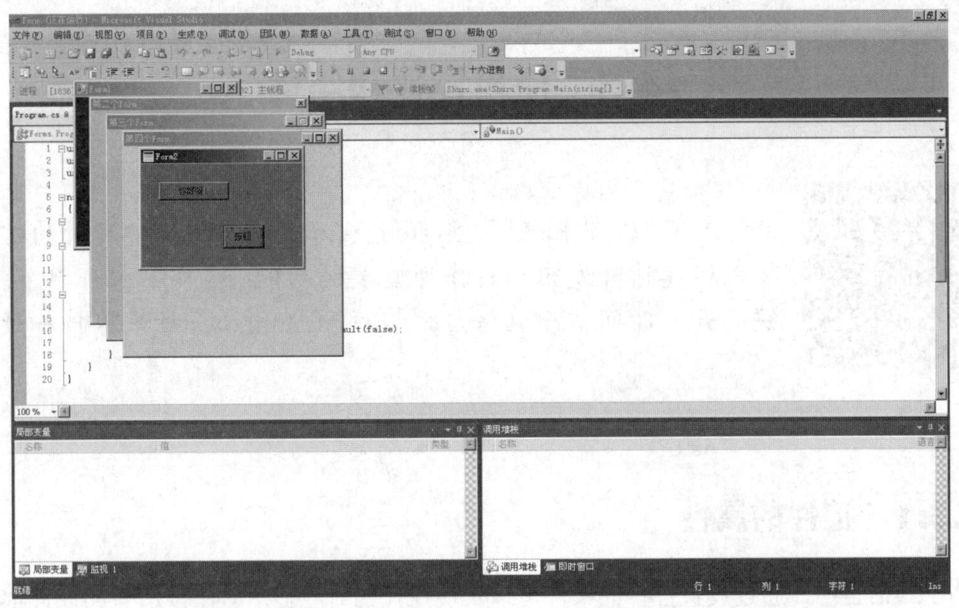

图 14-8　弹出的 5 个窗体

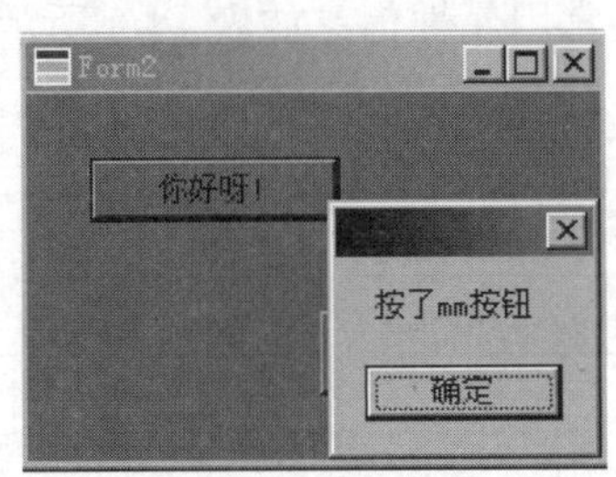

图 14-9　信息框提示

图 14-10　窗体 2、窗体 3、窗体 4 可以关闭

鼠标单击窗体 Form1 后会激活事件，显示对应的鼠标键值，如图 14-11 所示；按键盘按键后会显示对应的键值，如图 14-12 所示。当单击窗体 Form1 上的关闭图标☒后，会弹出确认关闭对话框，如图 14-13 所示。单击图 14-13 内的“是”按钮后将会关闭窗体 Form1，当单击窗体 Form1 上的关闭图标☒后，将把所有的窗体关闭。

图 14-11　相应鼠标值

图 14-12　相应按键值

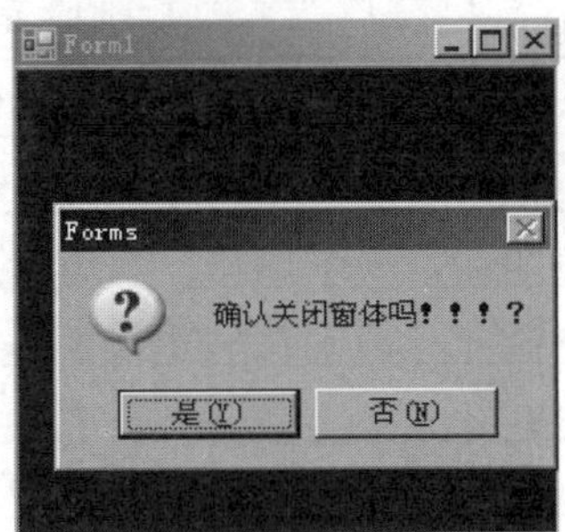

图 14-13　确认关闭对话框

14.3 使用控件和组件

在 C#语言中，使用 System.Windows.Forms 中定义的控件，可以迅速地开发出项目中所需要的功能。这样不但可以节约系统的开发时间，而且将应用程序和 Windows 效果保持一致。

↑扫码看视频

14.3.1 控件的属性

在 C#语言中，通过设置控件的属性可以实现控件的对应显示效果，所有的控件都有各自的属性。C#大多数控件的基类是 System.Windows.Forms.Control，其他的控件属性都是继承了它的属性或重写了它的属性。类 Control 中的常用属性信息如表 14-5 所示。

表 14-5 Control 类的常用属性信息

属 性 值	说 明
Anchor	指定控件大小变化时控件如何响应
BackColor	控件的背景颜色
Bottom	设置控件底部和窗体顶部的距离
Dock	使控件在窗口边界显示
Enabled	设置是否接受用户的输入
ForeColor	控件的前景色
Height	控件底部到顶部的距离
Left	控件左边界到窗体左边界的距离
Name	控件的名称
Parent	控件的父控件
Right	控件右边界到窗体左边界的距离
TabIndex	控件容器中的标签顺序
TabStop	设置是否可以用 Tab 键访问
Tag	在控件中存储控件的信息
Top	控件顶部和窗体顶部的距离
Visible	控件的可见性
Width	控件的宽度

知识精讲

属性 Anchor 和 Dock 特别有用，如果修改窗体的大小比较麻烦，而为了使窗体外观比较美观，则可以使用属性 Anchor 和 Dock 来实现，避免了传统的编写多行代码的解决方式。属性 Anchor 指定了控件大小变化时控件如何响应，可以在控件重置大小时根据它的边界来锁定，并根据窗体的边界来锚定。属性 Dock 设置了使控件始终在窗口边界显示，即使用户重新设置了它的大小。

智慧锦囊

如果读者在以前使用过 Visual Basic，应该注意到在 Visual Studio 2017 中是用 Text 属性设置显示的文本，而不用 Visual Basic 中的 Caption 属性。在 2010 推出以前，Text 是可以和 Caption 互换的。

14.3.2　使用 Label 控件和 LinkLabel 控件

在 C#语言中，Label 控件是最常用的窗体控件之一，能够在窗体上显示指定的文本。而控件 LinkLabel 也能够在窗体上显示指定的文本，但是显示的是链接形式的文本。Label 控件和 LinkLabel 控件有多个属性，其中绝大部分都是基于 Control 类的。下面将通过一个具体的实例来说明 Label 控件和 LinkLabel 控件的使用过程。

实例 14-3：使用 Label 控件和 LinkLabel 控件
源文件路径：daima\14\14-3

本实例的功能是在窗体内显示指定的文本，具体实现流程如下所示。

(1) 在 Visual Studio 2017 中新建一个名为 Labelchuli 的 Windows 应用程序。

(2) 从工具箱中拖入一个 Label 控件，设置其属性 Text 值为“这是控件的文字”，并设置字体的显示样式，如图 14-14 所示。

(3) 按照上述流程再次拖入一个 LinkLabel 控件，并设置它的属性，如图 14-15 所示。

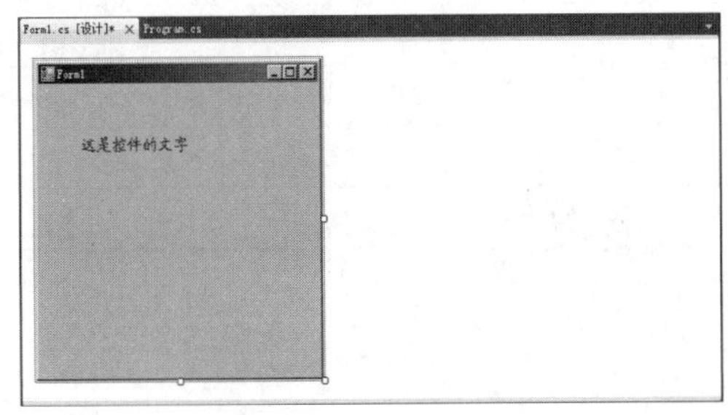

图 14-14　设置属性

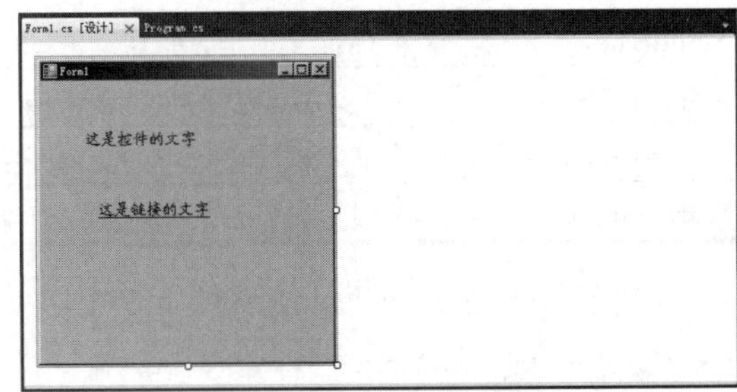

图 14-15　第二次设置属性

(4) 经过上述操作完毕后，会在窗体 Form1 内显示两段文本，分别是使用 Label 控件和 LinkLabel 控件实现的文本，如图 14-16 所示。

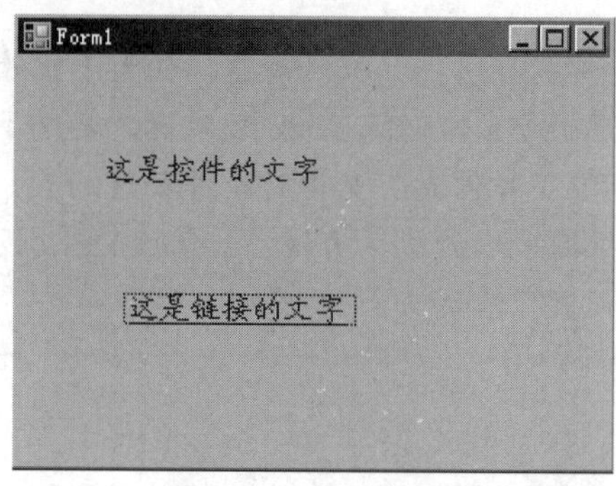

图 14-16 执行结果

文件 Program.cs 是项目的入口程序，因为比较简单和容易理解，在此不作介绍。文件 Form1.Designer.cs 是属性的设置文件，通过定义方法 InitializeComponent()，设置了各控件的显示属性。

14.3.3 使用 TextBox 控件

在 C#语言中，控件 TextBox 是文本框显示控件，能够获取用户在窗体内输入的文本或显示的文本。TextBox 控件可以用于文本编辑处理，但是只能是只读控件。文本框可以显示多行文本，并且可以对文本进行换行及添加基本的设置属性。TextBox 控件的常用属性的信息如表 14-6 所示。

表 14-6 TextBox 常用属性信息

属 性 值	说 明
CausesValidation	当为 True 时会触发 2 个事件
CharacterCasing	设置是否会改变文本的大小写
MaxLength	里面文本的最大长度值
Multiline	设置是否是多行控件
PasswordChar	设置使用密码输入
ReadOnly	设置是否为只读
ScrollBars	多行文本是否有自动滚动条
SelectedText	文本中选择的字符数
SelectionLength	文本框中被选中的文本开头
SelectionStart	设置当多行文本内的某行文本超过控件宽度时是否自动换行

其中属性 CharacterCasing 有如下 3 个取值。

- Lower：将文本都转换为小写。
- Upper：将文本都转换为大写。
- Normal：不对文本进行转换处理。

TextBox 控件有如下 3 类常用的事件。

1. 焦点事件

焦点事件即 Enter、Leave、Validating 和 Validated 事件，它们将按照编写代码的顺序逐一被触发，当控件的焦点被改变时就会触发。但是 Validating 和 Validated 仅在接受焦点后，当 CausesValidation 的值为 True 时才会被触发。

2. 键事件

键事件即 KeyDown、KeyPress 和 KeyUp 事件，它们能够改变和监视输入控件中的内容。

3. 都触发事件

都触发事件即 Change 事件，只要文本内容发生改变就会被触发，不论发生了什么改变。

实例 14-4：使用 TextBox 控件实现文字交互
源文件路径：daima\14\14-4

本实例的功能是为窗体设置指定的显示文本，具体实现流程如下所示。

(1) 在 Visual Studio 2017 中新建一个名为 TextBoxchuli 的 Windows 应用程序。

(2) 从工具箱中拖入到窗体顶部一个 TextBox 控件，设置 name 为 TextBox，设置 Font 为 12pt，并设置字体为粗体和斜体。

(3) 在属性的“事件”界面双击 KeyDown 事件，并对自动生成的 textBox1_KeyDown 方法进行如下修改：

```
private void textBox1_KeyDown(object sender,KeyEventArgs e){
         if (e.KeyCode == Keys.Enter)
            MessageBox.Show("您输入的文字为:
                             " + textBox1.Text,
                             "TextBox Sample");
  }
```

(4) 再次拖入一个名为 textBox2 的 textBox 控件，分别设置它的属性。然后双击 TextChanged 事件，并对自动生成的 textBox2_TextChanged 方法进行如下修改：

```
private void textBox2_TextChanged(object sender, EventArgs e){
         if (textBox2.Text.Length == textBox2.MaxLength)
            MessageBox.Show("您输入的密码为: " + textBox2.Text,
                             "TextBox Sample");
}
```

(5) 再次拖入一个名为 textBox3 的 textBox 控件，分别设置它的属性。

```
private void textBox2_TextChanged(object sender, EventArgs e){
         if (textBox2.Text.Length == textBox2.MaxLength)
            MessageBox.Show("您输入的密码为: " + textBox2.Text,
                             "TextBox Sample");
}
```

(6) 经过上述操作后，会在窗体 Form1 内显示 3 个不同属性样式的 TextBox 文本框，具体如图 14-17 所示。当激活 TextBox1 事件会显示对应的提示框，如图 14-18 所示。

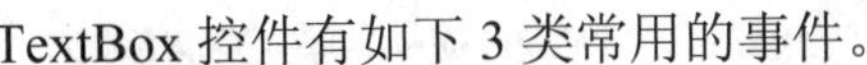

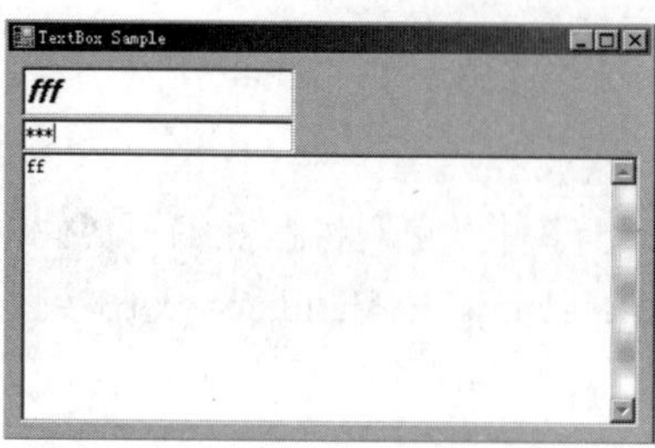

图 14-17　文本框结果

图 14-18　事件提示框

(7) 事件处理代码在文件 Form1.cs 内，文件 Program.cs 是项目的入口程序。

在现实应用中，可以实现 TextBox 控件和 TextChanged 事件的共享，并且可以对输入的字符进行验证，例如如果只允许输入数字，则可以通过设置如下事件代码实现：

```
public TextBoxInputCheck(object sender, KeyPressEventArgs e,
                         INPUTTYPE type){
        if(type == INPUTTYPE.INT){
            string pattern = @"^[0-9]";
            Regex reg = new Regex(pattern);
            if ((!reg.Match(e.KeyChar.ToString()).Success) && (e.KeyChar.
                 ToString() != "□")){
                e.Handled = true;
            }
        }
        else if(type == INPUTTYPE.FLT){
            string pattern = @"^[0-9]|.$";
            Regex reg = new Regex(pattern);
            if ((!reg.Match(e.KeyChar.ToString()).Success) &&
                 (e.KeyChar.ToString() != "□")){
                e.Handled = true;
            }
            else if (e.KeyChar.ToString() == "." && (sender as TextBox).
                        Text.IndexOf('.') > 0) {
                e.Handled = true;
            }
        }
    }
```

14.3.4 使用 Button 控件

在 C#语言中，控件 Button 是按钮控件，能够在窗体上建立一个按钮，并且允许用户通过单击来完成指定的操作。每当用户单击按钮后，就会调用 Click 事件处理方法。单击 Button 控件后还会生成其他事件，例如 MouseEnter、MouseDown 等。如果要为这些事件设置相关的事件处理程序，必须确保它们之间的操作不会冲突。另外，Button 控件不支持双击事件，当用户双击后，会连续处理两次单击事件。Button 控件的常用属性如表 14-7 所示。

表 14-7　Button 常用属性信息

属 性 值	说　明
FlatStyle	设置按钮的显示样式，例如可以设置为平面或 3D 外观
Enabled	设置按钮是否灰色显示

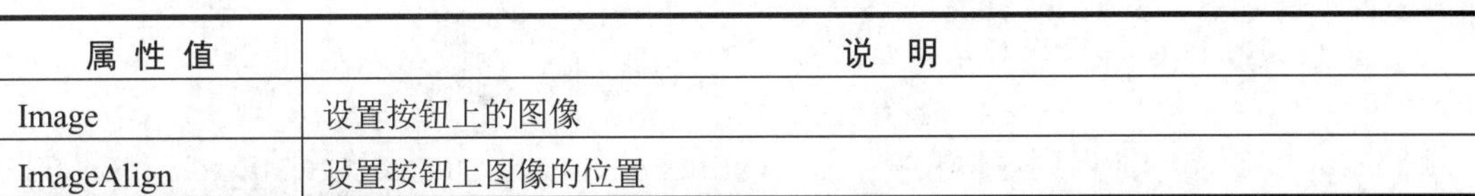

续表

属 性 值	说　明
Image	设置按钮上的图像
ImageAlign	设置按钮上图像的位置

智慧锦囊

在 C#语言中，Button 按钮上显示的文本由属性 Text 设置，当文本超出按钮宽度时会自动换行显示。但是如果当前控件无法包含文本的总体高度，则会剪裁显示。用户通过同时按 Alt 键和快捷键的方式可打开某个窗体控件。如果要定义某个窗体控件的快捷键，需要在设置的快捷键字符前加“&”字符。

下面通过一个具体的实例来说明 Button 控件的使用过程。

实例 14-5：为窗体内的按钮设置指定的样式

源文件路径：daima\14\14-5

本实例的功能是为窗体内的按钮设置指定的样式，具体实现流程如下所示。

(1)　在 Visual Studio 2017 中新建一个名为 ButtonSample 的 Windows 应用程序。

(2)　从工具箱中拖入到窗体顶部一个 Button 控件，设置 name 为 button1，设置 Text 属性为“按钮 1”，设置 Font 为 16，并设置字体为粗体和斜体。

(3)　在窗体上调整按钮的大小和位置，让设置的文本能够完整地显示出来。

(4)　在属性的“事件”界面双击 Click 事件，并对在 Form1.cs 中自动生成的 textBox1_KeyDown 方法进行如下修改：

```
private void button1_Click(object sender, EventArgs e){
   MessageBox.Show("你点击了<按钮>", "Button Sample");
}
```

(5)　从工具箱中拖入到窗体中间一个 Button 控件，设置 name 为 button2，设置 Text 属性为空值，设置属性 Image 为“ButtonSample.Properties.Resources.water”。

(6)　在窗体上调整按钮的大小和位置，使和 button1 的宽度一致。

(7)　在属性的“事件”界面双击 Click 事件，并在文件 Form1.cs 中增加如下代码：

```
private void button2_Click(object sender,EventArgs e) {
            this.Opacity -= 0.2;
            if (this.Opacity <= 0.1)
               this.Opacity = 1;
}
```

(8)　从工具箱中再次拖入到窗体底部一个 Button 控件，设置 name 为 button3，设置 Text 属性为“退出”，设置属性 Image 为“ButtonSample.Properties.Resources.water”，设置属性 BackColor 为“ActiveCaptionText”。

(9)　在窗体上调整按钮的大小和位置，使其在 button2 下显示。

(10) 在设计界面中选中窗体 Form1，设置 CancelButton 属性值为 button3。

(11) 在属性的“事件”界面双击 Click 事件，并在文件 Form1.cs 中增加如下代码：

```
private void button3_Click(object sender, EventArgs e){
        this.Close();
}
```

(12) 从工具箱中拖入到窗体底部一个 TextBox 控件，设置 name 为 textBox1，设置 Text 属性值为“测试接受/取消按钮：点击此文本框，再按回车/ESC 键”，设置属性 ReadOnly 值为 True。

(13) 经过上述操作处理后，整个项目设计完毕。最终的设计界面如图 14-19 所示。

当上述项目运行后，会按照指定的样式显示窗体的各个元素，如图 14-20 所示。当单击“按钮 1”时会弹出指定的对话框，如图 14-21 所示。当单击中间按钮“按钮 2”时会使窗体的透明度发生变化，如图 14-22 所示。当单击底部的按钮“退出”时会退出当前的窗体。

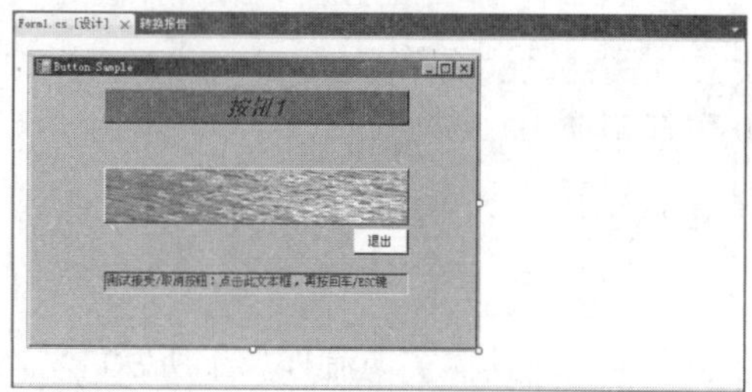

图 14-19　项目设计界面结构

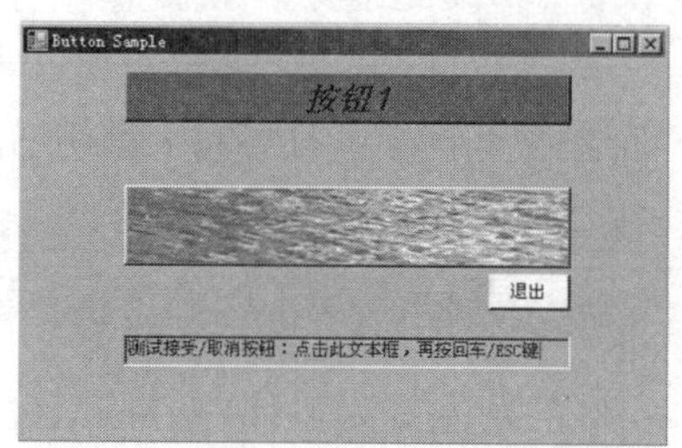

图 14-20　窗体界面效果

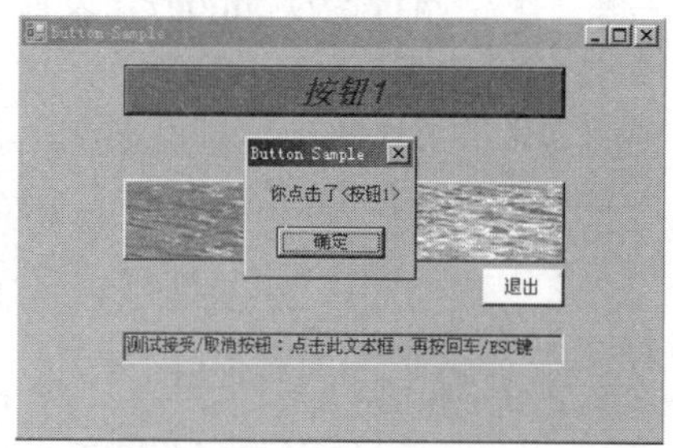

图 14-21　弹出对话框

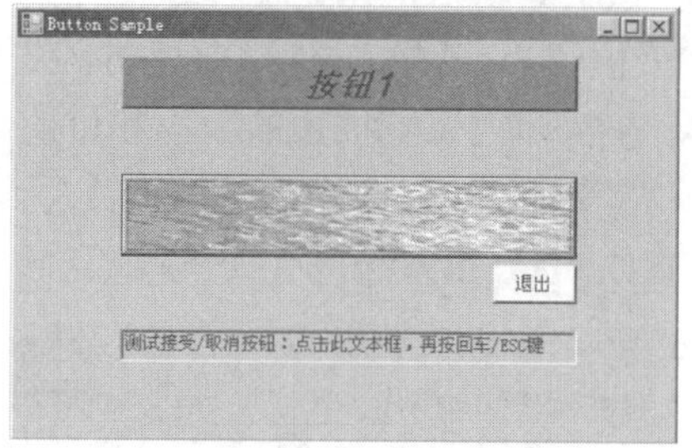

图 14-22　窗体透明度变化

(14) 各控件的属性设置代码在文件 Form1.Designer.cs 内，事件处理代码在文件 Form1.cs 内，而文件 Program.cs 是项目的入口程序。

14.4　使用窗体菜单

在 C#语言中，菜单是窗体应用中的重要组成元素之一，通过在窗体内编写菜单程序，可以实现系统项目的特定功能，例如实现和 Office 样式类似的菜单。本节将详细讲解使用窗体菜单的知识。

↑扫码看视频

14.4.1　主菜单控件介绍

现实中常用菜单具有如下两种类型。

(1)　主菜单：显示在窗体上标题下面的菜单，只有窗体才能有主菜单。

(2)　上下文菜单：是和上下文操作相关的菜单，通常在窗体的相应位置单击鼠标右键来显示上下文菜单。

在.NET 2.0 框架被推出前，通常使用 MainMenu 控件来实现主菜单。在.NET 2.0 框架以后，使用 MenuStrip 控件来实现主菜单。在下面的内容中，将对上述控件的基本使用知识进行简要介绍。

1. MainMenu 控件

在 C#语言中，MainMenu 控件是用来表示窗体菜单结构的容器，菜单是由表示单个菜单命令的 MenuItem 对象构成的。每个 MenuItem 可以是应用程序的命令，也可以是其他子菜单项的父菜单。如果将某 Form 对象的 Menu 属性设置为 MainMenu 对象，则该 MainMenu 对象就成了 Form 对象的主菜单。

2. MenuStrip 控件

在 C#语言中，MenuStrip 控件是 Visual Studio 2017 工具箱内的重要控件工具之一，它可以灵活地在窗体创建主菜单。MenuStrip 控件支持多文档界面和菜单合并、工具提示和溢出。开发人员可以添加访问键、快捷键和选中标记等元素来增强菜单的可用性和可读性。

MenuStrip 控件中的每一个菜单项都是一个 ToolStripMenuItem 对象，并且每个 ToolStripMenuItem 可以是应用程序的命令，也可以是其他子菜单项的父菜单，这样就构成了 MenuStrip 菜单的嵌套结构。

其中的 DropDownItems 属性包含了其子菜单项的 ToolStripMenuItem 对象集合，该集合主要通过如下 4 个方法实现对菜单项的操作。

- 方法 Add：添加新的子菜单项。
- 方法 Remove：删除某子菜单项。
- 方法 RemoveAt：通过索引删除某子菜单项。
- 方法 Clear：删除全部子菜单项。

知识精讲

在 C#语言中，设置菜单访问键的方法比较简单，先为 ToolStripMenuItem 对象设置 Text 属性，接着为它加上下画线，然后在作为快捷键的字母前输入一个“&”符号即可。例如，输入“打开(&O)”作为某菜单项的 Text 属性，即可使“打开(&O)”作为菜单命令的快捷访问键。

ToolStripMenuItem 可以通过自身的属性设置菜单的外观和功能，各属性的具体说明如下所示。

- Checked：显示菜单被选中。

- CheckOnClick：菜单每次被单击后都更改选中状态的标记。
- Image：设置菜单的图像。
- ShortcutKeys：设置菜单的快捷键。

下面将通过一个简单的实例来说明创建窗体菜单的使用过程，本实例的功能是在窗体内创建一个主菜单。

实例 14-6：在窗体内创建一个主菜单

源文件路径：daima\14\14-6

(1) 在 Visual Studio 2017 中新建一个名为 caidan1 的 Windows 应用程序。

(2) 从工具箱中拖入一个 MenuStrip 控件，然后分别在菜单文本框内输入 4 个菜单项的名称，具体说明如下。

- 第一个菜单项：设置属性 Text 值为“文件”，属性 name 为“文件 ToolStripMenuItem”。
- 第二个菜单项：设置属性 Text 值为“编辑”，属性 name 为“编辑 ToolStripMenuItem”。
- 第三个菜单项：设置属性 Text 值为“视图”，属性 name 为“视图 ToolStripMenuItem”。
- 第四个菜单项：设置属性 Text 值为“项目”，属性 name 为“项目 ToolStripMenuItem”。

(3) 经过上述操作后，将在窗体顶部生成一个具有 4 个菜单项的主菜单，如图 14-23 所示。

(4) 选中菜单项“文件”，在其后面的文本框内依次输入“新建”“打开”和“关闭”3 个子菜单项，如图 14-24 所示。

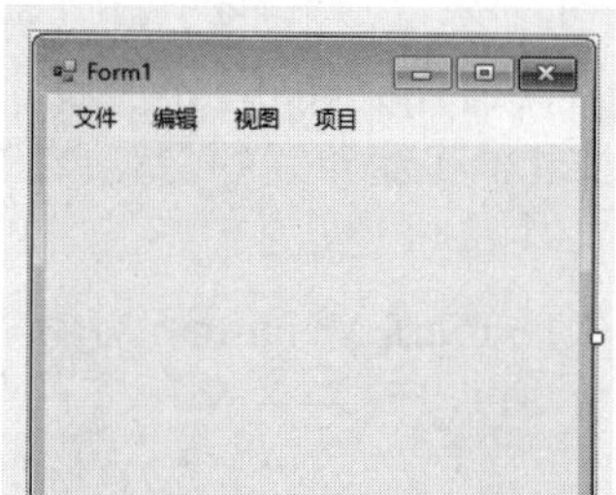

图 14-23　生成的菜单项

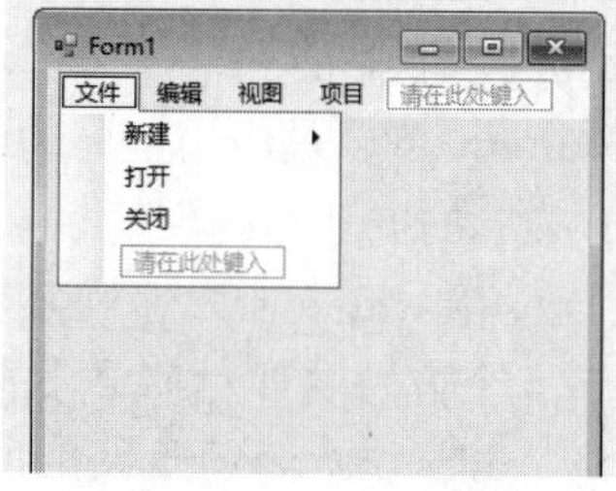

图 14-24　生成子菜单项

(5) 按照步骤 4 的操作流程，为菜单项“项目”设置子菜单项。

(6) 操作完毕后将项目文件保存，程序执行后将显示一个有菜单项的窗体，具体如图 14-25 所示；当单击菜单项“文件”后会弹出显示它的子菜单项，如图 14-26 所示。

在项目文件中，文件 Program.cs 是项目的入口程序，主要实现代码如下所示。

```
namespace caidan1{
    static class Program{
        /// 应用程序的主入口点。
        [STAThread]
        static void Main(){
            Application.EnableVisualStyles();
            Application.SetCompatibleTextRenderingDefault(false);
            Application.Run(new Form1());
        }
    }
}
```

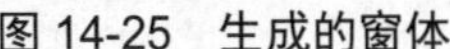
图 14-25　生成的窗体

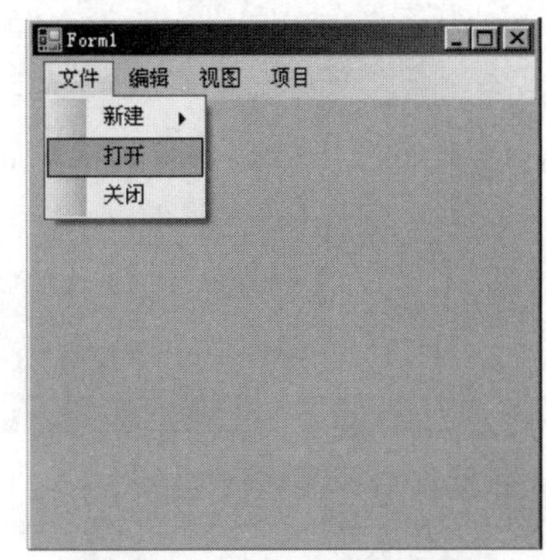

图 14-26　对应的子菜单项

控件属性的设置代码在文件 Form1.Designer.cs 内。在此文件自动生成的代码中，分别定义了各菜单选项的属性值，其中也包括了子菜单选项的值，并且通过使用菜单控件在窗体内实现一个主菜单效果。

14.4.2 使用 MenuStrip 控件

在 C#语言中，可以借助于 Visual Studio 2017 工具设计主菜单，具体设计原则如下所示。

- 主菜单的第一级菜单一般都包含次级菜单的子菜单项，而不直接表示命令。
- 主菜单的最左边项应该是“文件”，包含了和文件操作相关的子菜单，最后边的子菜单项一般是“退出”。
- 主菜单的最右边项应该是“帮助”，包含了和帮助操作相关的子菜单，最后边的子菜单项一般是“关于”。
- 每个菜单项都应该有一个访问键。
- 有后续对话框的菜单项后面应该有省略号“...”。
- 下拉菜单不是越多越好，最好控制在 10 项以内。
- 如果菜单项过多，则可以考虑使用级联菜单。
- 使用分隔线根据不同的功能对菜单项进行分组处理。
- 如果某菜单项的命令或操作无效，则应该使该项灰色显示。

下面将通过一个具体的实例来说明 MenuStrip 控件的使用过程，本实例的功能是在窗体内实现一个指定样式的菜单效果。

实例 14-7：在窗体内实现一个指定样式菜单效果
源文件路径：daima\14\14-7

(1) 在 Visual Studio 2017 中新建一个名为 caidan2 的 Windows 应用程序。

(2) 从工具箱中拖入一个 MenuStrip 控件，然后分别在菜单文本框内输入 4 个菜单项的名称，具体说明如下。

- 第一个菜单项：设置属性 Text 值为“文件”，属性 name 为“文件 ToolStripMenuItem”。
- 第二个菜单项：设置属性 Text 值为“编辑”，属性 name 为“编辑 ToolStripMenuItem”。

> ➢ 第三个菜单项：设置属性 Text 值为“视图”，属性 name 为“视图 ToolStripMenuItem”。
> ➢ 第四个菜单项：设置属性 Text 值为“项目”，属性 name 为“项目 ToolStripMenuItem”。

(3) 经过上述操作后，将在窗体顶部生成一个具有 4 个菜单项的主菜单，如图 14-27 所示。

(4) 选中菜单项“文件”，在其后面的文本框中输入对应子菜单项，然后在文本框后单击▾图标，在弹出的对话框内选择 Separator 选项，添加一个分隔线，如图 14-28 所示。

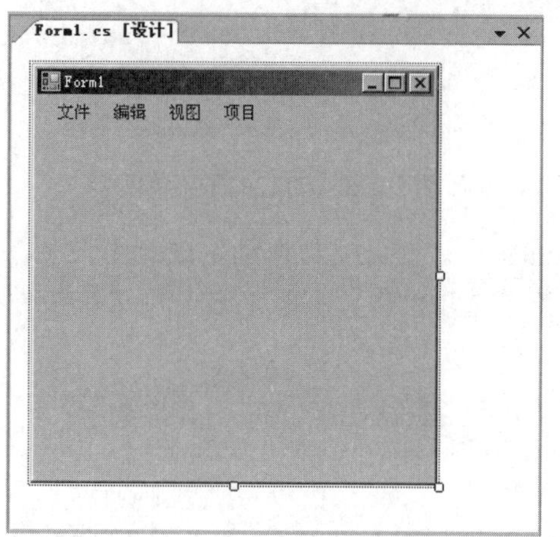

图 14-27 生成的菜单项

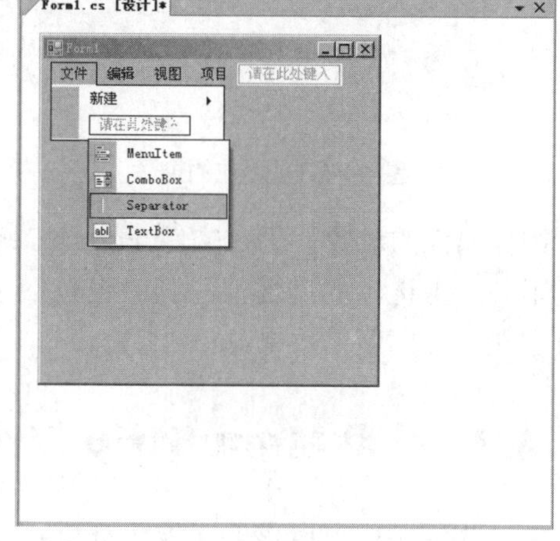

图 14-28 添加分隔线

(5) 按照步骤(4)继续为主菜单项“文件”添加新的子菜单项和分隔线，如图 14-29 所示。

(6) 选中菜单项“文件”，把其标题修改为“文件(&F)”。选中菜单项“文件”内的子菜单项，分别为其加入“&”符号。

(7) 经过为菜单项加入“&”符号后，将在菜单中自动显示对应的快捷键，如图 14-30 所示。

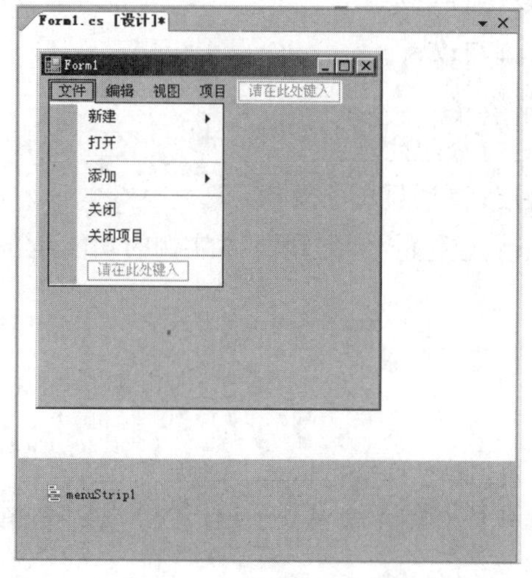

图 14-29 添加后的菜单项

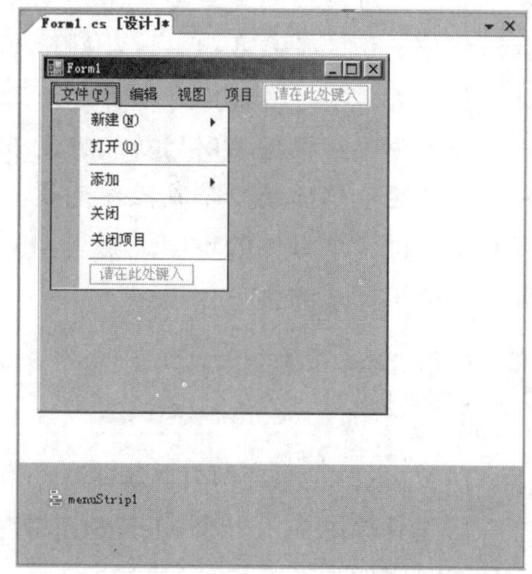

图 14-30 “&”符号生成快捷键

(8) 继续在项目内“文件”菜单项下添加“保存”和“退出”两个子菜单项。鼠标右键单击，在弹出的快捷菜单中选择“设置图像”命令，如图 14-31 所示。

(9) 在弹出的“选择资源”对话框内选择插入的菜单图像，如图 14-32 所示。

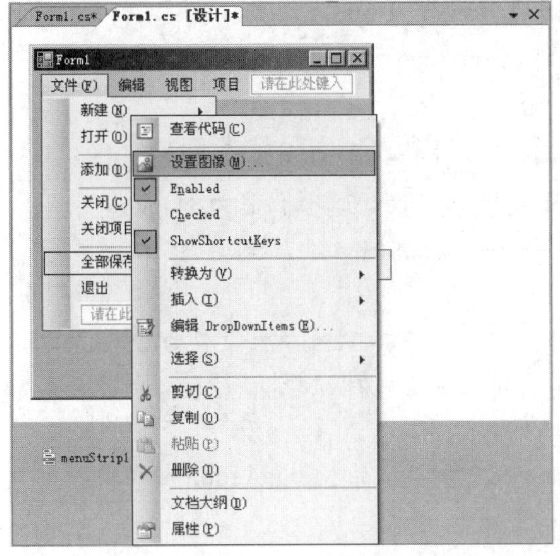

图 14-31　选择“设置图像”命令

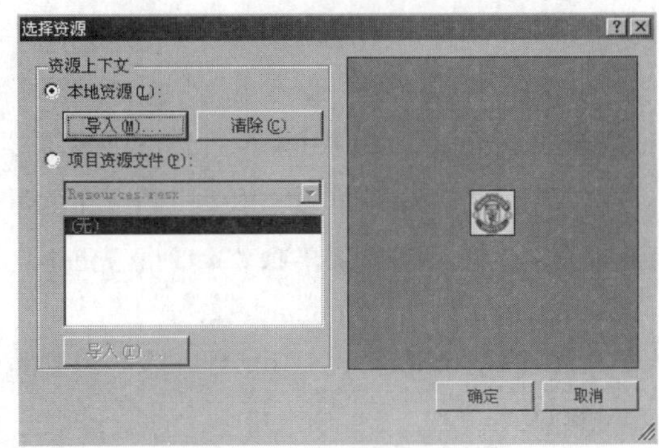

图 14-32　插入菜单图像

(10) 按照步骤(8)和(9)继续为菜单“退出”设置菜单图像。

在项目文件中，文件 Program.cs 是项目的入口程序。控件属性的设置代码在文件 Form1.Designer.cs 内，通过使用 MenuStrip 控件在窗体内实现一个指定样式菜单效果。另外，在某些应用程序中，多文档界面(MDI)子窗口的类型可能与 MDI 父窗口的类型不同。例如，MDI 父窗口可能为电子表格，而 MDI 子窗口可能为图表。在这种情况下，需要在不同类型的 MDI 子窗口被激活时，用 MDI 子窗口的菜单内容更新 MDI 父窗口的菜单内容。

至此，整个程序设计完毕。当程序执行后会显示一个具有指定菜单项的窗体，具体如图 14-33 所示；当单击菜单项“文件”后，会显示它的指定样式的子菜单项，里面分别有分隔线、访问快捷键和菜单图像等，如图 14-34 所示。

图 14-33　最终窗体设计界面

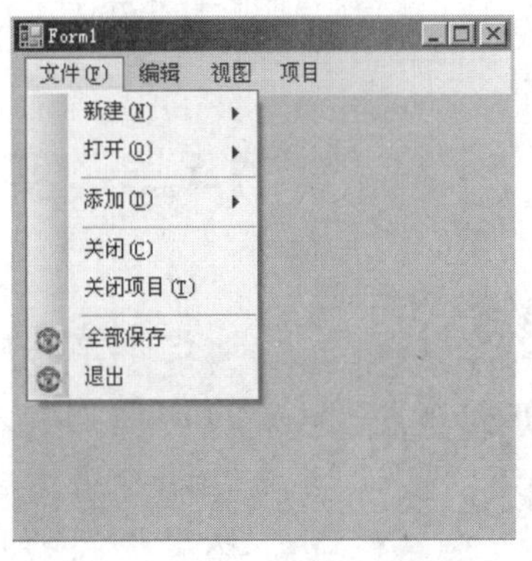

图 14-34　子菜单样式效果

知识精讲

将菜单项追加到 MDI 父窗口的操作方法如下所示。

(1) 创建一个窗体并将其 IsMdiContainer 属性设置为 true。

(2) 将一个 MenuStrip 添加到 Form1 中并将 MenuStrip 的 AllowMerge 属性设置为 true。

(3) 将 Form1MenuStrip 的 Visible 属性设置为 false。

(4) 将顶级菜单项添加到 Form1MenuStrip 中，并将其 Text 属性设置为&File。

(5) 将一个子菜单项添加到&File 菜单项，并将其 Text 属性设置为&Open。

(6) 将一个窗体添加到项目中，将一个 MenuStrip 添加到该窗体，并将 Form2MenuStrip 的 AllowMerge 属性设置为 true。

(7) 将顶级菜单项添加到 Form2MenuStrip 中，并将其 Text 属性设置为&Special。

(8) 将两个子菜单项添加到&Special 菜单项，并将它们的 Text 属性分别设置为 Command&1 和 Command&2。

(9) 将&Special、Command&1 和 Command&2 菜单项的 MergeAction 属性设置为 Append。

(10) 为&NewToolStripMenuItem 的 Click 事件创建一个事件处理程序。

(11) 在该事件处理程序内，插入类似于下面示例的代码，以创建和显示作为 Form1 的 MDI 子级的 Form2 新实例。

```
private void openToolStripMenuItem_Click(object sender, EventArgs e){
    Form2 newMDIChild = new Form2();
        newMDIChild.MdiParent = this;
        newMDIChild.Show();
}
```

(12) 将与下面的代码示例类似的代码放置于&OpenToolStripMenuItem 中，以注册事件处理程序。

```
this.openToolStripMenuItem.Click += new System.EventHandler
(this.openToolStripMenuItem_Click);
```

14.5 实践案例与上机指导

通过本章的学习，读者基本可以掌握使用 C#语言开发窗体程序的知识。其实 C#开发窗体程序的知识还有很多，这需要读者通过课外渠道来加深学习。下面通过练习操作，达到巩固学习、拓展提高的目的。

↑扫码看视频

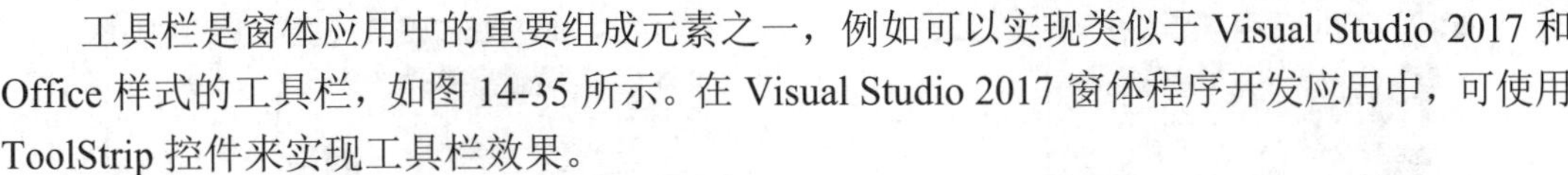

工具栏是窗体应用中的重要组成元素之一，例如可以实现类似于 Visual Studio 2017 和 Office 样式的工具栏，如图 14-35 所示。在 Visual Studio 2017 窗体程序开发应用中，可使用 ToolStrip 控件来实现工具栏效果。

图 14-35 Visual Studio 2017 的工具栏

实例 14-8：使用 ToolStrip 控件创建图文效果的工具栏

源文件路径：daima\14\14-8

本实例的功能是在窗体内实现一个指定样式的工具栏效果，具体实现流程如下所示。

(1) 在 Visual Studio 2017 中新建一个名为 gongju1 的 Windows 应用程序。

(2) 从工具箱中拖入一个 ToolStrip 控件，设置属性 Text 值为 toolStrip1，属性 name 为 toolStrip1。

(3) 单击工具栏上的提示按钮并选择 Button 选项，为工具栏添加一个按钮，如图 14-36 所示。

(4) 选择上面添加的按钮，单击鼠标右键，在弹出的快捷菜单中选择“设置图像”命令，为此按钮设置素材图像，如图 14-37 所示。

图 14-36 生成的菜单项

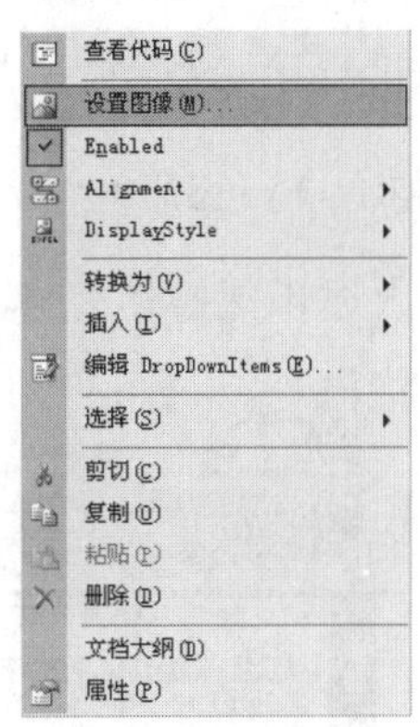

图 14-37 设置图像

(5) 按照步骤(3)和(4)继续在工具栏内添加多个按钮。

(6) 在新添加工具栏按钮时，选择 Separator 选项添加一个分隔线，如图 14-38 所示。

(7) 按照上述步骤继续添加新按钮和分隔线。

(8) 增加窗体的宽度，然后单击工具栏提示按钮并选择 ComboBox 选项，设置 name 为 toolStripComboBox1，如图 14-39 所示。

(9) 按照步骤(8)继续在工具栏内添加 1 个 ComboBox，设置 name 为 toolStripComboBox2。

(10) 分别设置上面添加的 ComboBox 的 Items 属性，在“字符串集合编辑器”中分别输入对应的字符串，分别如图 14-40 和图 14-41 所示。

(11) 在自动生成的文件 Form1.cs 内添加窗体的 Load 事件代码。

(12) 按照上述步骤继续添加新的工具栏项和对应的子项，为 ComboBox 左侧的按钮编写单击事件处理程序。

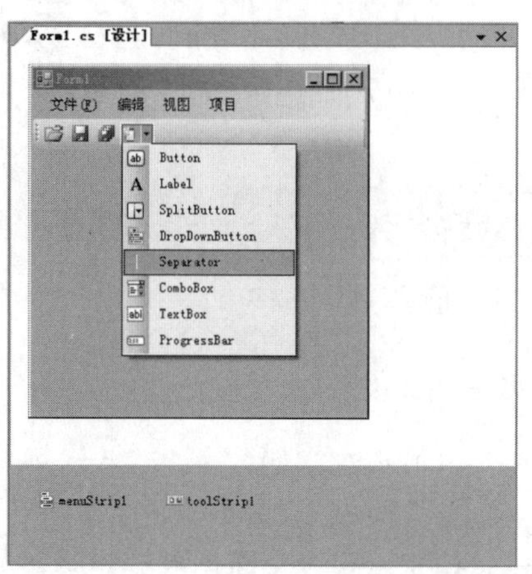
图 14-38　添加分隔线

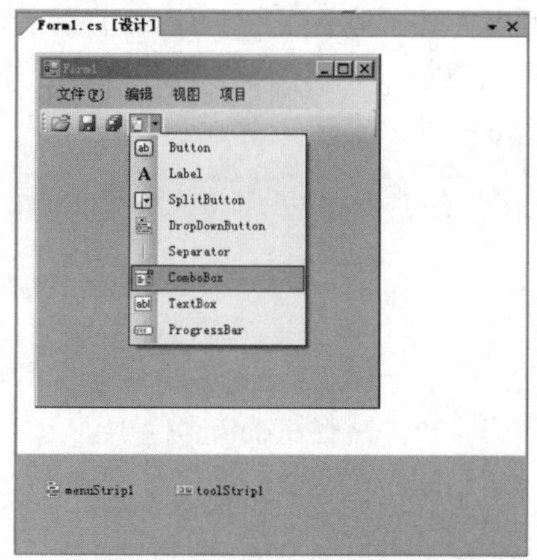
图 14-39　分组处理

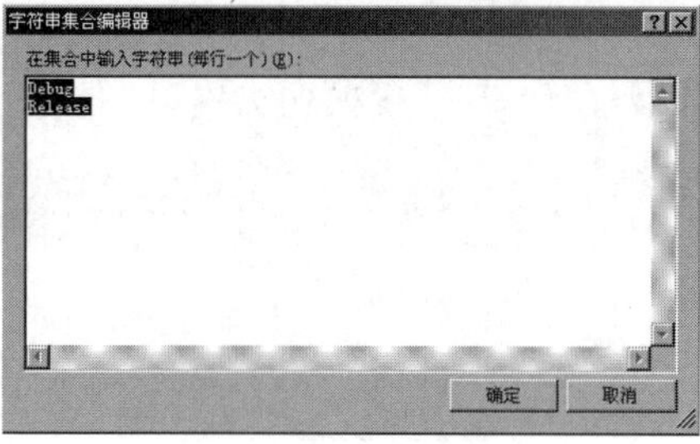
图 14-40　添加字符串

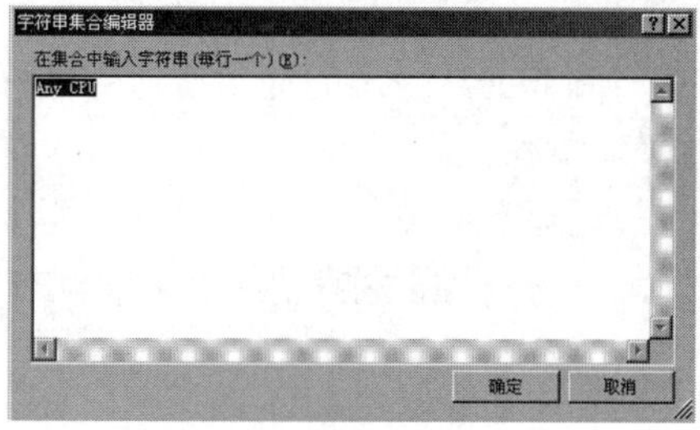
图 14-41　添加字符串

(13) 按照上述步骤操作完毕后将项目文件保存，项目窗体的最终设计界面如图 14-42 所示。

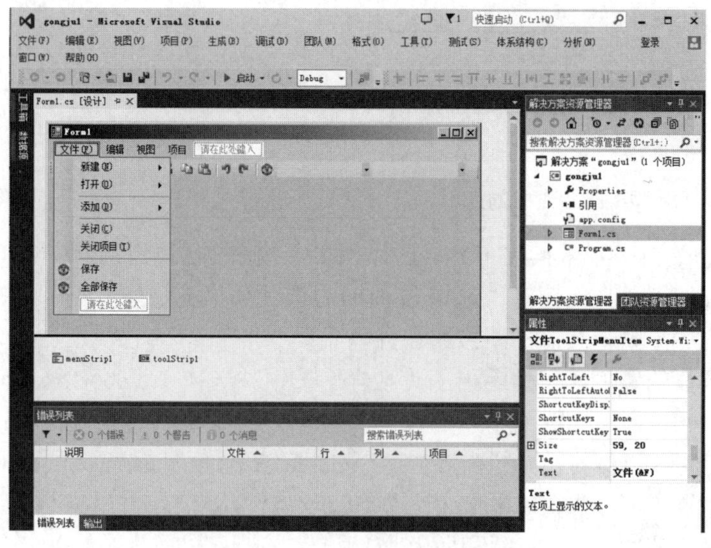
图 14-42　最终窗体设计界面

在项目文件中，文件 Program.cs 是项目的入口程序，控件属性的设置代码在文件 Form1.Designer.cs 内。

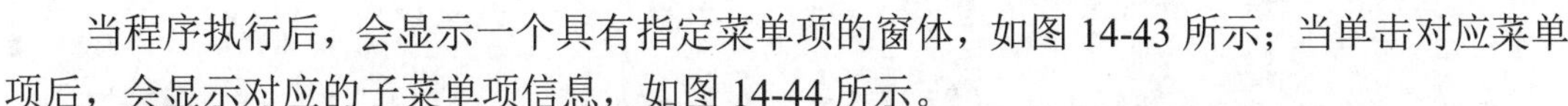

当程序执行后，会显示一个具有指定菜单项的窗体，如图 14-43 所示；当单击对应菜单项后，会显示对应的子菜单项信息，如图 14-44 所示。

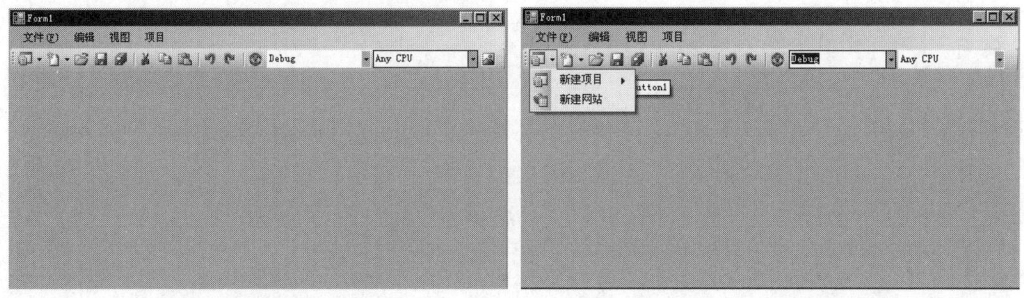

图 14-43　窗体运行效果　　图 14-44　工具栏项效果

14.6　思考与练习

本章详细讲解了使用 C#语言开发窗体程序的知识，循序渐进地讲解了窗体编程基础、创建和使用窗体、使用控件和组件、使用窗体菜单等知识。在讲解过程中，通过具体实例介绍了使用 C#语言开发窗体程序的方法。通过本章的学习，读者应该熟悉使用 C#语言开发窗体程序的知识，掌握其使用方法和技巧。

一、选择题

(1) 使用(　　)控件其本身的属性、方法和事件来实现工具栏处理。

A. ToolStrip　　B. MenuStrip　　C. ImageList

(2) 使用 ToolStrip 属性(　　)可以设置 4 个排列点是否在最左边。

A. LayoutStyle　　B. GripStyle

C. ShowItemToolTip　　D. Stretch

二、判断对错

(1) 在 C#语言中，Button 按钮上显示的文本由属性 Text 设置，当文本超出按钮宽度时会自动换行显示。但是如果当前控件无法包含文本的总体高度，则会剪裁显示。　(　　)

(2) 在 C#语言中，控件 CheckBox 是一个复选框控件，能够在窗体上提供复选框按钮；控件 RadioButton 是单选按钮控件，能够在窗体上提供单选按钮；控件 GroupBox 是分组框控件，能够在窗体上提供分组框按钮。　(　　)

三、上机练习

(1) 用 ComboBox 制作浏览器。

(2) 用 ComboBox 实现查询功能。

新起点 电脑教程

第 15 章

ADO.NET 和数据库操作

本章要点

- ADO.NET 基础
- 使用 Connection 对象连接数据库
- 使用 Command 对象操作数据库

本章主要内容

程序语言通过和数据库技术的结合，可以实现现实世界中所有的和数据相关的处理系统。数据虽然可以存储在文件中，但是这样编程语言对文件的操作会比较麻烦，而且不利于对数据的维护和更新处理。如果通过专业的数据库工具存储数据，不但可以方便地使用数据处理语言进行数据的管理和维护，而且能够保证数据的安全性。

15.1 ADO.NET 概述

↑扫码看视频

ADO.NET 的功能是以关系和面向对象的格式访问数据库，这里的数据库通常是常见的关系数据库，例如 Access 和 SQL Server 等。ADO.NET 也能够访问非关系数据库，并且可以集成到.NET Framework 中，从而可以使用任何语言进行数据访问。

15.1.1 ADO.NET 的产生背景

ADO.NET 来源于 COM 组件库 ADO，即 ActiveX Data Objects 的缩写，用于实现微软系统的数据库访问接口。有了现在的 ADO.NET 称谓后，微软希望它的数据访问方式是.NET 编程的最优先方式。ADO.NET 的功能和 ADO 类似，它能够提供常用的类集来实现对某类型数据库的访问，并且能够使用本身类、属性和方法，在.NET 这个大环境中发挥出更好的功效。在原始的数据库数据访问技术中，不同类型的数据库数据是不相兼容的，每种类型的数据库都有自己独立的函数库，例如 Oracle 和 SQL Server 就不相同。这就造成了如果改变数据库的类型，就应该相应地对整个系统的应用程序进行编写。为了解决上述问题，微软联合多个公司推出了 ODBC，开发人员通过 ODBC 可以实现对任何数据库的访问，只要对系统程序的数据库连接代码进行修改后即可实现数据库平台的转换。随着网络技术的继续发展和办公自动化的普及，其他类型的数据也需要进行相应的系统程序收集和处理，例如电子邮件数据和 Office 数据等。此时 OLE DB 解决了上述问题，实现了数据库和访问程序间的抽象，并实现了数据库和非数据库类型数据的处理。

智慧锦囊

ADO.NET 的推出原理和上面的 ODBC 和 OLE DB 类似，它能够同时支持对数据库数据和传统文件数据的访问。

15.1.2 ADO.NET 的对象

ADO.NET 可以通过自身的类和对象实现对不同格式文件的数据处理，可以将 ADO.NET 中的类分为如下两种。

(1) 提供者对象：即.NET Data 提供的对象，在其名称中包含提供者的名称。

(2) 用户对象：即 ADO.NET 的客户对象，是将数据读入到内存后用来访问和操纵数据的对象。

在下面的内容中，将详细讲解上述两种 ADO.NET 对象的基本知识。

1. 提供者对象

因为在提供者对象的名称中包含提供者的名称，所以用于 SQL Server .NET 提供者的类是 SqlConnection。在下面的内容中，将对常用的几种提供者对象进行简要说明。

1)　连接对象 Connection

Connection 连接对象是数据库操作的基础，其功能是建立程序和数据源的连接。只有和数据源连接后，才能编写特定的程序代码实现对数据的处理。

2)　命令对象 Command

命令对象 Command 的功能是向被连接的数据库发出操作命令，例如数据的查询、删除和修改等。命令对象是数据库操作的核心，只有通过命令对象才能实现对数据库数据的更新操作处理。

3)　CommandBuilder 对象

CommandBuilder 对象能够创建 SQL 命令，能够修改某查询表的数据。因为有不同的提供者，所以该对象的名称有 SqlCommandBuilder 和 OdbcCommandBuilder 等。

4)　DataReader 对象

DataReader 对象能够读取数据源中的数据，但是只能读取向前的和只读的数据。和 CommandBuilder 对象相同，因为有不同的提供者，所以该对象的名称有 SqlDataReader 和 OdbcDataReader 等几种。

5)　DataAdapter 对象

DataAdapter 对象是一个通用的类，可以对某数据源实现各种操作。同样因为有不同的提供者，所以该对象的名称有 SqlDataAdapter 和 OdbcDataAdapter 等几种。

2. 用户对象

在 System.Data 命名空间中，定义了几个 ADO.NET 的客户对象。因为它和数据的提供者无关，所以其名称是固定的。

1)　DataSet 对象

DataSet 对象表示一组数据表，在应用程序中可以将上述数据表作为一个单元来引用。例如 student、class 和 teacher 是 DataSet 中的一个表，分别表示学生、班级和老师。使用 DataSet 对象可以迅速地获取上述表中的数据，并且在服务断开时可以实现对数据的更新处理。

2)　DataTable 对象

DataTable 对象表示 DataSet 内的一个表。DataTable 可以通过 DataColumn 对象和 DataRow 对象来实现读取处理。其中 DataColumn 表示表中的列，DataRow 表示表中的行。

3)　DataRelation 对象

DataRelation 对象表示通过共享列而发生关系的两个表之间的关系，例如可以使用某表的编号 ID 来进行唯一性标识，并且通过此 ID 可以实现和其他表数据的某种联系对应。

15.2 使用 Connection 对象连接数据库

为了实现应用程序对数据库的操作，需要首先建立和数据库的连接。本节将详细讲解使用 Connection 对象连接数据库的知识。

↑扫码看视频

15.2.1 安装 Northwind

Northwind 是微软公司提供的示例数据库文件，读者可以从微软的官方站点下载。有读者可能禁不住要问：必须要安装 Northwind 吗？其实这也不一定。为了测试数据库连接实例的运行，可以自己建立数据库，但是这比较麻烦。本书后面讲解的实例大多都是基于 Northwind 之上的，所以在讲解这些实例之前先介绍 Northwind 的安装步骤和配置过程。

(1) 双击下载的安装文件“SQL Server 2000 SampleDb”，弹出安装对话框，如图 15-1 所示。

(2) 单击 Next 按钮，弹出 License Agreement(条约同意)对话框，如图 15-2 所示。

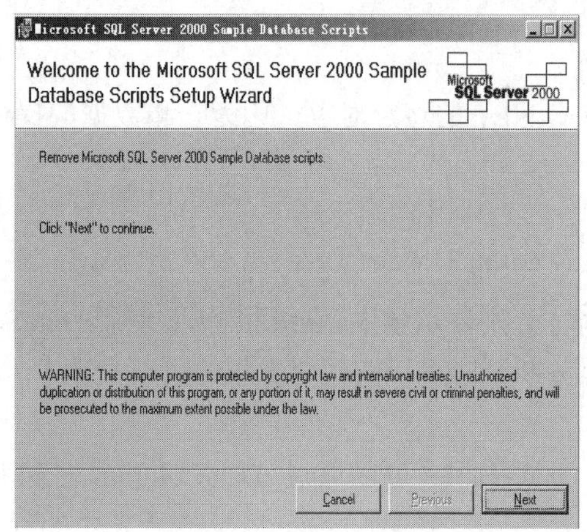

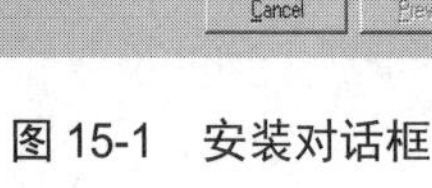
图 15-1 安装对话框

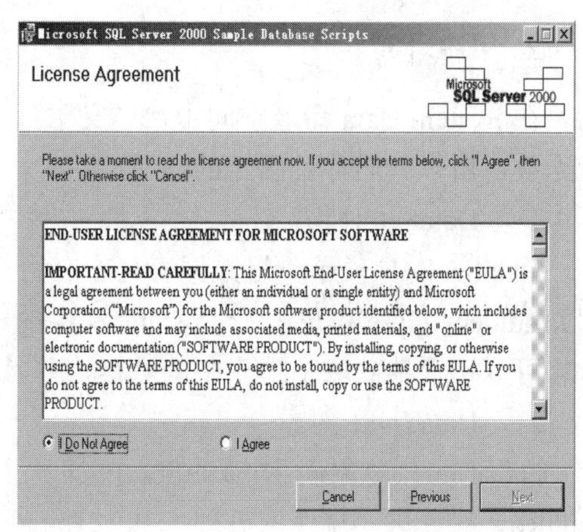

图 15-2 License Agreement(条约同意)对话框

(3) 选择 I Agree 选项，弹出安装对话框，如图 15-3 所示。

(4) 在弹出的 Choose Installation Options(选择安装目录)对话框内单击 Next 按钮，如图 15-4 所示。

(5) 在弹出的 Confirm Installation(确认安装)对话框内单击 Next 按钮，如图 15-5 所示。

(6) 开始进行安装，显示安装进度，如图 15-6 所示。

(7) 安装完毕后单击 Close 按钮关闭安装对话框，如图 15-7 所示。

(8) 整个过程完成后，在默认的目录下将会保存 Northwind 的数据库示例，如图 15-8 所示。

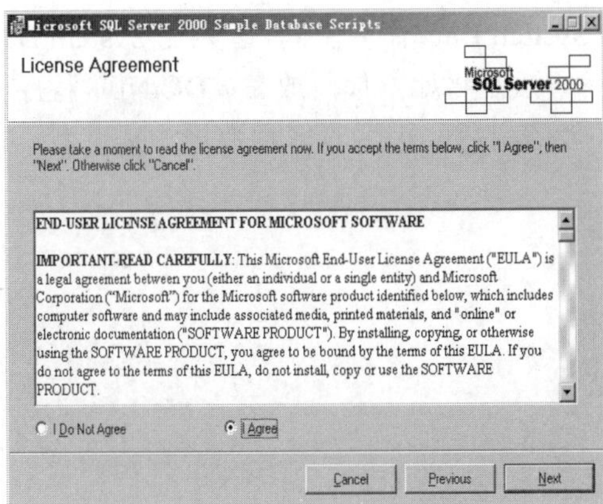

图 15-3　选择 I Agree 选项

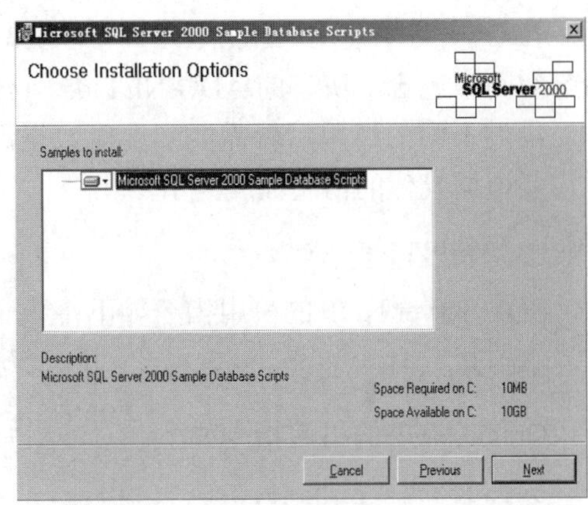

图 15-4　Choose Installation Options (选择安装目录)对话框

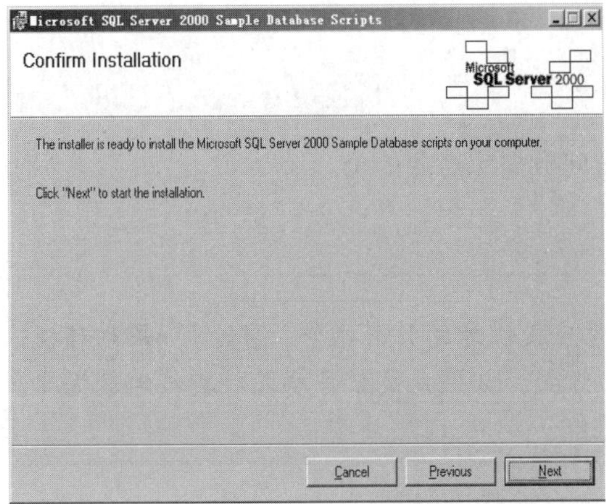

图 15-5　Confirm Installation(确认安装)对话框

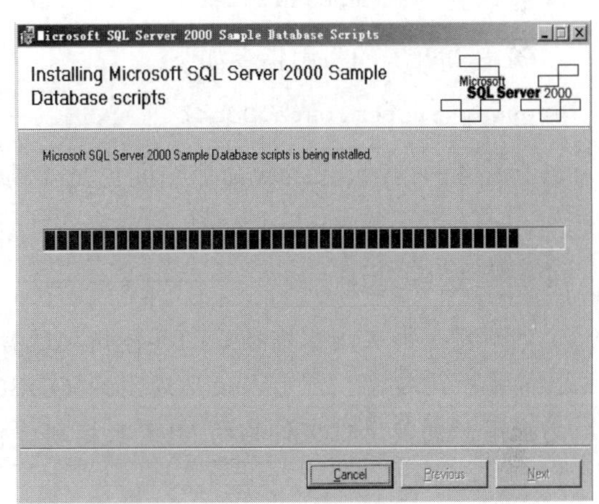

图 15-6　开始安装

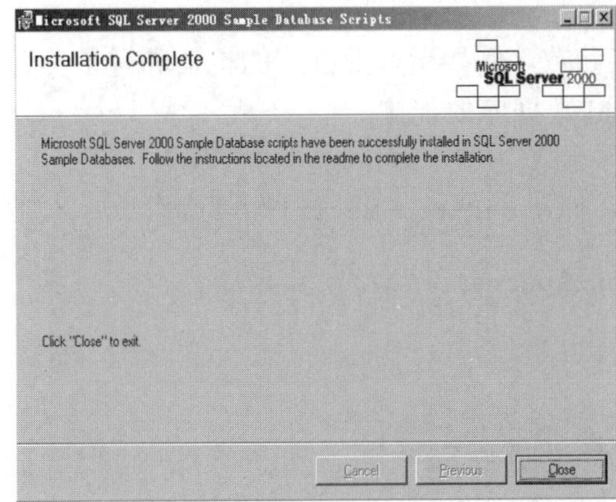

图 15-7　安装完成对话框

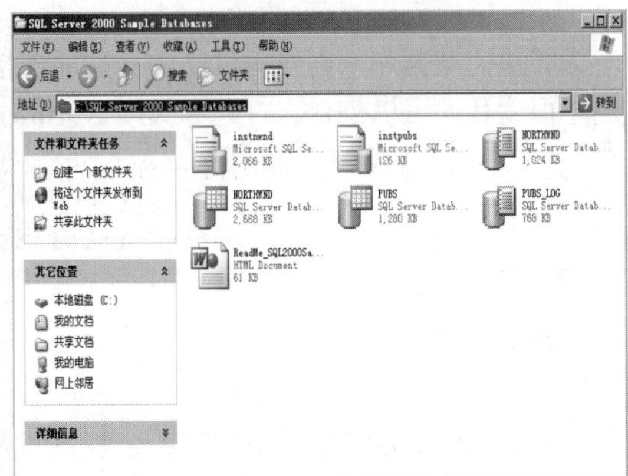

图 15-8　Northwind 的数据库示例

15.2.2 System.Data 命名空间

在 C#语言中使用 ADO.NET 时，必须先引用 System.Data 命名空间，因为在 System.Data 命名空间中包含了所有的 ADO.NET 类。具体引用方法是将如下代码放在 ADO.NET 程序开端，经过下面的引用后就需要实现对数据源提供者的引用。因为有多种数据源提供者，所以需要根据具体的情况而编写引用指令。

```
using System.Data;
```

SQL Server.NET 的引用指令如下：

```
using System.Data.SqlClient;
```

Oracle.NET 的引用指令如下：

```
using System.Data.OracleClient;
```

OLE DB.NET 的引用指令如下：

```
using System.Data.OleDb;
```

ODBC.NET 的引用指令如下：

```
using System.Data.Odbc;
```

上述 4 种 System.Data 命名空间也是 4 种访问数据库对象的类。

知识精讲

开发人员应该根据项目的具体情况选择对应提供者的引用指令。例如，如果对移植性的要求比较高，则可以使用通用的 ODBC 方式；如果系统只是要求对某特定数据库的应用，则使用对应种类的.NET 数据库提供者。

15.2.3 基本连接处理

为了访问数据库，需要提供某种类型的连接参数，例如运行数据库的机器和登录凭证。使用下面的代码可以创建、打开和关闭 Northwind 数据库的连接。

```
using System.Data.SqlClient;
string source = "server= aaa\\bbb;" + "integrated security=SSPI;" +
                "database=Northwind";
SqlConnection conn = new SqlConnection(source);
conn.Open();
//编写其他代码
conn.Close();
```

在上述代码的连接字符串中，各个参数的具体说明如下。

- server= aaa\\bbb：表示要连接数据库服务器的名称，SQL Server 允许在同一台机器上运行多个不同的数据库服务器进程。
- integrated security=SSPI：这个参数使用 Windows Authentication 连接数据库。最好

在源代码中使用这个参数，而不是用户名和密码。

➢ database=Northwind：这描述了要连接的数据库实例。每个 SQL Server 进程都可以有几个数据库实例，这里设置的是使用 Northwind 实例。

知识精讲

SQL Server 还有另一个模式的身份验证，它可以使用 Windows 集成的安全性，这样在登录时提供的证书就会传送给 SQL Server。在使用这种方式时，需要删除连接字符串的 uid 和 pwd 字段，然后添加 Integrated Security=SSPI 字段即可。

15.2.4　连接数据库

假如要连接一个 SQL Server 数据库，根据 15.2.2 节中的介绍，需要使用 SQL Server.NET 中的如下引用指令，然后使用命名空间 System.Data.SqlClient 中的 SqlConnection 类，再使用类 SqlConnection 中的方法 open()打开数据库，通过类 SqlConnection 中属性 State 判断数据的连接状态：

```
using System.Data.SqlClient;
```

例如下面的实例连接了指定的 SQL Server 数据库。

实例 15-1：连接指定的 SQL Server 数据库
源文件路径：daima\15\15-1

本实例的主要实现代码如下所示。

```
private void button1_Click(object sender, EventArgs e){
    if (textBox1.Text == ""){           //如果文本框为空
        MessageBox.Show("请输入要连接的数据库名称");
    }
    else{
        try{        //建立和文本框中数据库的连接
            string ConStr = "server=MRC-8CF94303A82\\MRNET;database="
                            + textBox1.Text.Trim() + ";uid=sa;pwd=111";
            SqlConnection conn = new SqlConnection(ConStr);
            conn.Open();
            if (conn.State == ConnectionState.Open){
                label2.Text = "数据库【" + textBox1.Text.Trim() + "】已
                            经连接并打开";
            }
        }
```

执行效果如图 15-9 所示。

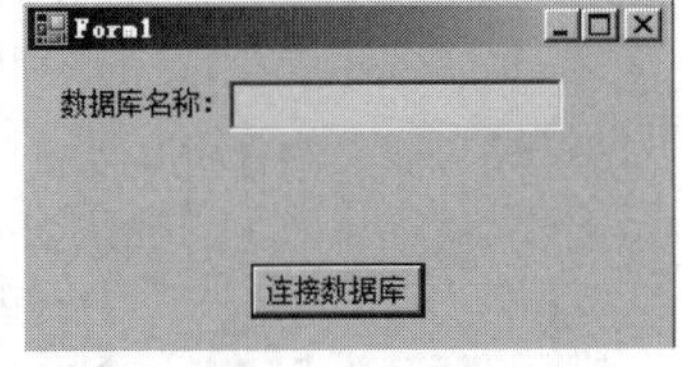

图 15-9　执行效果

15.2.5　关闭数据库连接

使用 SqlConnection 中的方法 Close()或 Dispose()可以关闭数据库的连接，如果 SqlConnection 超出范围，则不会将其关闭。因此，除非将代码放在 using 语句内，否则必须调用 Close()或 Dispose()来显式关闭连接，两个方法在功能上是等效的。方法 Close()和方法 Dispose()的区别如下所示。

- Close()：回滚所有挂起的事务，然后将连接释放到连接池，或者在连接池被禁用的情况下关闭连接。在应用程序中可以多次调用 Close()，不会生成任何异常。如果将连接池值 Pooling 设置为 true 或 yes，则也会释放物理连接。使用 Close()关闭掉的连接可以重新打开。
- Dispose()：实际是和方法 Close()做的同一件事，唯一的区别是 Dispose()方法清空了 connectionString，即设置为 NULL。使用 Dispose()关闭掉的连接不可以重新打开。

例如通过下面的实例演示了连接并关闭数据库的方法。

实例 15-2：连接并关闭数据库

源文件路径：daima\15\15-2

本实例的主要实现代码如下所示。

```
SqlConnection conn;
private void button1_Click(object sender, EventArgs e){
    if (textBox1.Text == ""){
        MessageBox.Show("请输入数据库名称");
    }
    else{
        try{
            string str = "server=MRC-8CF94303A82\\MRNET;database=" +
                         textBox1.Text.Trim() + ";uid=sa;pwd=111";
            conn = new SqlConnection(str);
            conn.Open();
            if (conn.State == ConnectionState.Open){
                MessageBox.Show("连接成功");
            }
        }
        catch(Exception ex){
            MessageBox.Show(ex.Message);
            textBox1.Text = "";
        }
    }
}
private void button2_Click(object sender, EventArgs e){
    try{
        string str="";
        conn.Close();
        if (conn.State == ConnectionState.Closed){
            str="数据库已经成功关闭\n";
        }
        conn.Open();
        if (conn.State == ConnectionState.Open){
            str += "数据库已经成功打开\n";
        }
        richTextBox1.Text = str;
    }
    catch (Exception ex){
        richTextBox1.Text = ex.Message;
```

```
        }
    }
    private void button3_Click(object sender, EventArgs e){
        try{
            conn.Dispose();
            conn.Open();
        }
        catch (Exception ex){
            richTextBox1.Text = ex.Message;
        }
    }
```

执行效果如图 15-10 所示。

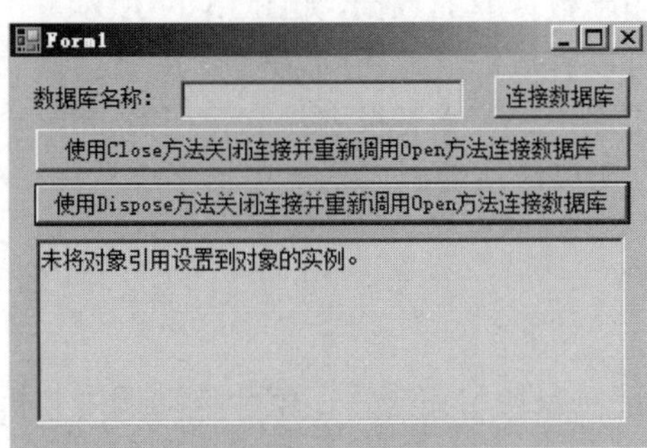

图 15-10　执行效果

15.2.6　及时关闭连接

在一般情况下，当在.NET 中使用数据库连接时，要确保在使用每个资源后立即关闭。尽管.NET 的设计人员实现了自动的垃圾收集，垃圾最终都会被回收，但仍需要尽可能早地释放资源，以避免出现资源匮乏的情况。当编写访问数据库的代码时，因为使连接打开的时间略长于需要的时间，可能会影响其他会话。在极端的情况下，不关闭连接会使其他用户无法进入一整组数据表，极大地降低了应用程序的性能。为此关闭数据库连接应该强制将一直处于打开状态的资源删除。在 C#程序中，通过如下两种方式可以确保数据库连接等类资源在使用后立即释放。

1. 利用 try…catch…finally 语句块

在 C#语言中，利用 try…catch…finally 语句块实现数据库连接优化的流程比较简单。

实例 15-3：使用 try…catch…finally 语句块
源文件路径：daima\15\15-3

实例文件的主要实现代码如下所示。

```
static void Main(string[] args){
            //创建一个 SQL Server 数据连接变量
            SqlConnection mm = new SqlConnection();
            //定义 SQL Server 数据连接变量 mm 的连接字符串
            mm.ConnectionString = @"Data Source=AAA\BBB;Initial Catalog=Northwind;
Integrated Security=SSPI;";
```

```
try{
    mm.Open();  //连接
    Console.WriteLine(mm.Database);  //输出数据库名称
    Console.WriteLine("数据库连接成功！");
}
catch (SqlException nn)
{
    Console.WriteLine("数据库连接失败！");
    Console.WriteLine(nn.Message);
}
Console.ReadLine();
```

执行后将在控制台内输出数据库的数据，如图 15-11 所示。

图 15-11　输出数据库数据

在上述 finally 块中，可以释放已经使用的任何资源。这种方式的缺点是必须确保关闭连接，初学者很容易忘记在 finally 块中添加关闭连接的命令，所以应在编码风格上添加不容易出现反常情况的内容。

2. 使用 using 语句块

在 C++程序中，只要某对象使用完毕后，就会自动调用其析构方法。所以一旦出现了异常但没有捕获，有析构方法的所有对象就会调用它们的析构方法。而在 C#和其他托管语言中，没有自动、决定性的析构方式，而是有一个垃圾收集器，它会在未来的某个时刻释放资源。这样并不能确定这个过程在什么时候发生，忘记关闭数据库连接可能会导致.NET 可执行程序的各种问题，但是可以使用 using 子句来解决问题。请看看下面的一段代码，通过 using 子句实现 IDisposable 接口对象在退出块时立即被释放。并且无论语句块是如何退出的，using 子句都会关闭数据库连接。

```
string source = "server= AAA\BBB;" +" integrated security=SSPI;" +
"database=Northwind";
using ( SqlConnection conn = new SqlConnection ( source ) ){
//打开连接
conn.Open ( ) ;
}
```

在日常编程过程中，至少应该使用上述两种方法中的一种，或者两种方法都使用。无论在哪里获得资源，最好都使用 using()语句。在上述方式中，没有编写处理异常代码。在大多数情况下，建议读者编写异常代码来提高程序的健壮性。例如在下面的代码中，如果在 using 块中出现了异常，using 子句就会确保在资源上调用 IDisposable.Dispose 方法，在下面的代码中将确保总是关闭数据库连接。在 ADO.NET 模型中，通过 Connection 对象可以实现和指定数据源的连接。

```
try{
  using (SqlConnection conn = new SqlConnection ( source )){
    conn.Open ( ) ;
    conn.Close ( ) ;
  }
}
catch (Exception e){
```

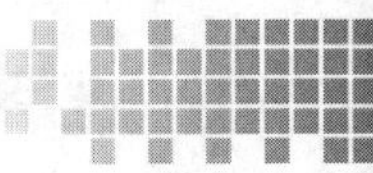

```
    ...
}
```

15.3　使用 Command 对象操作数据库

↑扫码看视频

在 ADO.NET 模型中，Command 对象表示要对 SQL Server 数据库执行的一个 Transact-SQL 语句或存储过程。通过使用 Command 对象，可以对数据库发出一些指令，例如可以对数据库下达查询、新增、修改、删除数据等指令。

15.3.1　Command 对象的属性和方法

在 ADO.NET 中，Command 对象包含如下所示的属性。

- ColumnEncryptionSetting：获取或设置此命令的列加密设置。
- CommandText：获取或设置要在数据源中执行的 Transact-SQL 语句、表名或存储过程。
- CommandTimeout：获取或设置在终止尝试执行命令并生成错误之前的等待时间。
- CommandType：获取或设置一个值，该值指示解释 CommandText 属性的方式。
- Container：获取 IContainer，它包含 Component。
- DesignTimeVisible：获取或设置一个值，该值指示命令对象是否应在 Windows 窗体设计器控件中可见。
- Notification：获取或设置一个指定绑定到此命令的 SqlNotificationRequest 对象的值。
- NotificationAutoEnlist：获取或设置一个值，该值指示应用程序是否应自动接收来自通用 SqlDependency 对象的查询通知。
- Parameters：获取 SqlParameterCollection 集合。
- Site：获取或设置 Component 的 ISite。
- Transaction：执行 SqlCommand 事务处理。
- UpdatedRowSource：获取或设置命令结果在由 DbDataAdapter 的 Update 方法使用时应用于 DataRow 的方式。

在 ADO.NET 中，Command 对象包含如下所示的方法。

- BeginExecuteNonQuery()：启动此 SqlCommand 描述的 Transact-SQL 语句或存储过程的异步执行。
- BeginExecuteNonQuery(AsyncCallback, Object)：在给定回调过程和状态信息的情况下，启动此 SqlCommand 描述的 Transact-SQL 语句或存储过程的异步执行。
- BeginExecuteReader()：启动此 SqlCommand 描述的 Transact-SQL 语句或存储过程的异步执行，并从服务器中检索一个或多个结果集。

- BeginExecuteReader(AsyncCallback, Object)：在给定回调过程和状态信息的情况下，启动此 SqlCommand 描述的 Transact-SQL 语句或存储过程的异步执行，并从服务器中检索一个或多个结果集。
- BeginExecuteReader(AsyncCallback, Object, CommandBehavior)：在给定回调过程和状态信息的情况下，通过使用 CommandBehavior 值之一并从服务器中检索一个或多个结果集，启动由此 SqlCommand 描述的 Transact-SQL 语句或存储过程的异步执行。
- BeginExecuteReader(CommandBehavior)：通过使用 CommandBehavior 值之一，启动此 SqlCommand 描述的 Transact-SQL 语句或存储过程的异步执行。
- BeginExecuteXmlReader(): 启动此 SqlCommand 描述的 Transact-SQL 语句或存储过程的异步执行，并将结果作为 XmlReader 对象返回。
- BeginExecuteXmlReader(AsyncCallback, Object)：通过使用回调过程，启动此 SqlCommand 描述的 Transact-SQL 语句或存储过程的异步执行，并将结果作为 XmlReader 对象返回。
- Cancel(): 尝试取消 SqlCommand 的执行。
- Clone(): 创建属于当前实例副本的 SqlCommand 对象。
- CreateObjRef(Type)：创建一个对象，该对象包含生成用于与远程对象进行通信的代理所需的全部相关信息。
- CreateParameter(): 创建 SqlParameter 对象的新实例。
- Dispose(): 释放由 Component 使用的所有资源。
- EndExecuteNonQuery(IAsyncResult)：完成 Transact-SQL 语句的异步执行。
- EndExecuteReader(IAsyncResult)：完成 Transact-SQL 语句的异步执行，从而返回请求的 SqlDataReader。
- EndExecuteXmlReader(IAsyncResult)：完成 Transact-SQL 语句的异步执行，从而将请求的数据以 XML 形式返回。
- Equals(Object)：确定指定的对象是否等于当前对象。
- ExecuteNonQuery(): 对连接执行 Transact-SQL 语句并返回受影响的行数。
- ExecuteNonQueryAsync(): ExecuteNonQuery 的异步版本，针对一个连接对象执行一个 SQL 声明。通过 CancellationToken.None 调用 ExecuteNonQueryAsync。
- ExecuteNonQueryAsync(CancellationToken)：ExecuteNonQuery 的异步版本，它对连接执行 Transact-SQL 语句并返回受影响的行数。 取消标记可用于请求在命令超时超过前放弃操作。将通过返回的任务对象报告异常(替代 DbCommand. ExecuteNonQueryAsync(CancellationToken))。
- ExecuteReader(): 将 CommandText 发送到 Connection，并生成 SqlDataReader。
- ExecuteReader(CommandBehavior)：将 CommandText 发送到 Connection，并使用 CommandBehavior 值生成 SqlDataReader。
- ExecuteReaderAsync(): ExecuteReader 的异步版本，它可以将 CommandText 发送到 Connection，并生成 SqlDataReader。将通过返回的任务对象报告异常。
- ExecuteReaderAsync(CancellationToken)：ExecuteReader 的异步版本，它可以将

CommandText 发送到 Connection，并生成 SqlDataReader。取消标记可用于请求在命令超时超过前放弃操作。将通过返回的任务对象报告异常。

- ExecuteReaderAsync(CommandBehavior)：ExecuteReader 的异步版本，用于将 CommandText 发送到 Connection，并生成一个 SqlDataReader。将通过返回的任务对象报告异常。
- ExecuteReaderAsync(CommandBehavior, CancellationToken)：ExecuteReader 的异步版本，它可以将 CommandText 发送到 Connection，并生成 SqlDataReader。取消标记可用于请求在命令超时超过前放弃操作。将通过返回的任务对象报告异常。
- ExecuteScalar()：执行查询，并返回由查询返回的结果集中的第一行的第一列。其他列或行将被忽略。
- ExecuteScalarAsync()：ExecuteScalar 的异步版本，执行查询，并将查询返回的结果集中第一行的第一列返回。所有其他的列和行将被忽略。通过 CancellationToken.None 调用 ExecuteScalarAsync。
- ExecuteScalarAsync(CancellationToken)：ExecuteScalar 的异步版本，该版本异步执行查询，并返回由查询返回的结果集中的第一行的第一列。其他列或行将被忽略。取消标记可用于请求在命令超时超过前放弃操作。将通过返回的任务对象报告异常。
- ExecuteXmlReader()：将 CommandText 发送到 Connection，并生成一个 XmlReader 对象。
- ExecuteXmlReaderAsync()：ExecuteXmlReader 的异步版本，可以将 CommandText 发送到 Connection，并生成 XmlReader 对象。将通过返回的任务对象报告异常。
- ExecuteXmlReaderAsync(CancellationToken)：ExecuteXmlReader 的异步版本，可以将 CommandText 发送到 Connection，并生成 XmlReader 对象。取消标记可用于请求在命令超时超过前放弃操作。将通过返回的任务对象报告异常。
- GetHashCode()：作为默认哈希函数。
- GetLifetimeService()：检索控制此实例的生存期策略的当前生存期服务对象。
- GetType()：获取当前实例的 Type。
- InitializeLifetimeService()：获取控制此实例的生存期策略的生存期服务对象。
- Prepare()：在 SQL Server 的实例上创建命令的一个准备版本。
- ToString()：返回包含 Component 的名称的 String(如果有)。不应重写此方法。

下面的例子，其功能是执行 SQL 语句，输入要查询的数据表名称并显示数据数量。

实例 15-4：查询数据源的信息
源文件路径：daima\15\15-4

本实例的具体实现代码如下所示。

```
private void Form1_Load(object sender, EventArgs e){
    conn = new SqlConnection("server=MRC-8CF94303A82\\MRNET;database=db_15;
        uid=sa;pwd=111");
    conn.Open();
}
private void button1_Click(object sender, EventArgs e){
```

```
        try{
            if (conn.State == ConnectionState.Open || textBox1.Text != ""){
                SqlCommand cmd = new SqlCommand();
                cmd.Connection = conn;
                cmd.CommandText = "select count(*) from " + textBox1.Text.
                    Trim();
                cmd.CommandType = CommandType.Text;
                int i = Convert.ToInt32(cmd.ExecuteScalar());
                label2.Text = "数据表中共有：" + i.ToString() + "条数据";
            }
        }
```

15.3.2 处理命令

在类 SqlCommand 中，通过 ExecuteXmlReader()方法执行一个命令，返回一个 XmlReader 对象，它可以用于传送从数据库中返回的 XML 代码段。定义好命令并执行后就可以操作数据库中的数据。在类 Command 中提供了如下 4 个可执行的命令。

(1) ExecuteNonQuery()：执行一个命令，但不返回任何结果。

(2) ExecuteReader ()： 执行一个命令，返回一个类型化的 IDataReader。

(3) ExecuteScalar ()：执行一个命令，返回一个值。

(4) ExecuteXmlReader：返回一个 XmlReader 对象。

1. ExecuteNonQuery

在 C#语言中，ExecuteNonQuery 一般用于执行 UPDATE、INSERT 和 DELETE 语句。例如在下面的实例代码中，演示了使用 ExecuteNonQuery 指令对指定的数据进行更新的流程。

实例 15-5：使用 ExecuteNonQuery 指令对指定的数据进行更新
源文件路径：daima\15\15-5

实例文件的主要实现代码如下所示。

```
public static void Main(string[] args){
//定义变量 source，设置和 Northwind 数据库的连接参数
       string source = @"Data Source=xxxxx;Initial Catalog=Northwind;
          Integrated Security=SSPI;";
//定义 select 设置更新 SQL 语句
       string select = "UPDATE Customers " + "SET ContactName = '123' " + "WHERE
          ContactName = 'mm'";
       SqlConnection conn = new SqlConnection(source);
       conn.Open();
       SqlCommand cmd = new SqlCommand(select, conn);
       int rowsReturned = cmd.ExecuteNonQuery();
       Console.WriteLine("修改的第{0}行。", rowsReturned);
       conn.Close();
       Console.ReadLine();
   }
```

执行程序后，将把库内 ContactName 值为 mm 的 ContactName 修改为 123，如图 15-12 所示。

修改的第1行。

图 15-12 返回被操作数据的行数

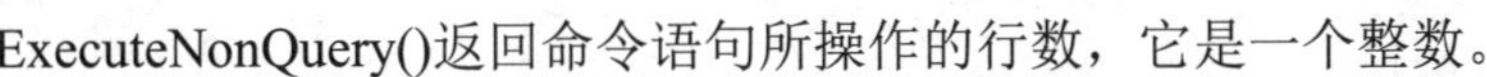

ExecuteNonQuery()返回命令语句所操作的行数，它是一个整数。

2. ExecuteReader

在 C#语言中，ExecuteReader 能够根据使用的程序返回一个类型化的 DataReader 对象，返回的对象可以用于迭代返回的记录。例如在下面的实例代码中，演示了使用 ExecuteReader 指令获取指定数据库数据的流程。

实例 15-6：使用 ExecuteReader 指令获取指定数据库数据
源文件路径：daima\15\15-6

实例文件的主要实现代码如下所示。

```
public static void Main(string[] args){
//定义变量 source，设置和 Northwind 数据库的连接参数
        string source = @"Data Source=AAA\BBB;Initial Catalog=Northwind;
           Integrated Security=SSPI;";
        string mm= "SELECT ContactName,CompanyName FROM Customers";
           //定义 mm 设置更新 SQL 语句
        SqlConnection conn = new SqlConnection(source);
        conn.Open();
        SqlCommand cmd = new SqlCommand(mm, conn);//新建 SqlCommand 对象 cmd
        SqlDataReader nn = cmd.ExecuteReader(); //定义 SqlDataReader 对象 nn
        while (nn.Read()){    //使用 ExecuteReader 指令执行 nn 对象的语句
            Console.WriteLine("Contact : {0,-20} Company : {1}",nn[0], nn[1]);
        }
        Console.ReadLine();
    }
```

执行程序后将显示库内的指定数据，如图 15-13 所示。

```
Contact : Jytte Petersen       Company : Simons bistro
Contact : Dominique Perrier    Company : Spécialités du monde
Contact : Art Braunschweiger   Company : Split Rail Beer & Ale
Contact : Pascale Cartrain     Company : Suprêmes délices
Contact : Liz Nixon            Company : The Big Cheese
Contact : Liu Wong             Company : The Cracker Box
Contact : Karin Josephs        Company : Toms Spezialit?ten
Contact : Miguel Angel Paolino Company : Tortuga Restaurante
Contact : Anabela Domingues    Company : Tradi??o Hipermercados
Contact : Helvetius Nagy       Company : Trail's Head Gourmet Provisioners
Contact : Palle Ibsen          Company : Vaffeljernet
Contact : Mary Saveley         Company : Victuailles en stock
```

图 15-13　返回指定库的数据

3. ExecuteScalar

在 C#语言中，ExecuteScalar 可以从 SQL 语句返回一个结果，例如某表中的记录个数，或者服务器的当前日期或时间。例如在下面的实例代码中，演示了通过 ExecuteScalar()指令返回指定数据库表行数的流程。

实例 15-7：使用 ExecuteScalar()指令返回指定数据库表的行数
源文件路径：daima\15\15-7

实例文件的主要实现代码如下所示。

```
public class ExecuteNonQuerychuli{
   public static void Main(string[] args){
//定义变量 source，设置和 Northwind 数据库的连接参数
         string source = @"Data Source=AAA\BBB;Initial Catalog=Northwind;
            Integrated Security=SSPI;";
         string select = "SELECT COUNT(*) FROM Customers";
         SqlConnection conn = new SqlConnection(source); //新建连接对象 conn
         conn.Open();
         SqlCommand cmd = new SqlCommand(select, conn);
            //定义 SqlDataReader 对象 cmd
         object num = cmd.ExecuteScalar();
            //使用 ExecuteReader 指令执行 mm 对象的语句
         Console.WriteLine(num);
         Console.ReadLine();
   }
}
```

图 15-14　返回 Customers 表数据的行数

执行程序后将显示 Customers 表内数据的行数，如图 15-14 所示。

4. ExecuteXmlReader

在 C#语言中，ExecuteXmlReader 执行后将给调用者返回一个 XmlReader 对象。SQL Server 允许使用 FOR XML 子句来扩展 SQL 子句，上述子句可以是如下 3 个选项之一。

- FOR XML AUTO：根据 FROM 子句中的表建立一个树。
- FOR XML RAW：结果集中的行映射为元素，其中的列映射为属性。
- FOR XML EXPLICIT：必须指定要返回的 XML 树的形状。

例如下面的实例演示了通过 ExecuteXmlReader 指令将数据库中的数据建立成一个树的过程。

实例 15-8：使用 ExecuteXmlReader 指令将数据库中的数据建立成一个树
源文件路径：daima\15\15-8

实例文件的主要实现代码如下所示。

```
   public static void Main(string[] args){
      string source = @"Data Source=AAA\BBB;Initial Catalog=Northwind;
         Integrated Security=SSPI;";
       string select = "SELECT ContactName,CompanyName " +"FROM Customers
         FOR XML AUTO";
       SqlConnection conn = new SqlConnection(source);//新建连接对象 conn
      conn.Open();                                     //打开连接
      SqlCommand cmd = new SqlCommand(select, conn);  //执行查询操作
```

```
    XmlReader xx= cmd.ExecuteXmlReader();    //新建 XmlReader 对象 xx
    xx.Read();             //读取操作
    string mm;
   do{                     //遍历查询结果
     mm= xx.ReadOuterXml();
     if (mm!="")
        Console.WriteLine(mm);
   }
  while (mm!="");
  conn.Close();
  Console.ReadLine();
}
```

执行程序后将输出创建的树结构代码，如图 15-15 所示。

```
<Customers ContactName="Art Braunschweiger" CompanyName="Split Rail Beer &amp; A
le" />
<Customers ContactName="Pascale Cartrain" CompanyName="Suprêmes délices" />
<Customers ContactName="Liz Nixon" CompanyName="The Big Cheese" />
<Customers ContactName="Liu Wong" CompanyName="The Cracker Box" />
<Customers ContactName="Karin Josephs" CompanyName="Toms Spezialit?ten" />
<Customers ContactName="Miguel Angel Paolino" CompanyName="Tortuga Restaurante"
/>
<Customers ContactName="Anabela Domingues" CompanyName="Tradi??o Hipermercados"
/>
<Customers ContactName="Helvetius Nagy" CompanyName="Trail's Head Gourmet Provis
ioners" />
<Customers ContactName="Palle Ibsen" CompanyName="Vaffeljernet" />
<Customers ContactName="Mary Saveley" CompanyName="Victuailles en stock" />
<Customers ContactName="Paul Henriot" CompanyName="Vins et alcools Chevalier" />
```

图 15-15　返回树结构代码

智慧锦囊

必须导入 System.Xml 命名空间后才能输出返回的 XML。本例在 SQL 语句中包含了 FOR XML AUTO 子句，然后调用 ExecuteXmlReader()方法。在 SQL 子句中，指定了 FROM Customers，这样会输出显示 Customers 中的元素。

15.4　实践案例与上机指导

通过本章的学习，读者基本可以掌握数据库和 ADO.NET 操作的知识。其实数据库和 ADO.NET 操作的知识还有很多，这需要读者通过课外渠道来加深学习。下面通过练习操作，达到巩固学习、拓展提高的目的。

↑扫码看视频

在 ADO.NET 中，DataReader 对象只允许以只读、顺序的方式查看其中所存储的数据，提供一个非常有效的数据查看模式，同时 DataReader 对象还是一种非常节省资源的数据对象。

本实例的功能是使用 DataReader 读取 Northwind 数据库中的数据，实例文件 DataReaderchuli.cs 的主要代码如下所示。

```
//定义对象 conn，设置和 Northwind 数据库的连接参数
SqlConnection conn = new SqlConnection(@"Server= AAA\BBB;
     Integrated Security=True;" +"Database=northwind");
conn.Open();                              // 打开 connection 连接
SqlCommand thisCommand = conn.CreateCommand();
//新建 SqlCommand 实例 thisCommand
//指定此命令的 SQL 查询
thisCommand.CommandText ="SELECT CustomerID, CompanyName from
    Customers";
//新建 SqlDataReader 对象实例 thisReader
SqlDataReader thisReader = thisCommand.ExecuteReader();
//遍历数据结果
while (thisReader.Read()){
    Console.WriteLine("\t{0}\t{1}",
//通过对象 thisReader 读取并显示数据库的数据
    thisReader["CustomerID"], thisReader["CompanyName"]);
}
//关闭读取操作
thisReader.Close();
//关闭连接
conn.Close();
```

执行程序后将在控制台内输出数据库的数据，如图 15-16 所示。

```
        RICAR   Ricardo Adocicados
        RICSU   Richter Supermarkt
        ROMEY   Romero y tomillo
        SANTG   Santé Gourmet
        SAVEA   Save-a-lot Markets
        SEVES   Seven Seas Imports
        SIMOB   Simons bistro
        SPECD   Spécialités du monde
        SPLIR   Split Rail Beer & Ale
        SUPRD   Suprêmes délices
        THEBI   The Big Cheese
        THECR   The Cracker Box
        TOMSP   Toms Spezialit?ten
        TORTU   Tortuga Restaurante
        TRADH   Tradi??o Hipermercados
        TRAIH   Trail's Head Gourmet Provisioners
        VAFFE   Vaffeljernet
        VICTE   Victuailles en stock
        VINET   Vins et alcools Chevalier
        WARTH   Wartian Herkku
        WELLI   Wellington Importadora
        WHITC   White Clover Markets
        WILMK   Wilman Kala
        WOLZA   Wolski  Zajazd
执行完毕:
```

图 15-16　输出数据库数据

15.5　思考与练习

本章详细讲解了数据库和 ADO.NET 操作的知识，循序渐进地讲解了 ADO.NET 基础、

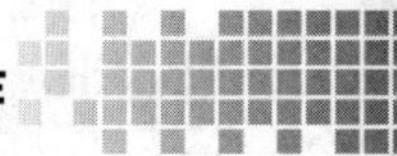

使用 Connection 对象连接数据库和使用 Command 对象操作数据库等知识。在讲解过程中，通过具体实例介绍了使用数据库和 ADO.NET 操作的方法。通过本章的学习，读者应该熟悉使用数据库和 ADO.NET 操作的知识，掌握其使用方法和技巧。

一、选择题

(1) ADO.NET 对象的连接对象是(　　)。

A. Conection　　B. Command
C. CommandBuilder　　D. Connection

(2) 在 Command 对象中，通过属性(　　)获取或设置此命令的列加密设置。

A. ColumnEncryptionSetting　　B. CommandText
C. CommandTimeout　　D. CommandType

二、判断对错

(1) 使用 SqlConnection 中的方法 Close()或 Dispose()可以关闭数据库的连接，如果 SqlConnection 超出范围，则不会将其关闭。因此，除非将代码放在 using 语句内，否则必须调用 Close()或 Dispose()来显式关闭连接，两种方法在功能上是等效的。(　　)

(2) 在 ADO.NET 中，DataReade 允许获得从 Command 对象的 SELECT 语句得到的结果。考虑性能的因素，从 DataReader 返回的数据都是快速的且只是“向前”的数据流。(　　)

三、上机练习

(1) 查询特定列的数据。

(2) 使用列的别名。

第 16 章

在线商城系统

本章要点

- 项目介绍
- 设计数据库
- 购物车
- 订单处理
- 项目调试

本章主要内容

互联网行业发展迅猛，电子商务也越来越成熟，通过网上购物，不但给人们的生活带来很多便利，而且这种灵活的商业模式也提供了很多就业机会，近年来网上商城也应运而生。本章将介绍如何创建一个功能齐全的电子商务网站——叮当图书商城系统，本系统将完美展示实现用户浏览商品及实现对商品的订购，以及对订单实现管理等电子商务功能。

16.1 项 目 介 绍

本节将首先讲解在线商城系统的市场背景和模块划分，为步入后面的具体编码工作打下基础。这一部分内容十分重要，读者们一定不要忽视，因为这部分工作决定了本项目运营的成败。

↑扫码看视频

16.1.1 电子商务的简要介绍

在线商城系统是电子商务的一种，概括起来主要有两类，一类是 B2B，另一类是 B2C。B2B 的全称是 Business to Business，主要是为企业与企业或是大型的商业买卖而提供的交易平台，公司企业可以通过这个平台来进行采购、销售、结算等，可降低成本，提高效率。但这种平台对性能、安全和服务要求比较高。B2C 的全称是 Business to Customer，它直接面向终端的大众消费者，其经营也有两种形式：一种类似大型超市，里面提供大量的货物商品，消费者可以浏览挑选商品，直接在线结账付款，如当当网上书店、卓越网上书店等，都是采用 B2C 中的这种形式；另一种是类似城市里面的大商场，如华联等，在这个商城里面有许多柜台或专柜，都在卖自己的东西，消费者可以根据自己的需求直接到相应柜台上购买商品，然后去商城服务台结账，在电子商城中是按类别或经营范围来划分的，如新浪网的电子商城就是采用 B2C 中的这种形式。不管是 B2B 还是 B2C，其基本模式是相同的，即浏览查看商品，然后下订单，双方确认后付款交货，完成交易。

电子商城类的网站由于经常涉及输入商品信息，所以有必要开发一套 CMS(Content Manager System)系统，即内容管理系统。CMS 系统是由后台人工输入信息，然后系统自动将信息整理保存进数据库，而用户在前台浏览到的均为系统自动产生的网页，所有的过程都无须手工制作 HTML 网页而自动进行信息发布及管理。CMS 系统又可分为两大类：第一类是将内容生成静态网页，如一些新闻站点；第二类是从数据库实时读取数据，本实例的实现属于第二类。

16.1.2 在线商城系统构成模块

1) 会员处理模块

为了方便用户购买图书，提高系统人气，设立了会员功能。成为系统会员后，可以对自己的资料进行管理，并且可以集中管理自己的订单。

2) 购物车处理模块

作为网上商城系统必不可少的环节，为满足用户的购物需求，设立了购物车功能。用户可以把需要的商品放到购物车中保存，提交在线订单后即可完成在线商品的购买。

3)　商品查寻模块

为了方便用户购买，系统设立了商品快速查寻模块，让用户可以根据商品的信息快速找到自己需要的商品。

4)　订单处理模块

为方便商家处理用户的购买信息，系统设立了订单处理功能。通过该功能可以实现对用户购物车信息的及时处理，使用户尽快地拿到自己的商品。

5)　商品分类模块

为了便于用户对系统商品的浏览，系统将商品划分为不同的类别，以方便用户迅速找到自己需要的商品类别。

6)　商品管理模块

为方便对系统的升级和维护，建立专用的商品管理模块实现商品的添加、删除和修改功能，以满足系统更新的需求。

上述应用模块的具体运行流程如图 16-1 所示。

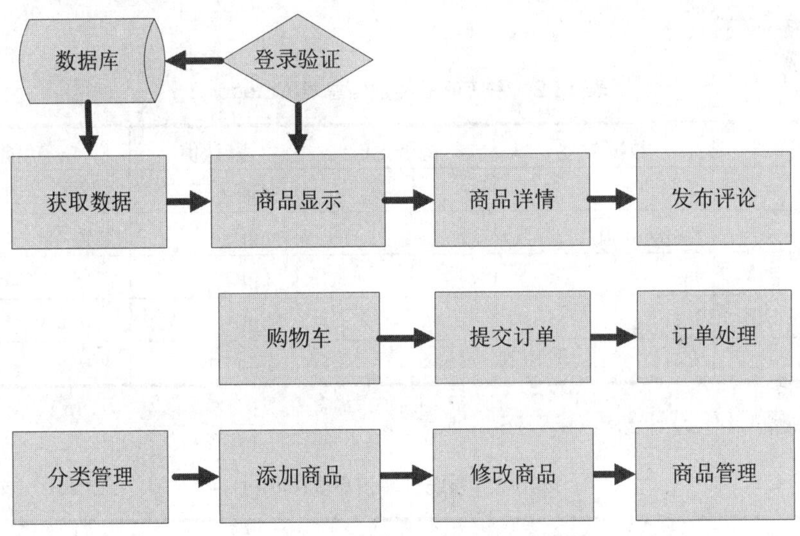

图 16-1　在线商城系统运行流程图

16.2　设计数据库

↑扫码看视频

在设计数据库时，一定要考虑客户的因素，例如系统的维护性和造价。就本项目而言，因为客户要求整个维护工作要尽量简单，并且要求造价低，所以在此可以选择使用一款轻量级的数据库产品。

16.2.1 数据库设计

数据库 shop 内共有 8 个表，其中表 Attribute 的具体设计结构如表 16-1 所示。

表 16-1 属性信息表(Attribute)

字段名称	数据类型	是否主键	默认值	功能描述
ID	int	是	递增 1	编号
CategoryID	int	否	Null	类别编号
Name	varchar(50)	否	Null	属性名字
Text	varchar(50)	否	Null	介绍信息
DataType	varchar(10)	否	Null	属性数据格式
Unit	varchar(10)	否	Null	单位
Remark	varchar(1000)	否	Null	备注

表 Category 的具体设计结构如表 16-2 所示。

表 16-2 系统商品类别信息表(Category)

字段名称	数据类型	是否主键	默认值	功能描述
ID	int	是	递增 1	编号
Name	varchar(50)	否	Null	名称
ParentID	int	否	Null	所属父类编号
ShowOrder	int	否	Null	显示顺序
Remark	text	否	Null	备注

表 Order 的具体设计结构如表 16-3 所示。

表 16-3 系统订单信息表(Order)

字段名称	数据类型	是否主键	默认值	功能描述
ID	int	是	递增 1	编号
OrderNo	varchar(50)	否	Null	订单编号
UserID	int	否	Null	用户编号
CreateDate	datetime	否	Null	创建时间
TotalNumber	int	否	Null	商品数
TotalMoney	money	否	Null	金额
Status	tinyint	否	Null	状态

表 OrderItem 的具体设计结构如表 16-4 所示。

表 16-4　订单详情信息表(OrderItem)

字段名称	数据类型	是否主键	默认值	功能描述
ID	int	是	递增 1	编号
OrderID	int	否	Null	订单编号
ProductID	int	否	Null	商品编号
Number	int	否	Null	一种商品的数量

表 Product 的具体设计结构如表 16-5 所示。

表 16-5　系统商品信息表(Product)

字段名称	数据类型	是否主键	默认值	功能描述
ID	int	是	递增 1	编号
Name	int	否	Null	名称
Remark	text	否	Null	说明
Price	money	否	Null	价格
Stock	int	否	Null	库存数
SaleNumber	int	否	Null	销售数
PictureUrl	varchar(255)	否	Null	图片地址
CategoryID	int	否	Null	所属类别编号
UserID	int	否	Null	所属用户编号
CreateDate	datetime	否	Null	上架时间
LasterDate	datetime	否	Null	最后浏览时间
ViewCount	int	否	Null	浏览次数
Status	tinyint	否	Null	状态

表 ProductAttribute 的具体设计结构如表 16-6 所示。

表 16-6　商品属性信息表(ProductAttribute)

字段名称	数据类型	是否主键	默认值	功能描述
ID	int	是	递增 1	编号
ProductID	int	否	Null	商品编号
AttributeID	int	否	Null	属性编号
Value	text	否	Null	属性值

表 ProductComment 的具体设计结构如表 16-7 所示。

表 16-7　商品评论信息表(ProductComment)

字段名称	数据类型	是否主键	默认值	功能描述
ID	int	是	递增 1	编号
Title	varchar(50)	否	Null	标题

续表

字段名称	数据类型	是否主键	默认值	功能描述
Body	varchar(1000)	否	Null	内容
IP	varchar(50)	否	Null	IP
Email	varchar(255)	否	Null	邮箱
CreateDate	datetime	否	Null	创建时间
ProductID	int	否	Null	商品编号

表 User 的具体设计结构如表 16-8 所示。

表 16-8　系统用户信息表(User)

字段名称	数据类型	是否主键	默认值	功能描述
ID	int	是	递增 1	编号
Username	varchar(50)	否	Null	用户名
Password	varchar(255)	否	Null	密码
Email	varchar(255)	否	Null	邮箱
TelePhone	varchar(50)	否	Null	电话
Address	varchar(200)	否	Null	地址
Postcode	varchar(50)	否	Null	邮编
CreateDate	datetime	否	Null	创建时间
State	tinyint	否	Null	状态
Remark	varchar(100)	否	Null	备注

智慧锦囊

在上述表设计过程中，表 Order 和表 OrderItem 是不同的，前者的功能是保存订单的整体信息，而后者的功能是保存订单的详细信息。例如，在表 Order 中，将保存某订单的商品总数、金额总数和时间等信息。而在表 OrderItem 中，将保存一系列商品信息，包括商品的编号和单价等，然后使用订单编号对每个商品信息进行标识。这样当查看某一订单详情时，将调用表 Order 来显示订单的整体信息，调用表 OrderItem 来显示订单内的各商品信息。

16.2.2　系统参数设置文件

系统参数设置文件 Global.asax 的功能是，定义页面载入、结束和错误初始化，并保存系统的登录数据。其具体实现代码如下所示。

```
<%@ Application Language="C#" %>
<script runat="server">
   void Application_Start(object sender, EventArgs e)
```

```
    {
    }
    void Application_End(object sender, EventArgs e)
    {
    }
    void Application_Error(object sender, EventArgs e)
    {
    }
    void Session_Start(object sender, EventArgs e)
    {
    }
    void Session_End(object sender, EventArgs e)
    {
    }
</script>
```

智慧锦囊

只有在 Web.config 文件中的 sessionstate 模式设置为 InProc 时，才会触发 Session_End 事件。如果会话模式设置为 StateServer 或 SQLServer，则不会触发该事件。

16.3　数据访问层

作为整个项目的核心和难点，本系统的数据访问层分为 5 个部分：商品显示、订单处理、商品评论、商品分类和商品管理。基于数据访问层的重要性，为了便于后期维护，专门编写了独立文件来实现。

↑扫码看视频

16.3.1　商品显示

在数据访问文件 Product.cs 中，与商品显示相关的方法如下。

- 方法 GetProducts()。
- 方法 GetProductByFenlei(int categoryID)。
- 方法 GetSingleProduct(int productID)。
- 方法 UpdateProductViewCount(int productID)。

上述方法的运行流程如图 16-2 所示。

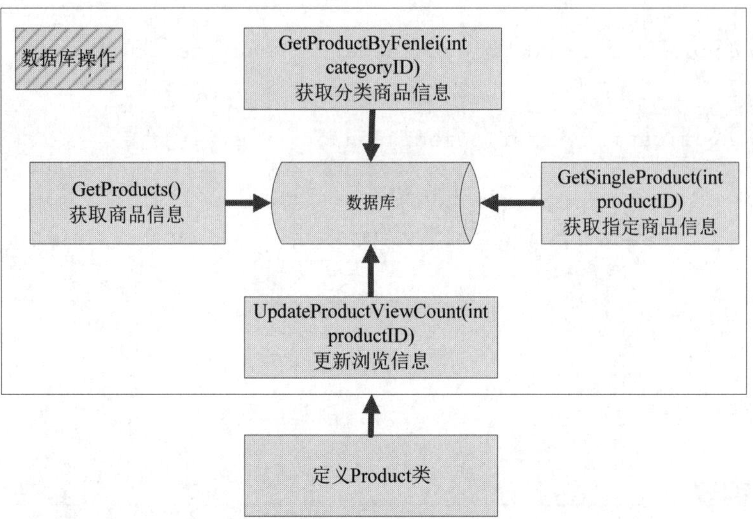

图 16-2　商品显示模块数据访问层运行流程图

1. 定义 Product 类

定义 Product 类的实现代码如下所示。

```
using System;
using System.Data;
using System.Configuration;
using System.Data.SqlClient;
using System.Web.UI.WebControls;
namespace ASPNETAJAXWeb.AjaxEBusiness
{
    public class Product
    {
        public Product()
        {
        …
        }
```

2. 获取商品信息

获取商品信息即获取系统库内存在的所有商品信息，上述功能是由方法 GetProducts()实现的，其具体实现流程如下。

(1) 从系统配置文件 Web.config 内获取数据库连接参数，并将其保存在 connectionString 内。

(2) 使用连接字符串创建 con 对象，实现数据库连接。

(3) 调用获取所有商品信息的存储过程 Pr_GetProducts，获取系统商品的基本信息。

(4) 创建获取数据的对象 da。

(5) 把对象 da 的执行方式设置为存储过程。

(6) 打开数据库连接，获取数据，将获取数据保存在 ds 中。

(7) 操作成功，返回 ds。

上述功能的对应实现代码如下所示。

```
public DataSet GetProducts()
        {   ///获取连接字符串
            string connectionString = ConfigurationManager.ConnectionStrings
                ["SQLCONNECTIONSTRING"].ConnectionString;
            ///创建连接
            SqlConnection con = new SqlConnection(connectionString);
            ///设置被执行存储过程的名称
            string cmdText = "Pr_GetProducts";
            ///创建 SqlDataAdapter
            SqlDataAdapter da = new SqlDataAdapter(cmdText,con);
            ///设置执行方式为存储过程
            da.SelectCommand.CommandType = CommandType.StoredProcedure;
            ///定义 DataSet
            DataSet ds = new DataSet();
            try
            {   ///打开连接
                con.Open();
                ///填充数据
                da.Fill(ds,"DataTable");
            }
            catch(Exception ex)
            {   ///抛出异常
                throw new Exception(ex.Message,ex);
            }
            finally
            {   ///关闭连接
                con.Close();
            }
            return ds;
        }
```

3．获取分类商品信息

获取分类商品信息即根据分类参数获取其对应的商品信息，上述功能是由方法 GetProductByFenlei (int categoryID)实现的，其具体实现流程如下。

(1) 从系统配置文件 Web.config 内获取数据库连接参数，并将其保存在 connectionString 内。

(2) 使用连接字符串创建 con 对象，实现数据库连接。

(3) 调用获取所有商品信息的存储过程 Pr_GetProductByFenlei，获取系统商品的基本信息。

(4) 创建获取数据的对象 da。

(5) 把对象 da 的执行方式设置为存储过程。

(6) 打开数据库连接，获取数据，将获取数据保存在 ds 中。

(7) 操作成功，返回 ds。

上述功能的对应实现代码如下所示。

```
public DataSet GetProductByFenlei(int categoryID)
        {
            string connectionString = ConfigurationManager.ConnectionStrings
                ["SQLCONNECTIONSTRING"].ConnectionString;
            SqlConnection con = new SqlConnection(connectionString);
            ///设置被执行存储过程的名称
            string cmdText = "Pr_GetProductByFenlei";
```

```
            ///创建 SqlDataAdapter
            SqlDataAdapter da = new SqlDataAdapter(cmdText,con);
            ///设置执行方式为存储过程
            da.SelectCommand.CommandType = CommandType.StoredProcedure;
            ///创建参数并赋值
            da.SelectCommand.Parameters.Add("@CategoryID",SqlDbType.Int,4);
            da.SelectCommand.Parameters[0].Value = categoryID;
            ///定义 DataSet
            DataSet ds = new DataSet();
            try
            {
                con.Open();
                ///填充数据
                da.Fill(ds,"DataTable");
            }
            catch(Exception ex)
            {
                throw new Exception(ex.Message,ex);
            }
            finally
            {
                con.Close();
            }
            return ds;
        }
```

4. 获取指定商品信息

获取指定商品信息即获取系统库内指定编号的商品信息，上述功能是由方法 GetSingleProduct(int productID)实现的，其具体实现流程如下。

(1) 从系统配置文件 Web.config 内获取数据库连接参数，并将其保存在 connectionString 内。

(2) 使用连接字符串创建 con 对象，实现数据库连接。

(3) 新建 SQL 查询语句，获取指定 ID 商品的信息。

(4) 创建获取数据的对象 cmd。

(5) 打开数据库连接，获取数据，将获取数据保存在 dr 中。

(6) 操作成功，返回 dr。

上述功能的对应实现代码如下所示。

```
public SqlDataReader GetSingleProduct(int productID)
        {
            string connectionString = ConfigurationManager.ConnectionStrings
                ["SQLCONNECTIONSTRING"].ConnectionString;
            SqlConnection con = new SqlConnection(connectionString);
            ///创建 SQL 语句
            string cmdText = "SELECT [Product].*,[User].Username FROM Product
                INNER JOIN [User] ON [Product].UserID = [User].ID WHERE
                [Product].ID=@ID";
            ///创建 SqlCommand
```

```
            SqlCommand cmd = new SqlCommand(cmdText,con);
            ///创建参数并赋值
            cmd.Parameters.Add("@ID",SqlDbType.Int,4);
            cmd.Parameters[0].Value = productID;
            ///定义 SqlDataReader
            SqlDataReader dr;
            try
            {
                con.Open();
                ///读取数据
                dr = cmd.ExecuteReader(CommandBehavior.CloseConnection);
            }
            catch(Exception ex)
            {
                throw new Exception(ex.Message,ex);
            }
            return dr;
        }
```

5. 更新浏览信息

更新浏览信息即对系统库内某商品的被浏览次数进行更新处理，上述功能是由方法 UpdateProductViewCount(int productID)实现的，其具体实现流程如下。

(1) 从系统配置文件 Web.config 内获取数据库连接参数，并将其保存在 connectionString 内。

(2) 使用连接字符串创建 con 对象，实现数据库连接。

(3) 新建 SQL 更新语句，修改指定 ID 商品的被浏览次数。

(4) 创建获取数据的对象 cmd。

(5) 打开数据库连接，获取数据，将获取数据保存在 result 中。

(6) 操作成功返回 result。

上述功能的对应实现代码如下所示。

```
public int UpdateProductViewCount(int productID)
        {
            string connectionString = ConfigurationManager.ConnectionStrings
                ["SQLCONNECTIONSTRING"].ConnectionString;
            SqlConnection con = new SqlConnection(connectionString);
            ///设置被执行的 SQL 语句
            string cmdText = "UPDATE [Product] SET ViewCount=ViewCount+1
                WHERE ID=@ID";
            ///创建 SqlCommand
            SqlCommand cmd = new SqlCommand(cmdText,con);
            ///创建参数并赋值
            cmd.Parameters.Add("@ID",SqlDbType.Int,4);
            cmd.Parameters[0].Value = productID;
            int result = -1;
            try
            {
```

```
            con.Open();
            ///操作数据
            result = cmd.ExecuteNonQuery();
        }
        catch(Exception ex)
        {
            throw new Exception(ex.Message,ex);
        }
        finally
        {
            con.Close();
        }
        return result;
    }
```

智慧锦囊

因为数据库技术是动态项目的基础，所以在 Web 程序内会有大量的查询语句。同时随着站点访问量的增加，一个站点可能同时需要查询大量数据，所以数据库查询的效率问题便提上了日常议程。在此向读者提出如下 2 条建议。

(1) 合理使用索引。

并不是所有索引对查询都有效，SQL 是根据表中数据来进行查询优化的，当索引列有大量重复数据时，SQL 查询可能不会去利用索引，那么即使在 sex 上建了索引也对查询效率起不了作用。

(2) 使用存储过程。

存储过程是一个很好的工具，不但提高了程序的安全性，而且也提高了数据处理效率。编写合理的语句可以提高存储过程和触发器的效率。

16.3.2 订单处理

订单处理模块的数据访问层是由文件 ShoppingCart.cs 实现的，其主要功能是在 ASPNETAJAXWeb.AjaxEBusiness 空间内建立 Order 类，并定义多种方法实现数据库数据的处理。在文件 ShoppingCart.cs 中，与订单处理模块相关的方法如下。

- 方法 GetOrderLastOrderNo()。
- 方法 GetOrderByUser(int userID)。
- 方法 GetSingleOrder(int orderID)。
- 方法 GetOrderItemByOrder(int orderID)。
- 方法 AddOrder(string orderNo,int userID,int totalNumber,decimal totalMoney)。
- 方法 AddOrderItem(int orderID,int productID,int number)。
- 方法 UpdateOrderStatus(int orderID,byte status)。

上述方法的运行流程如图 16-3 所示。

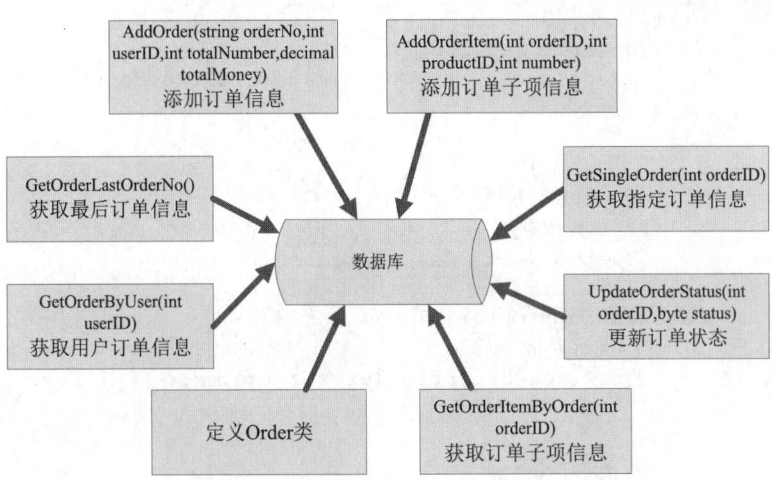

图 16-3 订单处理模块数据访问层运行流程图

1. 定义 Order 类

定义 Order 类的主要实现代码如下所示。

```
public class Order
    {
        public Order()
        {
        }
    }
```

2. 获取最后订单信息

获取最后订单信息即获取当天内最后一个订单的信息。上述功能是由方法 GetOrderLastOrderNo() 实现的，其具体实现流程如下。

(1) 从系统配置文件 Web.config 内获取数据库连接参数，并将其保存在 connectionString 内。

(2) 使用连接字符串创建 con 对象，实现数据库连接。

(3) 新建 SQL 查询语句，获取当天最后一个订单编号的信息。

(4) 创建获取数据的对象 cmd。

(5) 打开数据库连接，获取查询数据。

(6) 将获取的查询结果保存在 orderNo 中，并返回 orderNo。

上述功能的对应实现代码如下所示。

```
public string GetOrderLastOrderNo()
        {   ///获取连接字符串
            string connectionString = ConfigurationManager.ConnectionStrings
                ["SQLCONNECTIONSTRING"].ConnectionString;
            ///创建连接
            SqlConnection con = new SqlConnection(connectionString);
            ///设置被执行 SQL 语句
            string cmdText = "SELECT TOP 1 [Order].OrderNo FROM [Order] WHERE
                DATEDIFF(year,CreateDate,GETDATE()) = 0 AND DATEDIFF(month,
                CreateDate,GETDATE()) = 0 AND DATEDIFF(day,CreateDate,
                GETDATE()) = 0 ORDER BY CreateDate DESC";
```

```
        ///创建 SqlDataAdapter
        SqlCommand cmd = new SqlCommand(cmdText,con);
        object orderNo;
        try
        {   ///打开连接
            con.Open();
            ///填充数据
            orderNo = cmd.ExecuteScalar();
        }
        catch(Exception ex)
        {   ///抛出异常
            throw new Exception(ex.Message,ex);
        }
        finally
        {   ///关闭连接
            con.Close();
        }
        return orderNo == null ? string .Empty : orderNo.ToString();
    }
```

智慧锦囊

在数据库操作中，时间段相关的操作处理比比皆是。在上面获取当天最后订单信息的处理过程中，在 SQL 语句中使用了时间段的相关操作。具体语句的说明如下。

(1) DATEDIFF(year,CreateDate,GETDATE()) = 0

功能是比较当前记录的年份和当前的实际年份是否相等。

(2) DATEDIFF(month,CreateDate,GETDATE()) = 0

功能是比较当前记录的月份和当前的实际月份是否相等。

(3) DATEDIFF(day,CreateDate,GETDATE()) =0

功能是比较当前记录的日期和当前的实际日期是否相等。

3. 获取用户订单信息

获取用户订单信息即获取系统内某指定用户的所有订单信息。上述功能是由方法 GetOrderByUser(int userID)实现的，其具体实现流程如下。

(1) 从系统配置文件 Web.config 内获取数据库连接参数，并将其保存在 connectionString 内。

(2) 使用连接字符串创建 con 对象，实现数据库连接。

(3) 新建 SQL 查询语句，获取指定编号用户的所有订单信息。

(4) 创建获取数据的对象 da。

(5) 打开数据库连接，获取查询数据。

(6) 将获取的查询结果保存在 ds 中，并返回 ds。

上述功能的对应实现代码如下所示。

```
public DataSet GetOrderByUser(int userID)
        {
```

```
            string connectionString = ConfigurationManager.ConnectionStrings
                ["SQLCONNECTIONSTRING"].ConnectionString;
            SqlConnection con = new SqlConnection(connectionString);
            ///设置被执行 SQL 语句
            string cmdText = "SELECT [Order].* FROM [Order]  WHERE [Order].UserID
                =@UserID ORDER BY CreateDate DESC";
            ///创建 SqlDataAdapter
            SqlDataAdapter da = new SqlDataAdapter(cmdText,con);
            ///创建参数并赋值
            da.SelectCommand.Parameters.Add("@UserID",SqlDbType.Int,4);
            da.SelectCommand.Parameters[0].Value = userID;
            ///定义 DataSet
            DataSet ds = new DataSet();
            try
            {
                con.Open();
                ///填充数据
                da.Fill(ds,"DataTable");
            }
            catch(Exception ex)
            {
                throw new Exception(ex.Message,ex);
            }
            finally
            {
                con.Close();
            }
            return ds;
        }
```

4. 获取指定订单信息

获取指定订单信息即获取系统内某编号订单的详细信息。上述功能是由方法GetSingleOrder(int orderID)实现的，其具体实现流程如下。

(1) 从系统配置文件 Web.config 内获取数据库连接参数，并将其保存在 connectionString 内。

(2) 使用连接字符串创建 con 对象，实现数据库连接。

(3) 新建 SQL 查询语句，获取指定编号订单的详细信息。

(4) 创建获取数据的对象 cmd。

(5) 打开数据库连接，获取查询数据。

(6) 将获取的查询结果保存在 dr 中，并返回 dr。

上述功能的对应实现代码如下所示。

```
public SqlDataReader GetSingleOrder(int orderID)
        {
            string connectionString = ConfigurationManager.ConnectionStrings
["SQLCONNECTIONSTRING"].ConnectionString;
            ///创建连接
            SqlConnection con = new SqlConnection(connectionString);
            ///创建 SQL 语句
            string cmdText = "SELECT [Order].*,OrderItem.ProductID,
                OrderItem.NumberFROM [Order] INNER JOIN OrderItem ON [Order].ID
                = OrderItem.OrderID WHERE [Order].ID=@ID";
```

```
        ///创建 SqlCommand
        SqlCommand cmd = new SqlCommand(cmdText,con);
        ///创建参数并赋值
        cmd.Parameters.Add("@ID",SqlDbType.Int,4);
        cmd.Parameters[0].Value = orderID;
        ///定义 SqlDataReader
        SqlDataReader dr;
        try
        {
            con.Open();
            ///读取数据
            dr = cmd.ExecuteReader(CommandBehavior.CloseConnection);
        }
        catch(Exception ex)
        {
            throw new Exception(ex.Message,ex);
        }
        return dr;
    }
```

5. 获取订单子项信息

获取订单子项信息即获取系统内某编号订单的所有子项信息。上述功能是由方法GetOrderItemByOrder(int orderID)实现的，其具体实现流程如下。

(1) 从系统配置文件Web.config内获取数据库连接参数，并将其保存在connectionString内。

(2) 使用连接字符串创建con对象，实现数据库连接。

(3) 新建SQL查询语句，获取指定编号订单子项的详细信息。

(4) 创建获取数据的对象da。

(5) 打开数据库连接，获取查询数据。

(6) 将获取的查询结果保存在ds中，并返回ds。

上述功能的对应实现代码如下所示。

```
public DataSet GetOrderItemByOrder(int orderID)
    {
        string connectionString = ConfigurationManager.ConnectionStrings
            ["SQLCONNECTIONSTRING"].ConnectionString;
        SqlConnection con = new SqlConnection(connectionString);
        ///设置被执行 SQL 语句
        string cmdText = "SELECT OrderItem.*, [Product].Name, [Product].Price
            FROM OrderItem INNER JOIN [Product] ON [Product].ID =
            OrderItem.ProductID WHERE OrderItem.OrderID=@OrderID";
        ///创建 SqlDataAdapter
        SqlDataAdapter da = new SqlDataAdapter(cmdText,con);
        ///创建参数并赋值
        da.SelectCommand.Parameters.Add("@OrderID",SqlDbType.Int,4);
        da.SelectCommand.Parameters[0].Value = orderID;
        ///定义 DataSet
        DataSet ds = new DataSet();
        try
        {
            con.Open();
            ///填充数据
```

```
            da.Fill(ds,"DataTable");
        }
        catch(Exception ex)
        {
            throw new Exception(ex.Message,ex);
        }
        finally
        {
            con.Close();
        }
        return ds;
    }
```

6. 添加订单信息

添加订单信息即向系统库内添加新的订单信息。上述功能是由方法 AddOrder(string orderNo,int userID,int totalNumber,decimal totalMoney)实现的，其具体实现流程如下。

(1) 从系统配置文件 Web.config 内获取数据库连接参数，并将其保存在 connectionString 内。

(2) 使用连接字符串创建 con 对象，实现数据库连接。

(3) 调用存储过程 Pr_AddOrder，将此订单信息添加到系统库中。

(4) 创建获取数据的对象 cmd。

(5) 把 cmd 对象的执行方式设置为存储过程。

(6) 打开数据库连接，执行插入操作。

上述功能的对应实现代码如下所示。

```
public int AddOrder(string orderNo,int userID,int totalNumber,decimal
    totalMoney)
    {
        string connectionString = ConfigurationManager.ConnectionStrings
            ["SQLCONNECTIONSTRING"].ConnectionString;
        ///创建连接
        SqlConnection con = new SqlConnection(connectionString);
        ///设置被执行存储过程的名称
        string cmdText = "Pr_AddOrder";
        ///创建 SqlCommand
        SqlCommand cmd = new SqlCommand(cmdText,con);
        ///设置执行方式为存储过程
        cmd.CommandType = CommandType.StoredProcedure;
        ///创建参数并赋值
        cmd.Parameters.Add("@orderNo",SqlDbType.VarChar,50);
        cmd.Parameters.Add("@UserID",SqlDbType.Int,4);
        cmd.Parameters.Add("@totalNumber",SqlDbType.Int,4);
        cmd.Parameters.Add("@totalMoney",SqlDbType.Money);
        cmd.Parameters[0].Value = orderNo;
        cmd.Parameters[1].Value = userID;
        cmd.Parameters[2].Value = totalNumber;
        cmd.Parameters[3].Value = totalMoney;
        cmd.Parameters.Add("@RETURN",SqlDbType.Int,4);
        cmd.Parameters[4].Direction = ParameterDirection.ReturnValue;
        int result = -1;
        try
        {
```

```
            con.Open();
            ///操作数据
            result = cmd.ExecuteNonQuery();
        }
        catch(Exception ex)
        {
            throw new Exception(ex.Message,ex);
        }
        finally
        {
            con.Close();
        }
        return (int)cmd.Parameters[4].Value;
    }
```

7. 添加订单子项信息

添加订单子项信息即向系统库内添加某编号订单的子项信息。上述功能是由方法 AddOrderItem(int orderID,int productID,int number)实现的，其具体实现流程如下。

(1) 从系统配置文件 Web.config 内获取数据库连接参数，并将其保存在 connectionString 内。

(2) 使用连接字符串创建 con 对象，实现数据库连接。

(3) 新建 SQL 插入语句，添加某编号订单的子项信息。

(4) 创建获取数据的对象 cmd。

(5) 打开数据库连接，执行插入操作。

(6) 将获取的查询结果保存在 result 中，返回插入后的结果。

上述功能的对应实现代码如下所示。

```
public int AddOrderItem(int orderID,int productID,int number)
    {
        string connectionString = ConfigurationManager.ConnectionStrings
            ["SQLCONNECTIONSTRING"].ConnectionString;
        ///创建连接
        SqlConnection con = new SqlConnection(connectionString);
        ///设置被执行存储过程的名称
        string cmdText = "INSERT INTO OrderItem(OrderID,ProductID,
            Number)VALUES(@OrderID,@ProductID,@Number)";
        ///创建 SqlCommand
        SqlCommand cmd = new SqlCommand(cmdText,con);
        ///创建参数并赋值
        cmd.Parameters.Add("@OrderID",SqlDbType.Int,4);
        cmd.Parameters.Add("@ProductID",SqlDbType.Int,4);
        cmd.Parameters.Add("@Number",SqlDbType.Int,4);
        cmd.Parameters[0].Value = orderID;
        cmd.Parameters[1].Value = productID;
        cmd.Parameters[2].Value = number;
        int result = -1;
        try
        {   ///打开连接
            con.Open();
            ///操作数据
            result = cmd.ExecuteNonQuery();
        }
```

```
        catch(Exception ex)
        {
            throw new Exception(ex.Message,ex);
        }
        finally
        {
            con.Close();
        }
        return result;
    }
```

8. 更新订单状态

更新订单状态即更新系统库内某订单的状态。上述功能是由方法 UpdateOrderStatus(int orderID,byte status)实现的，其具体实现流程如下。

(1) 从系统配置文件 Web.config 内获取数据库连接参数，并将其保存在 connectionString 内。

(2) 使用连接字符串创建 con 对象，实现数据库连接。

(3) 新建 SQL 更新语句，更新系统库内某订单的状态。

(4) 创建获取数据的对象 cmd。

(5) 打开数据库连接，执行插入操作。

(6) 将获取的查询结果保存在 result 中，返回更新后的结果。

上述功能的对应实现代码如下所示。

```
public int UpdateOrderStatus(int orderID,byte status)
    {
        string connectionString = ConfigurationManager.ConnectionStrings
            ["SQLCONNECTIONSTRING"].ConnectionString;
        ///创建连接
        SqlConnection con = new SqlConnection(connectionString);
        ///设置被执行的 SQL 语句
        string cmdText = "UPDATE [Order] SET Status=@Status WHERE ID=@ID";
        ///创建 SqlCommand
        SqlCommand cmd = new SqlCommand(cmdText,con);
        ///创建参数并赋值
        cmd.Parameters.Add("@ID",SqlDbType.Int,4);
        cmd.Parameters.Add("@Status",SqlDbType.TinyInt,1);
        cmd.Parameters[0].Value = orderID;
        cmd.Parameters[1].Value = status;
        int result = -1;
        try
        {   ///打开连接
            con.Open();
            ///操作数据
            result = cmd.ExecuteNonQuery();
        }
        catch(Exception ex)
        {   ///抛出异常
            throw new Exception(ex.Message,ex);
        }
        finally
```

```
            {
                con.Close();
            }
            return result;
        }
```

16.3.3 商品评论

在文件 Product.c 中，与商品评论模块相关的方法如下。

- 方法 AddProductComment(string title,string body,string ip,string email,int productID)。
- 方法 DeleteProductComment(int commentID)。
- 方法 GetCommentByProdcut(int productID)。

上述方法的运行流程如图 16-4 所示。

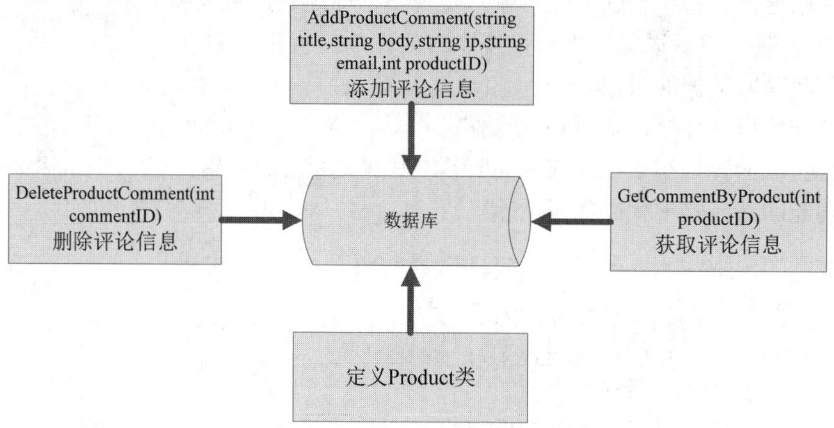

图 16-4　商品评论模块数据访问层运行流程图

1. 定义 Product 类

定义 Product 类的实现代码如下所示。

```
namespace ASPNETAJAXWeb.AjaxEBusiness
{
    public class Product
    {
        public Product()
        {
            //
            // TODO: 在此处添加构造函数逻辑
            //
        }
```

2. 获取评论信息

获取评论信息即获取系统内某商品评论的信息。上述功能是由方法 GetCommentByProdcut (int productID)实现的，其具体实现流程如下。

(1) 从系统配置文件 Web.config 内获取数据库连接参数，并将其保存在 connectionString 内。

(2) 使用连接字符串创建 con 对象，实现数据库连接。
(3) 新建 SQL 查询语句，获取某编号商品的评论信息。
(4) 创建获取数据的对象 da。
(5) 打开数据库连接，获取查询数据。
(6) 将获取的查询结果保存在 ds 中，并返回 ds。

上述功能的对应实现代码如下所示。

```
public DataSet GetCommentByProdcut(int productID)
        {
            string connectionString = ConfigurationManager.ConnectionStrings
                ["SQLCONNECTIONSTRING"].ConnectionString;
            ///创建连接
            SqlConnection con = new SqlConnection(connectionString);
            ///设置被执行 SQL 语句
            string cmdText = "SELECT * FROM ProductComment WHERE ProductID
                =@ProductID ORDER BY CreateDate DESC";
            ///创建 SqlDataAdapter
            SqlDataAdapter da = new SqlDataAdapter(cmdText,con);
            ///创建参数并赋值
            da.SelectCommand.Parameters.Add("@ProductID",SqlDbType.Int,4);
            da.SelectCommand.Parameters[0].Value = productID;
            ///定义 DataSet
            DataSet ds = new DataSet();
            try
            {
                con.Open();
                ///填充数据
                da.Fill(ds,"DataTable");
            }
            catch(Exception ex)
            {
                throw new Exception(ex.Message,ex);
            }
            finally
            {   ///关闭连接
                con.Close();
            }
            return ds;
        }
```

3. 添加评论信息

添加评论信息即向系统库添加新的评论信息。上述功能是由方法 AddProductComment (string title,string body,string ip,string email,int productID)实现的，其具体实现流程如下。

(1) 从系统配置文件 Web.config 内获取数据库连接参数，并将其保存在 connectionString 内。
(2) 使用连接字符串创建 con 对象，实现数据库连接。
(3) 新建 SQL 添加语句，向系统库内添加新的评论信息。

(4) 创建获取数据的对象 cmd。

(5) 打开数据库连接，进行添加操作。

(6) 将处理后的结果保存在 result 中，并返回 result。

由此可以看出，整个添加过程就是添加新数据到系统库内的过程，和前面的添加订单过程一致。

4. 删除评论信息

删除评论信息即删除系统库内指定的评论信息。上述功能是由方法 DeleteProductComment (int commentID)实现的，其具体实现流程如下。

(1) 从系统配置文件 Web.config 内获取数据库连接参数，并将其保存在 connectionString 内。

(2) 使用连接字符串创建 con 对象，实现数据库连接。

(3) 新建 SQL 删除语句，删除系统库内指定编号的评论信息。

(4) 创建获取数据的对象 cmd。

(5) 打开数据库连接，进行删除操作。

(6) 将处理后的结果保存在 result 中，并返回 result。

上述功能的对应实现代码如下所示。

```
public int DeleteProductComment(int commentID)
        {
            string connectionString = ConfigurationManager.ConnectionStrings
                ["SQLCONNECTIONSTRING"].ConnectionString;
            SqlConnection con = new SqlConnection(connectionString);
            ///设置被执行的 SQL 语句
            string cmdText = "DELETE ProductComment WHERE ID=@ID";
            ///创建 SqlCommand
            SqlCommand cmd = new SqlCommand(cmdText,con);
            ///创建参数并赋值
            cmd.Parameters.Add("@ID",SqlDbType.Int,4);
            cmd.Parameters[0].Value = commentID;
            int result = -1;
            try
            {
                con.Open();
                ///操作数据
                result = cmd.ExecuteNonQuery();
            }
            catch(Exception ex)
            {
                throw new Exception(ex.Message,ex);
            }
            finally
            {
                con.Close();
            }
            return result;
        }
```

16.3.4　商品分类

本功能模块的数据库访问层功能是由文件 Category.cs 实现的，其主要功能是在 ASPNETAJAXWeb.AjaxEBusiness 空间内建立 Category 类，并定义多种方法实现对数据库中商品数据的处理。在文件 Category.cs 中，与分类处理模块相关的方法如下。

- 方法 GetFenleis()。
- 方法 GetSubFenlei(int categoryID)。
- 方法 GetSingleFenlei(int categoryID)。
- 方法 AddFenlei(string name,int parentID,string remark)。
- 方法 UpdateFenlei(int categoryID,string name,string remark)。
- 方法 UpdateFenleiOrder(int categoryID,string moveFlag)。
- 方法 DeleteFenlei(int categoryID)。

上述方法的运行流程如图 16-5 所示。

1. 定义 Category 类

在空间 ASPNETAJAXWeb.AjaxEBusiness 内定义 Category 类的实现代码如下所示。

```
namespace ASPNETAJAXWeb.AjaxEBusiness
{
    public class Category
    {
        public Category()
        {
            ///
        }
```

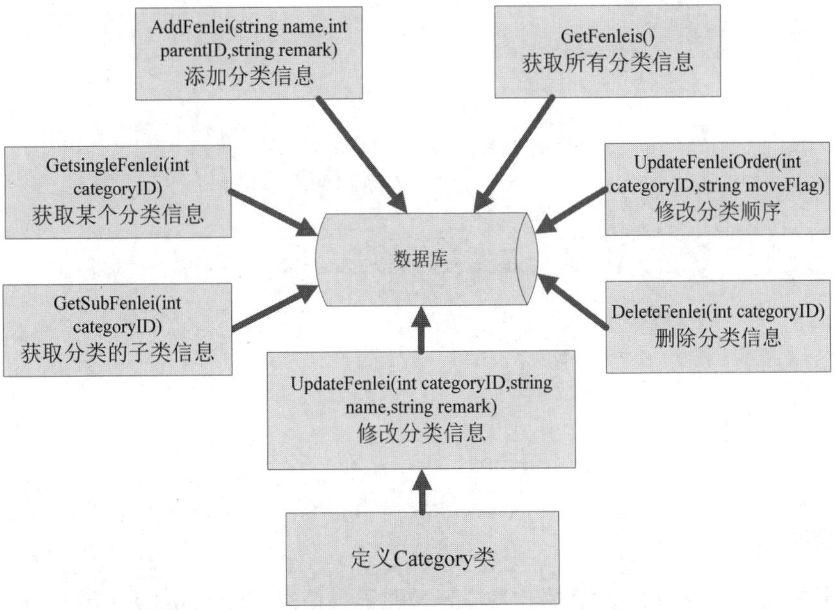

图 16-5　分类处理模块数据访问层运行流程图

2. 获取所有分类信息

获取所有分类信息即获取系统库内存在的所有分类信息，上述功能是由方法 GetFenleis()实现的，其具体实现流程如下。

(1) 从系统配置文件 Web.config 内获取数据库连接参数，并将其保存在 connectionString 内。

(2) 使用连接字符串创建 con 对象，实现数据库连接。

(3) 调用获取所有分类信息的存储过程 Pr_GetFenleis，获取系统内的商品分类信息。

(4) 创建获取数据的对象 da。

(5) 把对象 da 的执行方式设置为存储过程。

(6) 打开数据库连接，获取数据，将获取数据保存在 ds 中。

(7) 操作成功返回 ds。

上述功能的对应实现代码如下所示。

```
public DataSet GetFenleis()
        {   ///获取连接字符串
            string connectionString = ConfigurationManager.ConnectionStrings
["SQLCONNECTIONSTRING"].ConnectionString;
            ///创建连接
            SqlConnection con = new SqlConnection(connectionString);
            ///设置被执行存储过程的名称
            string cmdText = "Pr_GetFenleis";
            ///创建 SqlDataAdapter
            SqlDataAdapter da = new SqlDataAdapter(cmdText,con);
            ///设置执行方式为存储过程
            da.SelectCommand.CommandType = CommandType.StoredProcedure;
            ///定义 DataSet
            DataSet ds = new DataSet();
            try
            {   ///打开连接
                con.Open();
                ///填充数据
                da.Fill(ds,"DataTable");
            }
            catch(Exception ex)
            {   ///抛出异常
                throw new Exception(ex.Message,ex);
            }
            finally
            {   ///关闭连接
                con.Close();
            }
            return ds;
        }
```

3. 获取子类(某分类)信息

获取子类信息即获取系统库指定编号分类的子类信息，上述功能是由方法 GetSubFenlei (int categoryID)实现的，其具体实现流程如下。

(1) 从系统配置文件 Web.config 内获取数据库连接参数，并将其保存在 connectionString 内。

(2) 使用连接字符串创建 con 对象，实现数据库连接。

(3) 调用获取某分类下子类信息的存储过程 Pr_GetSubFenle，获取子类信息。

(4) 创建获取数据的对象 da。

(5) 把对象 da 的执行方式设置为存储过程。

(6) 打开数据库连接，获取数据，将获取数据保存在 ds 中。

(7) 操作成功返回 ds。

上述功能的对应实现代码如下所示。

```
public DataSet GetSubFenlei(int categoryID)
        {
            string connectionString = ConfigurationManager.ConnectionStrings
            ["SQLCONNECTIONSTRING"].ConnectionString;
            SqlConnection con = new SqlConnection(connectionString);
            ///设置被执行存储过程的名称
            string cmdText = "Pr_GetSubFenlei";
            ///创建 SqlDataAdapter
            SqlDataAdapter da = new SqlDataAdapter(cmdText,con);
            ///设置执行方式为存储过程
            da.SelectCommand.CommandType = CommandType.StoredProcedure;
            ///创建参数并赋值
            da.SelectCommand.Parameters.Add("@ParentID",SqlDbType.Int,4);
            da.SelectCommand.Parameters[0].Value = categoryID;
            ///定义 DataSet
            DataSet ds = new DataSet();
            try
            {
                con.Open();
                ///填充数据
                da.Fill(ds,"DataTable");
            }
            catch(Exception ex)
            {
                throw new Exception(ex.Message,ex);
            }
            finally
            {
                con.Close();
            }
            return ds;
        }
```

4. 获取分类信息

获取分类信息即获取系统内指定编号分类的详细信息，上述功能是由方法 GetSingleFenlei(int categoryID)实现的，其具体实现流程如下。

(1) 从系统配置文件 Web.config 内获取数据库连接参数，并将其保存在 connectionString 内。

(2) 使用连接字符串创建 con 对象，实现数据库连接。

(3) 新建 SQL 查询语句，获取某 ID 分类的数据。

(4) 创建获取数据的对象 cmd。

(5) 打开数据库连接，获取查询数据。

(6) 将获取的查询结果保存在 dr 中，并返回 dr。

上述功能的对应实现代码如下所示。

```
public SqlDataReader GetSingleFenlei(int categoryID)
        {
            SqlConnection con = new SqlConnection(connectionString);
            ///创建 SQL 语句
            string cmdText = "SELECT * FROM Category WHERE ID=@ID";
            ///创建 SqlCommand
            SqlCommand cmd = new SqlCommand(cmdText,con);
            ///创建参数并赋值
            cmd.Parameters.Add("@ID",SqlDbType.Int,4);
            cmd.Parameters[0].Value = categoryID;
            ///定义 SqlDataReader
            SqlDataReader dr;
            try
            {
                con.Open();
                ///读取数据
                dr = cmd.ExecuteReader(CommandBehavior.CloseConnection);
            }
            catch(Exception ex)
            {
                throw new Exception(ex.Message,ex);
            }
            return dr;
        }
```

5. 添加分类信息

添加分类信息即向系统库内添加新的分类信息，上述功能是由方法 AddFenlei(string name,int parentID,string remark)实现的，其具体实现流程如下。

(1) 从系统配置文件 Web.config 内获取数据库连接参数，并将其保存在 connectionString 内。

(2) 使用连接字符串创建 con 对象，实现数据库连接。

(3) 调用添加分类信息的存储过程 Pr_AddFenlei，进行添加操作。

(4) 创建添加数据的对象 da。

(5) 把对象 da 的执行方式设置为存储过程。

(6) 打开数据库连接执行插入操作，将处理结果保存在 result 中。

(7) 操作成功返回 result。

由此可以看出，整个添加过程就是添加数据到系统库内的过程，和前面的添加订单的过程一致。

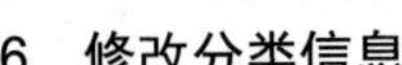

6．修改分类信息

修改分类信息即修改系统库内某编号的分类信息，上述功能是由方法 UpdateFenlei(int categoryID,string name,string remark)实现的，其具体实现流程如下。

(1) 从系统配置文件 Web.config 内获取数据库连接参数，并将其保存在 connectionString 内。

(2) 使用连接字符串创建 con 对象，实现数据库连接。

(3) 调用修改类信息的存储过程 Pr_UpdateFenlei，进行修改操作。

(4) 创建修改数据的对象 cmd。

(5) 把对象 cmd 的执行方式设置为存储过程。

(6) 打开数据库连接执行修改操作，将处理结果保存在 result 中。

(7) 操作成功返回 result。

上述功能的对应实现代码如下所示。

```
public int UpdateFenlei(int categoryID,string name,string remark)
        {
            string connectionString = ConfigurationManager.ConnectionStrings
            ["SQLCONNECTIONSTRING"].ConnectionString;
            SqlConnection con = new SqlConnection(connectionString);
            ///设置被执行存储过程的名称
            string cmdText = "Pr_UpdateFenlei";
            ///创建 SqlCommand
            SqlCommand cmd = new SqlCommand(cmdText,con);
            ///设置执行方式为存储过程
            cmd.CommandType = CommandType.StoredProcedure;
            ///创建参数并赋值
            cmd.Parameters.Add("@ID",SqlDbType.Int,4);
            cmd.Parameters.Add("@Name",SqlDbType.VarChar,50);
            cmd.Parameters.Add("@Remark",SqlDbType.Text);
            cmd.Parameters[0].Value = categoryID;
            cmd.Parameters[1].Value = name;
            cmd.Parameters[2].Value = remark;
            int result = -1;
            try
            {
                con.Open();
                ///操作数据
                result = cmd.ExecuteNonQuery();
            }
            catch(Exception ex)
            {
                throw new Exception(ex.Message,ex);
            }
            finally
            {
                con.Close();
            }
            return result;
        }
```

7. 修改分类顺序

修改分类顺序即修改系统库内某分类的排列顺序，上述功能是由方法 UpdateFenleiOrder (int categoryID,string moveFlag)实现的，其具体实现流程如下。

(1) 从系统配置文件 Web.config 内获取数据库连接参数，并将其保存在 connectionString 内。

(2) 使用连接字符串创建 con 对象，实现数据库连接。

(3) 调用修改类顺序的存储过程 Pr_UpdateFenleiOrder，进行修改操作。

(4) 创建修改数据的对象 cmd。

(5) 把对象 cmd 的执行方式设置为存储过程。

(6) 打开数据库连接执行修改操作，将处理结果保存在 result 中。

(7) 操作成功返回 result。

上述功能的对应实现代码如下所示。

```
public int UpdateFenleiOrder(int categoryID,string moveFlag)
        {
            string connectionString = ConfigurationManager.ConnectionStrings
            ["SQLCONNECTIONSTRING"].ConnectionString;
            SqlConnection con = new SqlConnection(connectionString);
            ///设置被执行存储过程的名称
            string cmdText = "Pr_UpdateFenleiOrder";
            ///创建 SqlCommand
            SqlCommand cmd = new SqlCommand(cmdText,con);
            ///设置执行方式为存储过程
            cmd.CommandType = CommandType.StoredProcedure;
            ///创建参数并赋值
            cmd.Parameters.Add("@ID",SqlDbType.Int,4);
            cmd.Parameters.Add("@MoveFlag",SqlDbType.VarChar,20);
            cmd.Parameters[0].Value = categoryID;
            cmd.Parameters[1].Value = moveFlag;
            int result = -1;
            try
            {
                con.Open();
                ///操作数据
                result = cmd.ExecuteNonQuery();
            }
            catch(Exception ex)
            {
                throw new Exception(ex.Message,ex);
            }
            finally
            {
                con.Close();
            }
            return result;
        }
```

16.3.5 商品管理

在数据访问层文件 Product.cs 中，与商品管理模块相关各方法的具体说明如下。

- 方法 AddProduct(string name,int categoryID,int userID,decimal price,int stock,string remark)：功能是添加商品到库。
- 方法 UpdateProduct(int productID,string name,string remark): 功能是更新某编号的商品信息。
- 方法 UpdateProductPicture(int productID,string pictureUrl)：功能是更新某编号商品的图片信息。
- 方法 DeleteProduct(int productID)：功能是删除某编号商品的信息。
- 方法 GetAttributeByFenlei(int categoryID)：功能是根据分类获取商品的属性。
- 方法 GetAttributeByProduct(int productID)：功能是根据商品获取其属性。
- 方法 AddAttributeValue(int productID,int attributeID,string value): 功能是添加商品的属性值。

1. 定义 Product 类

在空间 ASPNETAJAXWeb.AjaxEBusiness 内定义 Product 类的实现代码如下所示：

```
using System.Web.UI.WebControls;
namespace ASPNETAJAXWeb.AjaxEBusiness
{
    public class Product
    {
        public Product()
        {
        …
        }
    }
}
```

2. 添加商品信息

添加商品信息即向系统库内添加新的商品信息，上述功能是由方法 AddProduct(string name,int categoryID,int userID,decimal price,int stock,string remark)实现的，其具体实现流程如下：

(1) 从系统配置文件 Web.config 内获取数据库连接参数，并将其保存在 connectionString 内。

(2) 使用连接字符串创建 con 对象，实现数据库连接。

(3) 调用添加商品信息的存储过程 Pr_AddProduct，向系统库内添加新的商品信息。

(4) 创建添加数据的对象 cmd。

(5) 把对象 cmd 的执行方式设置为存储过程。

(6) 打开数据库执行添加操作，将处理结果保存在 result 中。

(7) 操作成功返回 result。

上述功能的对应实现代码如下所示。

```
public int AddProduct(string name,int categoryID,int userID,decimal price,int stock,string remark)
        {   ///获取连接字符串
            string connectionString = ConfigurationManager.ConnectionStrings
                ["SQLCONNECTIONSTRING"].ConnectionString;
            ///创建连接
            SqlConnection con = new SqlConnection(connectionString);
            ///设置被执行存储过程的名称
            string cmdText = "Pr_AddProduct";
            ///创建SqlCommand
            SqlCommand cmd = new SqlCommand(cmdText,con);
            ///设置执行方式为存储过程
            cmd.CommandType = CommandType.StoredProcedure;
            ///创建参数并赋值
            cmd.Parameters.Add("@Name",SqlDbType.VarChar,50);
            cmd.Parameters.Add("@CategoryID",SqlDbType.Int,4);
            cmd.Parameters.Add("@UserID",SqlDbType.Int,4);
            cmd.Parameters.Add("@Price",SqlDbType.Money,8);
            cmd.Parameters.Add("@Stock",SqlDbType.Int,4);
            cmd.Parameters.Add("@Remark",SqlDbType.Text);
            cmd.Parameters[0].Value = name;
            cmd.Parameters[1].Value = categoryID;
            cmd.Parameters[2].Value = userID;
            cmd.Parameters[3].Value = price;
            cmd.Parameters[4].Value = stock;
            cmd.Parameters[5].Value = remark;
            cmd.Parameters.Add("@RETURN",SqlDbType.Int,4);
            cmd.Parameters[6].Direction = ParameterDirection.ReturnValue;
            int result = -1;
            try
            {   ///打开连接
                con.Open();
                ///操作数据
                result = cmd.ExecuteNonQuery();
            }
            catch(Exception ex)
            {   ///抛出异常
                throw new Exception(ex.Message,ex);
            }
            finally
            {   ///关闭连接
                con.Close();
            }
            return (int)cmd.Parameters[6].Value;
        }
```

由于本书篇幅有限，在此只对商品添加的过程进行了代码讲解，至于其他的方法和存储过程的具体实现，读者可以参阅本书资源中的对应文件。

在上述编码过程中，不但实现了基本的数据处理功能，而且通过存储过程提高了整个系统的存储效率。存储过程(Stored Procedure)是一组完成特定功能的 SQL 语句集，经编译后存储在数据库中。用户通过指定存储过程的名字并给出参数(如果该存储过程带有参数)来执行它。存储过程是数据库中的一个重要对象，任何一个设计良好的数据库应用程序都应该用到存储过程。

存储过程是利用 SQL Server 所提供的 Transact-SQL 语言所编写的程序。Transact-SQL 语言是 SQL Server 专为设计数据库应用程序提供的语言，它是应用程序和 SQL Server 数据库间的主要程序式设计界面。它好比 Oracle 数据库系统中的 PL-SQL 和 Informix 数据库系统结构中的 Informix- 4GL 语言。

16.4　购物车模块

购物车处理模块的功能是，使用户把预购商品放入购物车，从而完成系统内的购物处理。本模块功能的实现文件是 ViewShoppingCart.aspx 和 ViewShoppingCart.aspx.cs。

↑扫码看视频

16.4.1　购物车组件模块

本功能模块应用程序所使用的处理函数是由文件 ShoppingCart.cs 实现的，其主要功能是在 ASPNETAJAXWeb.AjaxEBusiness 空间内建立需要类，并定义多个函数方法，实现对购物车数据的处理。

在文件 Product.cs 中，分别定义了两个新类实现对购物车的处理。

- ShoppingCartItem 类。
- ShoppingCart 类。

1. ShoppingCartItem 类

在 ShoppingCartItem 类中，密封了购物车内商品的基本信息，例如商品编号、名称、数量和价格必备元素。为此，ShoppingCartItem 类定义了 4 个属性分别传递上述 4 个元素信息。

定义 ShoppingCartItem 类的实现代码如下所示。

```
using System;
using System.Data;
using System.Collections;
using System.Configuration;
using System.Data.SqlClient;
using System.Web.SessionState;
namespace ASPNETAJAXWeb.AjaxEBusiness
{
    public class ShoppingCartItem
    {
        private int productID = -1;
        private string name = string.Empty;
        private int number = 0;
        private decimal price = 0.0m;
    }
```

2. ShoppingCart 类

在 ShoppingCart 类中，首先定义了 2 个私有变量 session 和 shoppingCartList；然后定义了 1 个公共常量 SHOPPINTCARTKEY；最后定义了 1 个公共属性 ShoppingCartList。对应的实现代码如下所示。

```
public class ShoppingCart
    {
        public const string SHOPPINTCARTKEY = "SHOPPINTCARTKEY";
        private ArrayList shoppingCartList;
        private HttpSessionState session = null;
        public ArrayList ShoppingCartList
        {
            get
            {
                return shoppingCartList;
            }
        }
        private ShoppingCart()
        {
    }
```

3. 定义处理方法

在 ShoppingCart 类中，定义 5 个方法实现对购物车内的数据处理，具体如下。

- 方法 ShoppingCart(HttpSessionState session)。
- 方法 AddProductToShoppingCart(ShoppingCartItem product)。
- 方法 DeleteProductFromShoppingCart(ShoppingCartItem product)。
- 方法 UpdateShoppingCart(ArrayList products)。
- 方法 ClearShoppingCart()。

上述方法的运行流程如图 16-6 所示。

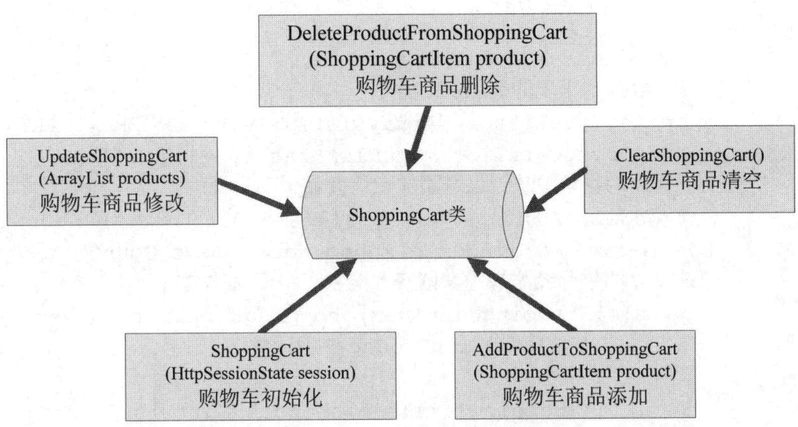

图 16-6　购物车处理模块运行流程图

1)　购物车初始化

购物车初始化即载入页面时对购物车数据进行初始化处理。上述功能是由方法 ShoppingCart(HttpSessionState session)实现的，其具体实现流程如下。

(1)　初始化保存变量 shoppingCartLis。

(2)　将值保存在 session 对象中。

上述功能的对应实现代码如下所示。

```
public ShoppingCart(HttpSessionState session)
        {
            this.session = session;
            if(session != null)
            {
                if(session[SHOPPINTCARTKEY] != null)
                {
                    shoppingCartList = (ArrayList)session[SHOPPINTCARTKEY];
                }
                else
                {
                    shoppingCartList = new ArrayList();
                    session[SHOPPINTCARTKEY] = shoppingCartList;
                }
            }
        }
```

2)　购物车商品添加

购物车商品添加即将用户选取的商品添加到购物车内，上述功能是由方法 AddProductToShoppingCart(ShoppingCartItem product)实现的，其具体实现流程如下。

(1)　获取添加商品。

(2)　如果购物车内没有此商品，则将商品添加到购物车内。

(3)　如果购物车内有此商品，则修改此商品的数量。

(4)　把更新后的购物车数据重新保存到 session 对象中。

上述功能的对应实现代码如下所示。

```
public int AddProductToShoppingCart(ShoppingCartItem product)
```

```
        {
            if(product == null) return -1;
            ///获取购物车中的商品
            shoppingCartList = (ArrayList)session[SHOPPINTCARTKEY];
            if(shoppingCartList == null) return -1;
            ///比较购物车中是否已经添加了该商品
            int index = 0;
            for(index = 0; index < shoppingCartList.Count; index++)
            {   ///如果已经添加了，则修改购物车中商品的数量
                if(((ShoppingCartItem)shoppingCartList[index]).ProductID
                    == product.ProductID)
                {
                    ((ShoppingCartItem)shoppingCartList[index]).Number++;
                    break;
                }
            }
            ///如果没有添加，则把该商品添加到购物车中
            if(index == shoppingCartList.Count)
            {
                shoppingCartList.Add(product);
            }
            ///重新保存购物车中的数据
            session[SHOPPINTCARTKEY] = shoppingCartList;
            return 1;
        }
```

3) 购物车商品修改

购物车商品修改即将购物车内的某商品数量修改为 products 参数内的商品数量，上述功能是由方法 UpdateShoppingCart(ArrayList products)实现的，其具体实现流程如下。

(1) 获取购物车内商品。

(2) 使用 foreach 语句查询购物车内的每一件商品。

(3) 如果当前商品在 products 参数内出现，则把当前处理的商品数量修改为 products 参数内的该商品数量。

(4) 把更新后的购物车数据重新保存到 session 对象中。

上述功能的对应实现代码如下所示。

```
public int UpdateShoppingCart(ArrayList products)
        {
            if(products == null || products.Count <= 0)return -1;
            ///获取购物车中的商品
            shoppingCartList = (ArrayList)session[SHOPPINTCARTKEY];
            if(shoppingCartList == null) return -1;
            ///更新购物车中的商品
            for(int index = 0; index < shoppingCartList.Count; index++)
            {
                foreach(ShoppingCartItem product in products)
                {
                    if(((ShoppingCartItem)shoppingCartList[index]).
                        ProductID==product.ProductID)
                    {
```

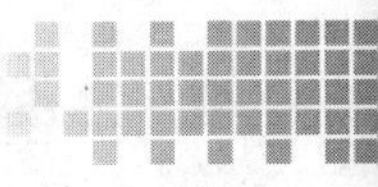

```
                    ((ShoppingCartItem)shoppingCartList[index]).
                      Number = product.Number;
                    break;
                }
            }
        }
        ///重新保存购物车中的数据
        session[SHOPPINTCARTKEY] = shoppingCartList;
        return 1;
    }
```

4)　购物车商品删除

购物车商品删除即将购物车内的某商品删除，上述功能是由方法 DeleteProductFromShoppingCart (ShoppingCartItem product)实现的，其具体实现流程如下。

(1)　获取购物车内商品。

(2)　使用 foreach 语句查询购物车内的每一件商品。

(3)　获取删除商品的编号。

(4)　把更新后的购物车数据重新保存到 session 对象中。

上述功能的对应实现代码如下所示。

```
public int DeleteProductFromShoppingCart(ShoppingCartItem product)
    {
        if(product == null) return -1;
        ///获取购物车中的商品
        shoppingCartList = (ArrayList)session[SHOPPINTCARTKEY];
        if(shoppingCartList == null) return -1;
        ///从购物车查找被删除的商品
        foreach(ShoppingCartItem item in shoppingCartList)
        {
            if(item.ProductID == product.ProductID)
            {   ///移除该商品
                shoppingCartList.Remove(item);
                break;
            }
        }
        ///重新保存购物车中的数据
        session[SHOPPINTCARTKEY] = shoppingCartList;
        return 1;
    }
```

5)　购物车商品清空

购物车商品清空即清空当前购物车内的所有商品，上述功能是由方法 ClearShoppingCart()实现的，其具体实现流程如下。

(1)　获取购物车内商品。

(2)　清空物车内的每一件商品。

(3)　把更新后的购物车数据重新保存到 session 对象中。

上述功能的对应实现代码如下所示。

```
public int ClearShoppingCart()
        {   ///获取购物车中的商品
            shoppingCartList = (ArrayList)session[SHOPPINTCARTKEY];
            if(shoppingCartList == null) return -1;
            ///清空购物车中的商品
            shoppingCartList.Clear();
            session[SHOPPINTCARTKEY] = null;
            return 1;
        }
```

16.4.2 购物车商品添加模块

购物车商品添加模块的功能是，当用户在系统页面内单击某商品后的“加入购物车”按钮，将此商品添加到购物车内。在下面的内容中，将详细介绍购物车商品添加模块的具体实现过程。

1. 索引设置

当用户单击“加入购物车”按钮后，将首先激活 btnBuy 购物车按钮事件，然后把其 CommandArgument 属性设置为当前索引。上述功能的具体实现代码如下所示：

```
protected void gvProduct_RowDataBound(object sender,GridViewRowEventArgs e)
    {
        Button btnBuy = (Button)e.Row.FindControl("btnBuy");
        if(btnBuy != null)
        {   ///设置 CommandArgument 属性的值为当前行的索引
            btnBuy.CommandArgument = e.Row.RowIndex.ToString();
        }
    }
```

2. 添加处理

在商品显示列表文件中，通过定义的 gvProduct_RowCommand(object sender, GridViewCommandEventArgs e)事件，实现购物车内的商品添加功能。

当用户单击“加入购物车”按钮后，将会激活 buy 属性，从而将当前商品添加到购物车内，具体操作流程如下。

(1) 创建商品 ShoppingCartItem 类的对象 item。

(2) 设置 item 对象的 ID、数量、名称和价格属性。

(3) 调用 ShoppingCart 类的 AddProductToShoppingCart 方法，把 item 对象添加到购物车内。

上述功能的具体实现代码如下所示。

```
protected void gvProduct_RowCommand(object sender,GridViewCommandEventArgs e)
    {
        if(e.CommandName == "buy")
        {
            ShoppingCartItem item = new ShoppingCartItem();
            int rowIndex = Int32.Parse(e.CommandArgument.ToString());
            if(rowIndex <= -1 || rowIndex >= gvProduct.Rows.Count) return;
```

```
            ///获取商品 ID 和数量
            item.ProductID = Int32.Parse(gvProduct.DataKeys[rowIndex]["ID"].
                ToString());
            item.Number = 1;
            ///获取商品名称
            Label lbName = (Label)gvProduct.Rows[rowIndex].FindControl
                ("lbName");
            if(lbName != null)
            {
                item.Name = lbName.Text;
            }
            ///获取商品价格
            Label lbPrice = (Label)gvProduct.Rows[rowIndex].FindControl
                ("lbPrice");
            if(lbPrice != null)
            {
                item.Price = decimal.Parse(lbPrice.Text);
            }
            ShoppingCart shoppingCart = new ShoppingCart(Session);
            if(shoppingCart.AddProductToShoppingCart(item) > -1)
            {
                AjaxEBusinessSystem.ShowAjaxDialog((Button)e.CommandSource,
                    "恭喜您，添加商品到购物车成功。");
            }
        }
    }
```

16.4.3　购物车查看和管理模块

购物车查看和管理模块的功能是，当用户将商品加入购物车后，可以查看购物车内的商品信息，并对里面的商品进行操作管理。

1. 查看购物车

查看购物车即显示某购物车的详细信息，此功能的实现文件如下：

- 文件 ViewShoppingCart.aspx。
- 文件 ViewShoppingCart.aspx.cs。

在文件 ViewShoppingCart.aspx.cs 内，将初始化显示某购物车内的商品信息。其具体实现流程如下。

(1) 引入命名空间，声明 ShoppingCart_ViewShoppingCart 类。

(2) 定义 Page_Load，初始化处理。

(3) 定义 BindPageData()，获取并显示购物车内的商品信息。

上述操作的具体运行流程如图 16-7 所示。

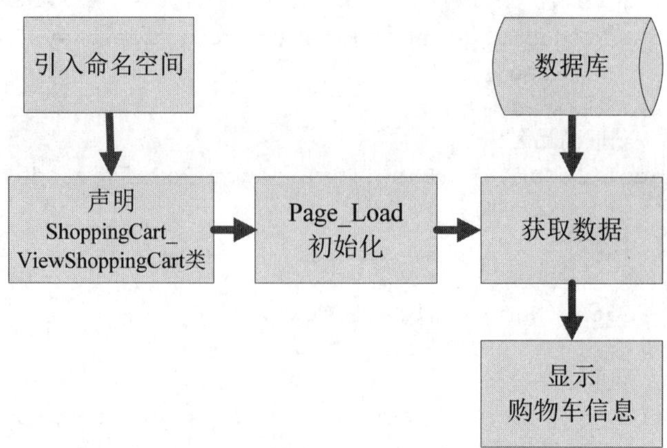

图 16-7　购物查看处理运行流程图

文件 ViewShoppingCart.aspx.cs 内，上述功能的对应实现代码如下所示。

```
public partial class ShoppingCart_ViewShoppingCart : System.Web.UI.Page
{
    protected void Page_Load(object sender, EventArgs e)
    {
        if(!Page.IsPostBack)
        {
            BindPageData();
        }
    }
    private void BindPageData()
    {   ///获取购物车的商品
        ShoppingCart shoppingCart = new ShoppingCart(Session);
        ///绑定数据并显示商品
        gvProduct.DataSource = shoppingCart.ShoppingCartList;
        gvProduct.DataBind();
    }
```

2. 购物车数量修改

在购物车界面中，用户可以在某商品后面的数量文本框内输入合法数值，然后单击“保存修改”按钮，实现对购物车内商品数量的修改处理。

上述功能是由文件 ViewShoppingCart.aspx.cs 内的 void btnStore_Click(object sender, EventArgs e)事件实现的，其具体实现流程如下。

(1) 获取购物车信息。

(2) 检查变量 shoppingCart 内的商品数量和显示页面中显示的数量是否相等。

(3) 如果不相等则终止该事件的执行。

(4) 创建保存商品的临时数组 products。

(5) 将显示页面内的商品添加到临时数组 products 中。

(6) 调用 shoppingCart 类的方法 UpdateShoppingCart，实现对数据的更新。

上述操作的具体运行流程如图 16-8 所示。

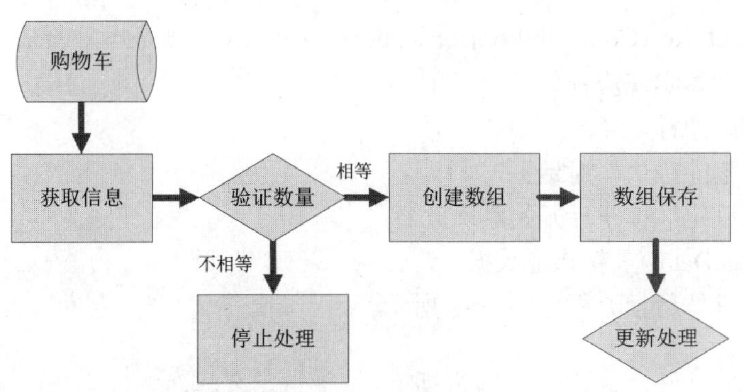

图 16-8　数量修改处理运行流程图

文件 ViewShoppingCart.aspx.cs 内，上述功能的对应实现代码如下所示。

```
protected void btnStore_Click(object sender,EventArgs e)
    {   ///获取购物车的商品
        ShoppingCart shoppingCart = new ShoppingCart(Session);
        if(shoppingCart == null || shoppingCart.ShoppingCartList == null ||
           shoppingCart.ShoppingCartList.Count <= 0) return;
        ///检查购物车中的商品数量和显示的商品数量是否相等，如果不相等，则数据错误
        if(shoppingCart.ShoppingCartList.Count != gvProduct.Rows.Count)
           return;
        ArrayList products = new ArrayList();
        foreach(GridViewRow row in gvProduct.Rows)
        {   ///找到输入商品数量的控件
            TextBox tbNumber = (TextBox)row.FindControl("tbNumber");
            if(tbNumber == null) return;
            ///获取商品数量
            int number = -1;
            if(Int32.TryParse(tbNumber.Text.Trim(),out number) == false) return;
            ///创建一个子项，并添加到临时数组中
            ShoppingCartItem item = new ShoppingCartItem();
            ///设置子项的名称、数量、价格和商品 ID 值
            item.Name = ((ShoppingCartItem)shoppingCart.ShoppingCartList
                         [row.RowIndex]).Name;
            item.Number = number;
            item.Price = ((ShoppingCartItem)shoppingCart.ShoppingCartList
                          [row.RowIndex]).Price;
            item.ProductID = ((ShoppingCartItem)shoppingCart.ShoppingCartList
                              [row.RowIndex]).ProductID;
            products.Add(item);
        }
        ///修改购物车中的商品数量
        shoppingCart.UpdateShoppingCart(products);
    }
```

3．购物车删除处理

在订单中，用户可以单击某商品后的✖图标，从购物车内删除此商品。文件 ViewShoppingCart.aspx.cs 内上述功能的实现事件如下。

- gvProduct_RowDataBound(object sender,GridViewRowEventArgs e)事件。

➢ gvProduct_RowCommand(object sender,GridViewCommandEventArgs e)事件。

上述功能的具体实现流程如下。

(1) 单击删除图标。

(2) 弹出“删除确认”对话框。

(3) 单击“确定”按钮后开始删除此商品。

(4) BindPageData()重新邦定数据。

上述操作的具体运行流程如图 16-9 所示。

图 16-9 商品删除处理运行流程图

文件 ViewShoppingCart.aspx.cs 内，上述功能的对应实现代码如下所示。

```
protected void gvProduct_RowDataBound(object sender,GridViewRowEventArgs e)
    {   ///添加删除确认的对话框
        ImageButton imgDelete = (ImageButton)e.Row.FindControl ("imgDelete");
        if(imgDelete != null)
        {
            imgDelete.Attributes.Add("onclick","return confirm
                (\"您确认要删除当前行的商品吗? \");");
        }
    }
protected void gvProduct_RowCommand(object sender,GridViewCommandEventArgs e)
    {
        if(e.CommandName.ToLower() == "del")
        {   ///获取购物车的商品
            ShoppingCart shoppingCart = new ShoppingCart(Session);
            if(shoppingCart == null || shoppingCart.ShoppingCartList == null
                || shoppingCart.ShoppingCartList.Count <= 0) return;
            ///创建被删除的商品
            ShoppingCartItem deleteItem = new ShoppingCartItem();
            deleteItem.ProductID = Int32.Parse(e.CommandArgument.ToString());
            ///删除选中的商品
            shoppingCart.DeleteProductFromShoppingCart(deleteItem);
            ///重新绑定商品数据
            BindPageData();
        }
```

4. 购物车提交处理和购买处理

用户可以单击“我要创建订单”按钮，实现创建购买订单功能。也可以单击“我要购买商品”按钮，继续来到商品列表界面购买新的商品。文件 ViewShoppingCart.aspx.cs 内上述功能的实现事件如下。

- Commit_Click(object sender,EventArgs e)事件：重定向到订单界面。
- btnAdd_Click(object sender,EventArgs e)事件：重定向到商品列表界面。

文件 ViewShoppingCart.aspx.cs 内上述功能的具体实现流程如下。

```
protected void btnCommit_Click(object sender,EventArgs e)
{
    Response.Redirect("～/Order/AddOrder.aspx");
}
protected void btnAdd_Click(object sender,EventArgs e)
{
    Response.Redirect("～/Product.aspx?CategoryID=27");
}
```

智慧锦囊

在线购物系统必须具备的功能模块中，最为重要的是购物车的实现和订单的处理，这也是在线购物系统的难点。首先，作为购物车模块，必须具备如下功能：

(1) 可以把满足需要的产品放入自己的购物车，并且一个购物车可以有多种商品。

(2) 购物车中商品的购买数量可以修改。

作为订单处理模块，必须具备如下功能：

(1) 经营者可以随时查看系统的订单信息。

(2) 用户提交订单后，管理员可以对订单进行管理操作。

要想在网站上实现购物车功能，当前的主要方法是利用 Cookie 和 Session 实现。具体来讲，就是把某一商品的信息(名称、价格、数量、折扣等)写入 Session 保存即可。但不必把商品的所有信息都写入 Session，只需记下商品在数据库中的编号或 ID 与商品的数量。在显示购物车信息时，再根据商品编号在商品数据库中查询出具体信息。在线订单的实现过程如下：

(1) 将购物车的各种商品信息添加到系统数据库。

(2) 将商品信息读取。

16.5　订 单 处 理

↑扫码看视频

订单处理在购物系统中必不可少，它是购物车之后的又一核心功能。其实订单就是对购物车的一个升级处理，是收集了购物车信息后，统一整理而得出的信息便条。订单处理模块的功能是将购物车生成订单，实现订单提交处理从而实现在线购物，并对提交的订单进行处理和维护。

16.5.1 生成订单编号

当单击“提交并创建订单”按钮后，将自动生成时间格式的订单名称。订单名称的格式是由文件 ASPNETAJAXWeb.cs 内的 CreaterOrderNo(string no)事件定义的，其具体实现代码如下所示。

```
public static string CreaterOrderNo(string no)
        {
            DateTime now = DateTime.Now;
            string orderNoString = now.Year.ToString()
                + now.Month.ToString().PadLeft(2,'0')
                + now.Day.ToString().PadLeft(2,'0')
                + no.PadLeft(4,'0');
            return (orderNoString);
        }
```

16.5.2 提交和创建订单

提交和创建订单是指，将订单信息提交给订单模块处理，并生成指定编号的在线购买订单。上述功能的实现文件如下。

➢ 文件 AddOrder.aspx：订单创建界面文件。

➢ 文件 AddOrder.aspx.cs：订单创建处理文件。

订单创建处理文件 AddOrder.aspx.cs 的功能是，初始化订单信息，将生成的订单信息添加到系统库中。其具体实现流程如下所示。

(1) 引入命名空间，定义 Order_AddOrder 类。

(2) 声明 Page_Load，初始化页面。

(3) 判断用户是否登录。

(4) 调用 BindPageData()，获取并显示数据。

(5) 激活 btnCommit_Click(object sender,EventArgs e)事件。

(6) 生成订单编号。

(7) 获取当前购物车的商品信息。

(8) 计算商品的总数量和总金额。

(9) 调用方法 AddOrder，创建一个新订单。

(10) 调用方法 AddOrderItem，将购物车信息添加到库中。

(11) 调用方法 ClearShoppingCart，清空购物车内的商品。

(12) 重定向到订单详情页面。

上述操作实现的具体运行流程如图 16-10 所示。

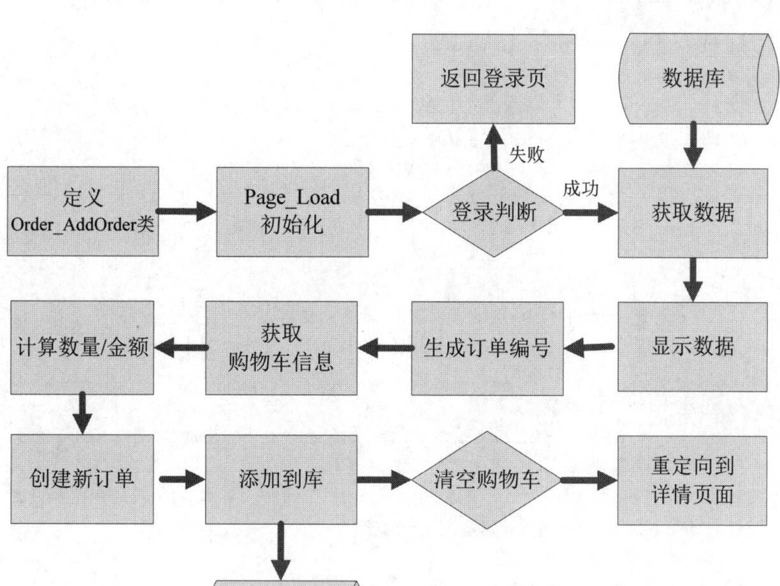

图 16-10　订单创建处理运行流程图

文件 AddOrder.aspx.cs 的具体实现代码如下所示。

```
///引入新的命名空间
using ASPNETAJAXWeb.AjaxEBusiness;
public partial class Order_AddOrder : System.Web.UI.Page
{
    int userID = -1;
    protected void Page_Load(object sender,EventArgs e)
    {   ///判断用户是否登录
        if(Session["UserID"] == null)
        {
            Response.Redirect("～/Default.aspx");
            return;
        }
        ///获取用户信息
        userID = Int32.Parse(Session["UserID"].ToString());
        if(!Page.IsPostBack)
        {
            BindPageData();
        }
    }
    private void BindPageData()
    {   ///获取购物车的商品
        ShoppingCart shoppingCart = new ShoppingCart(Session);
        ///绑定数据并显示商品
        gvProduct.DataSource = shoppingCart.ShoppingCartList;
        gvProduct.DataBind();
    }
    protected void btnCommit_Click(object sender,EventArgs e)
    {
```

```
        Order order = new Order();
        ///获取当天最近的订单编号
        string orderNo = order.GetOrderLastOrderNo();
        ///创建下一个订单编号的基数
        if(string.IsNullOrEmpty(orderNo) == true)
        {   ///下一个订单号的基数为1
            orderNo = "0001";
        }
        else
        {   ///创建下一个订单号的基数
            orderNo = (Int32.Parse(orderNo.Substring(8)) + 1).ToString();
        }
        ///创建下一个订单编号
        orderNo = AjaxEBusinessSystem.CreaterOrderNo(orderNo);
        ///获取购物车的商品
        ShoppingCart shoppingCart = new ShoppingCart(Session);
        ///计算购物车中的商品总数量和总金额
        int totalNumber = 0;
        decimal totalMoney = 0.0m;
        foreach(ShoppingCartItem item in shoppingCart.ShoppingCartList)
        {   ///数量和金额累加
            totalNumber += item.Number;
            totalMoney += item.Number * item.Price;
        }
        ///创建订单
        int orderID = order.AddOrder(orderNo,userID,totalNumber,totalMoney);
        if(orderID > 0)
        {   ///创建订单的商品项
            foreach(ShoppingCartItem item in shoppingCart.ShoppingCartList)
            {
                order.AddOrderItem(orderID,item.ProductID,item.Number);
            }
        }
        ///清空购物车中的商品
        shoppingCart.ClearShoppingCart();
        ///重定向到预览订单的页面
        Response.Redirect("~/Order/ViewOrder.aspx?OrderID=" +
            orderID.ToString());
    }
    protected void btnAdd_Click(object sender,EventArgs e)
    {
        Response.Redirect("~/Product.aspx?CategoryID=27");
    }
}
```

16.5.3 订单详情模块

订单详情模块是指将系统内指定编号的订单信息显示出来。上述功能的实现文件如下。

- 文件 ViewOrder.aspx：订单详情界面文件。
- 文件 ViewOrder.aspx.cs：订单详情处理文件。

订单创建处理文件 ViewOrder.aspx.cs 的功能是，初始化订单信息，将生成的订单信息添加到系统库中。其具体实现流程如下所示。

(1) 引入命名空间，定义 Order_ViewOrder 类。

(2) 定义订单编号变量 orderID。

(3) 声明 Page_Load，页面初始化处理。

(4) 订单编号判断处理。

(5) 调用 BindPageData()，获取订单数据。

(6) 显示订单编号和创建时间。

(7) 显示订单数量和商品总金额。

(8) 调用方法 GetOrderItemByOrde，获取此编号订单内的所有商品信息。

(9) 绑定显示数据。

上述操作实现的具体运行流程如图 16-11 所示。

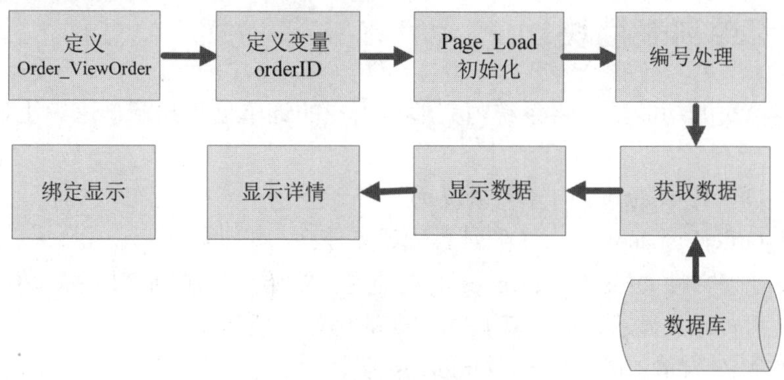

图 16-11　订单详情处理运行流程图

文件 ViewOrder.aspx.cs 的具体实现代码如下所示：

```
///引入新的命名空间
using ASPNETAJAXWeb.AjaxEBusiness;
using System.Data.SqlClient;
public partial class Order_ViewOrder : System.Web.UI.Page
{
    int orderID = -1;
    protected void Page_Load(object sender, EventArgs e)
    {   ///获取订单信息
        if(Request.Params["OrderID"] != null)
        {
            orderID = Int32.Parse(Request.Params["OrderID"].ToString());
        }
        if(!Page.IsPostBack && orderID > 0)
        {
            BindPageData(orderID);
        }
    }
    private void BindPageData(int orderID)
    {
        Order order = new Order();
        ///获取订单信息
        SqlDataReader dr = order.GetSingleOrder(orderID);
        if(dr == null) return;
```

```
        if(dr.Read())
        {   ///显示订单信息
            lbOrderNo.Text = dr["OrderNo"].ToString();
            lbCreateDate.Text = dr["CreateDate"].ToString();
            ///格式化为货币格式
            lbTotalMoney.Text = string.Format("{0:C}",dr["TotalMoney"]);
            lbTotalNumber.Text = dr["TotalNumber"].ToString();
        }
        dr.Close();
        ///显示订单的详细商品信息
        gvProduct.DataSource = order.GetOrderItemByOrder(orderID);
        gvProduct.DataBind();
    }
}
```

16.5.4 订单列表模块

订单列表模块的功能是，将系统内某编号用户的订单信息显示出来。上述功能的实现文件如下。

- 文件 OrderList.aspx：订单列表界面文件。
- 文件 OrderList.aspx.cs：订单列表处理文件。

订单列表处理文件 OrderList.aspx.cs 的功能是，初始化订单列表信息，将指定用户的对应订单信息以列表样式显示出来。其具体实现流程如下所示。

(1) 引入命名空间，定义 Order_OrderList 类。

(2) 声明 Page_Load，页面初始化处理。

(3) 用户登录判断处理。

(4) 获取用户信息。

(5) 调用 BindPageData()，绑定显示订单数据。

上述操作实现的具体运行流程如图 16-12 所示。

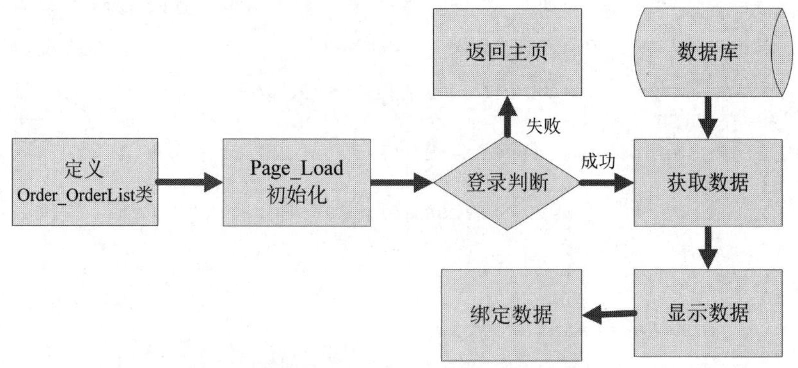

图 16-12　订单列表处理运行流程图

文件 OrderList.aspx.cs 的具体实现代码如下所示。

```
///引入新的命名空间
using ASPNETAJAXWeb.AjaxEBusiness;
```

```
public partial class Order_OrderList : System.Web.UI.Page
{
    int userID = -1;
    protected void Page_Load(object sender,EventArgs e)
    {   ///判断用户是否登录
        if(Session["UserID"] == null)
        {
            Response.Redirect("~/Default.aspx");
            return;
        }
        ///获取用户信息
        userID = Int32.Parse(Session["UserID"].ToString());
        if(!Page.IsPostBack)
        {
            BindPageData();
        }
    }
    private void BindPageData()
    {   ///获取历史订单
        Order order = new Order();
        ///绑定数据并显示订单
        gvOrder.DataSource = order.GetOrderByUser(userID);
        gvOrder.DataBind();
    }
}
```

16.5.5　订单状态处理模块

订单状态处理模块的功能是，将系统内的订单信息列表显示出来，并提供对应链接，实现对某订单的状态进行处理。上述功能的实现文件如下。

- 文件 OrderManage.aspx：订单状态界面文件。
- 文件 OrderManage.aspx.cs：订单状态处理文件。

订单状态处理文件 OrderManage.aspx.cs 的功能是，初始化订单列表信息，并对某未处理订单进行处理。其具体实现流程如下所示。

(1) 引入命名空间，定义 Order_OrderManage 类。

(2) 声明 Page_Load，页面初始化处理。

(3) 用户登录判断处理。

(4) 获取用户 ID。

(5) 调用 BindPageData()，获取并显示订单数据。

(6) 调用 CheckStockAndSale(int orderID)事件，判断库存数量是否满足用户当单的需求数量。其具体处理流程如下。

第 1 步：调用 Order 类的方法 GetOrderItemByOrder(orderID)，获取订单信息。

第 2 步：将订单信息保存在变量 ds 中。

第 3 步：检查变量 ds 中各商品数量是否小于或等于该商品在系统的库存数量，并将检测结果保存在变量 isAllowSale 中。

第 4 步：如果检测的数量大于系统库存量，则停止事件处理。

第 5 步：如果检测结果是 true，则可以对此订单进行处理，并修改系统库存中对应商品的库存数。

第 6 步：操作成功输出成功提示。

第 7 步：重新载入显示订单信息。

(7) 调用 gvOrder_RowCommand 事件，输出对应的判断处理结果。如果库存不够，则显示对应提示，反之则显示处理成功提示。

上述操作实现的具体运行流程如图 16-13 所示。

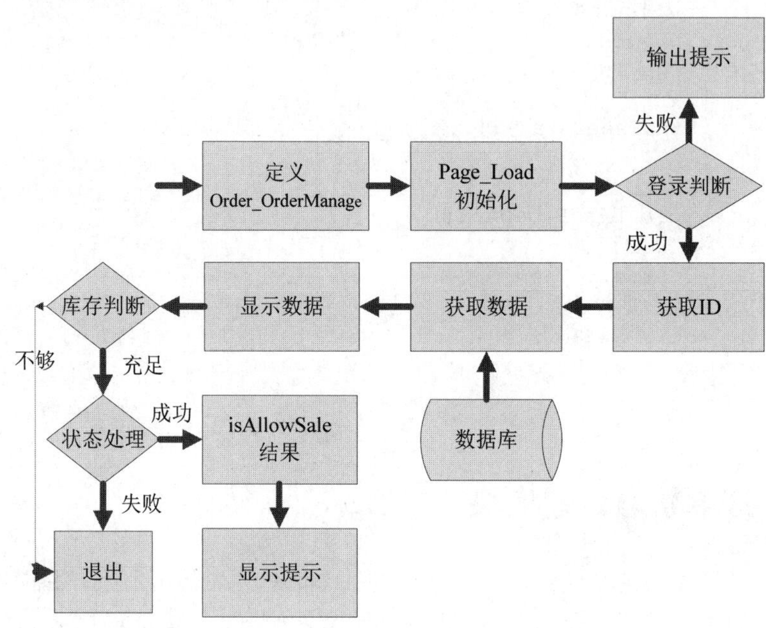

图 16-13 订单状态处理运行流程图

1. 初始化处理

本流程的功能是，引入命名空间和定义 Order_OrderManage 类，并初始化载入页面程序。上述功能的对应实现代码如下所示。

```
///引入新的命名空间
using ASPNETAJAXWeb.AjaxEBusiness;
using System.Data.SqlClient;
public partial class Order_OrderManage : System.Web.UI.Page
{
    int userID = -1;
    protected void Page_Load(object sender,EventArgs e)
    {   ///判断用户是否登录
        if(Session["UserID"] == null)
        {
            Response.Redirect("~/Default.aspx");
            return;
        }
        ///获取用户信息
        userID = Int32.Parse(Session["UserID"].ToString());
        if(!Page.IsPostBack)
```

```
        {
            BindPageData();
        }
    }
```

2．获取显示数据

本流程的功能是，定义事件 BindPageData()，获取并显示对应的订单信息。上述功能的对应实现代码如下所示。

```
private void BindPageData()
    {   ///获取历史订单
        Order order = new Order();
        ///绑定数据并显示订单
        gvOrder.DataSource = order.GetOrderByUser(userID);
        gvOrder.DataBind();
    }
```

3．库存判断处理

本流程的功能是，分别定义事件 CheckStockAndSale(int orderID)和 gvOrder_RowCommand (object sender,GridViewCommandEventArgs e)，进行库存判断处理，并将处理结果显示出来。上述功能的对应实现代码如下所示。

```
protected void gvOrder_RowCommand(object sender,
    GridViewCommandEventArgs e)
{
    if(e.CommandName.ToString() == "sale")
    {   ///检查库存
        int orderID = Int32.Parse(e.CommandArgument.ToString());
        if(CheckStockAndSale(orderID) == false)
        {
            AjaxEBusinessSystem.ShowAjaxDialog((Button)e.CommandSource,
                "库存不够，不能处理该订单");
            return;
        }
        AjaxEBusinessSystem.ShowAjaxDialog((Button)e.CommandSource,
            "恭喜您，处理订单成功。");
    }
}
private bool CheckStockAndSale(int orderID)
{   ///获取订单信息
    Order order = new Order();
    DataSet ds = order.GetOrderItemByOrder(orderID);
    if(ds == null || ds.Tables.Count <= 0 || ds.Tables[0].Rows.Count <= 0)
        return false;
    ///判断库存是否足够
    Product product = new Product();
    bool isAllowSale = true;
    foreach(DataRow row in ds.Tables[0].Rows)
    {   ///读取商品信息
        SqlDataReader dr = product.GetSingleProduct(Int32.Parse
            (row["ProductID"].ToString()));
        if(dr == null)
        {
```

```
                isAllowSale = false;break;
            }
            if(dr.Read())
            {   ///判断库存数量是否足够，如果不够，则不能卖该商品
                if(Int32.Parse(dr["Stock"].ToString()) < Int32.Parse(row
                    ["Number"].ToString()))
                {
                    isAllowSale = false; break;
                }
            }
            dr.Close();
        }
        if(isAllowSale == false) return false;
        ///修改此次交易商品的库存和销售数量
        foreach(DataRow row in ds.Tables[0].Rows)
        {   ///修改库存信息和销售数量
            if(product.UpdateProductStock(
                Int32.Parse(row["ProductID"].ToString()),
                Int32.Parse(row["Number"].ToString())) <= 0)
            {
                isAllowSale = false; break;
            }
        }
        if(isAllowSale == false) return false;
        ///提交该订单，并重新显示数据
        if(order.UpdateOrderStatus(orderID,1) > 0)
        {
            BindPageData();
        }
        return isAllowSale;
    }
}
```

16.6 项 目 展 示

在 Visual Studio.NET 中打开后，在“解决方案资源管理器”面板中查看文件目录，发现和最初规划的完全一致。在本节的内容中，将简要展示本项目的运行结果。

↑扫码看视频

将项目命名为 shop，系统主页的显示效果如图 16-14 所示。

图 16-14　系统主页效果图

系统购物车界面效果如图 16-15 所示。

图 16-15　购物车界面效果图

订单列表界面效果如图 16-16 所示。

订单编号	商品总金额	商品总数量	创建时间	订单状态
201903050001	¥5,000.00	1	2019/3/5 11:01:55	已处理
201808290002	¥10,220.00	4	2018/8/29 11:03:18	已处理
201808290003	¥5,000.00	1	2018/8/29 11:01:55	已处理
201808290004	¥210.00	1	2018/8/29 11:01:55	未处理
201808290005	¥5,000.00	1	2018/8/29 11:01:55	未处理
201808310001	¥5,420.00	3	2018/8/29 11:01:55	未处理
201808310002	¥5,000.00	1	2018/8/29 11:01:55	未处理
201808310003	¥0.00	0	2018/8/29 11:01:55	未处理
201809040001	¥5,320.00	4	2018/8/29 11:01:55	未处理
201808290001	¥5,220.00	0	2018/8/29 11:01:55	未处理
201903060001	¥6,431.00	5	2014/8/29 11:01:55	已处理

图 16-16　订单列表界面效果图

商品搜索界面效果如图 16-17 所示。

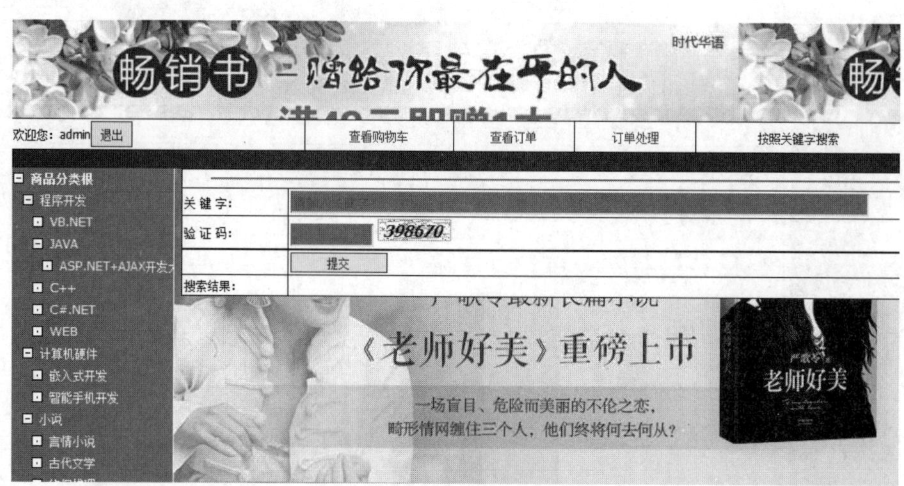

图 16-17　商品搜索界面效果图

商品管理界面效果如图 16-18 所示。

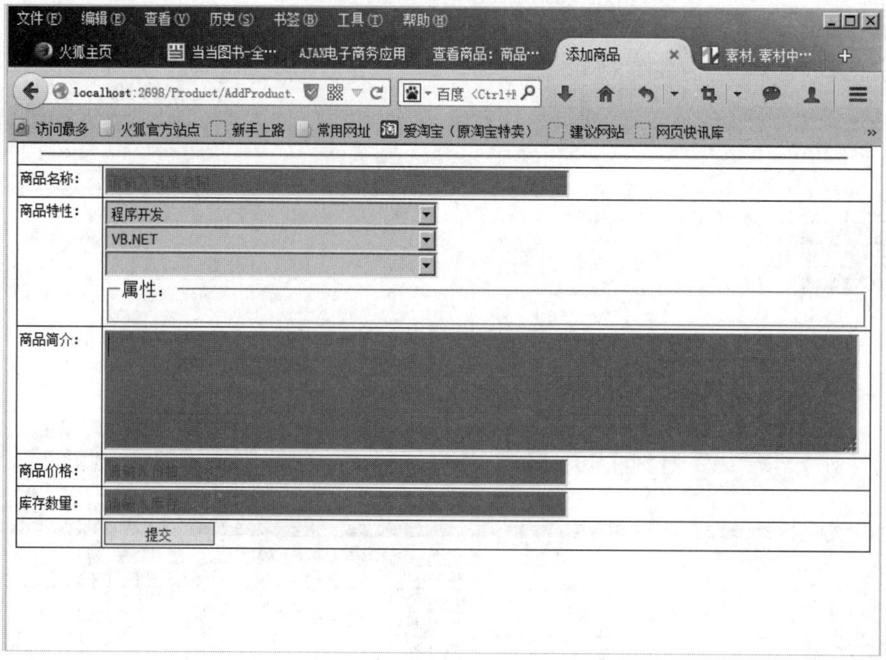

图 16-18　商品管理界面效果图

习 题 答 案

第 1 章

一、选择题

(1)A
(2)B

二、判断对错

(1)正确
(2)正确

第 2 章

一、选择题

(1)B
(2)C

二、判断对错

(1)正确
(2)正确

第 3 章

一、选择题

(1)A
(2)A

二、判断对错

(1)正确
(2)正确
(3)正确

第 4 章

一、选择题

(1)A
(2)A

二、判断对错

(1)错误
(2)正确

第 5 章

一、选择题

(1)A
(2)B

二、判断对错

(1)正确
(2)错误

第 6 章

一、选择题

(1)C
(2)C

二、判断对错

(1)正确
(2)正确

第 7 章

一、选择题

(1)A
(2)A

二、判断对错

(1)正确
(2)错误

第 8 章

一、选择题

(1)A

(2)A

二、判断对错

(1)正确

(2)正确

第 9 章

一、选择题

(1)A

(2)A

二、判断对错

(1)正确

(2)错误

第 10 章

一、选择题

(1)A

(2)A

二、判断对错

(1)错误

(2)正确

第 11 章

一、选择题

(1)A　B

(2)A　B

二、判断对错

(1)正确

(2)错误

第 12 章

一、选择题

(1)A

(2)B

二、判断对错

(1)正确

(2)正确

第 13 章

一、选择题

(1)A

(2)A

二、判断对错

(1)错误

(2)正确

第 14 章

一、选择题

(1)A

(2)B

二、判断对错

(1)正确

(2)正确

第 15 章

一、选择题

(1)D

(2)A

二、判断对错

(1)正确

(2)正确

注意：本书上机练习代码文件均提供在本书配套素材文件夹中。